Grundlagen der Errichtung elektrischer Anlagen in explosionsgefährdeten Betrieben

Von

Dr.-Ing. Dietrich Müller-Hillebrand

Mit 92 Textabbildungen

Berlin
Verlag von Julius Springer
1940

ISBN-13: 978-3-642-90135-5 e-ISBN-13: 978-3-642-91992-3
DOI: 10.1007/978-3-642-91992-3

Dem ehrenden Andenken

von

Carl Beyling

† 24. 11. 1938

Vorwort.

Das vorliegende Buch verdankt seine Entstehung den Beratungen, die im Verband Deutscher Elektrotechniker bei der Abfassung von Sicherheitsvorschriften für elektrische Betriebsmittel in explosionsgefährdeten Betrieben stattfanden.

Zur Beurteilung einer Explosionsgefahr durch elektrische Betriebsmittel ist es notwendig, die elektrotechnischen und die verbrennungstechnischen Grundlagen zu kennen. Ein Eindringen in dieses in den letzten Jahren zu immer größerer Bedeutung gelangendes Grenzgebiet der Elektrotechnik ist für den Aufbau eines sicheren Betriebes in explosionsgefährdeten Räumen erforderlich.

Der Konstrukteur, der die Bausteine explosionsgeschützter elektrischer Anlagen schafft, der projektierende Ingenieur, der die Bausteine zu Anlagen zusammenfügt, der Betriebsingenieur, in dessen Hand die Anlagen der Erzeugung dienen und schließlich der Überwachungsbeamte, der über die Belange der Betriebssicherheit, des Lebens und der Gesundheit der Arbeiter zu wachen hat, sie alle beschäftigen sich mit den Grundlagen, die in explosionsgefährdeten Betrieben zu beachten sind. An sie wendet sich das Buch. Besondere Kenntnisse in der Chemie werden nicht vorausgesetzt. Bei elementarer Schilderung der Vorgänge sollen die Gesetzmäßigkeiten gezeigt und begründet werden, die uns heute in die Lage versetzen, die Explosionsgefährlichkeit sehr vieler Gas- und Dampf-Luft-Gemische zu beurteilen. Sollte auch der Chemiker aus vorliegendem Buch Nutzen ziehen, so ist dies für den Verfasser eine besondere Freude.

In erster Linie werden die Vorgänge erörtert, die in Verbindung mit einer Explosionsgefahr durch Gas- oder Dampf-Luft-Gemische stehen. Auf die besonderen Verhältnisse der Schlagwettergefahr in Bergwerken wird zwar nicht eingegangen. Die Explosion von Methan-Luft-Gemischen bietet aber eine Fülle von wissenswerten Erscheinungen, so daß Methan als brennbares Gas eingehend mit anderen Gasen und Dämpfen verglichen wird. Schlagwettergeschützte Betriebsmittel haben in größtem Umfange die Durchbildung des Explosionsschutzes befruchtet. Auch sie werden infolgedessen wiederholt behandelt. Explosionsgefährliche Staube haben die Entwicklung elektrischer Betriebsmittel nur wenig beeinflußt. Es wird daher nur kurz über sie berichtet. Staube von Sprengstoffen werden nicht behandelt, die Erscheinungen bei ihrer Detonation werden lediglich zu Vergleichen herangezogen.

Unsere chemischen Großbetriebe haben bei der Errichtung elektrischer Anlagen in explosionsgefährdeten Betrieben Grundlegendes geschaffen. Von kleinen Anfängen beginnend, haben dort Ingenieure die mannigfachen Aufgaben, die der chemische Betrieb dem Elektrotechniker stellte, hervorragend gelöst. Ihre Erfahrungen einem größeren Kreis von Fachgenossen mitzuteilen, ist ein Zweck dieses Buches.

Die Entwicklung explosionsgeschützter elektrischer Betriebsmittel verdankt viele Anregungen dem Bergbau. Die ersten Versuche, die Elektrizität als Lichtquelle und als Antriebsmittel in den Bergbau einzuführen, liegen schon mehr als 40 Jahre zurück. Einen entscheidenden und für die sich hieraus anschließende Entwicklung richtunggebenden Schritt machte in den Jahren 1903—1905 Bergassessor Dr.-Ing. e. h. C. BEYLING. Seine grundsätzlichen Untersuchungen über die Zündung von Schlagwettern und den Bau schlagwettergeschützter Maschinen und Geräte sind die Grundlage der deutschen und vieler ausländischer Konstruktionsvorschriften geworden.

An Hand zahlreicher Literaturhinweise im Text und der Angaben hauptsächlichster Werke, die sich mit Explosionsvorgängen befassen, ist leicht die Möglichkeit gegeben, sich tiefer mit Fragen des Explosionsschutzes zu beschäftigen. Der Verfasser hat mit viel Freude von den zusammenfassenden Arbeiten von W. JOST, von MACHE, LINDNER, BONE und TOWNEND sowie von LEWIS und VON ELBE Gebrauch gemacht.

Besonderer Dank gebührt meinen Mitarbeitern, den Herren Oberingenieur H. MASKOW und Dipl.-Ing. W. HAAKE. Herr MASKOW hat zahlreiche Messungen durchgeführt, auf die wiederholt hingewiesen wird. Herr HAAKE hat mich besonders bei der Gestaltung der Bilder und der im Anhang beigefügten Tafeln tatkräftig unterstützt.

Berlin-Halensee, im Oktober 1939.

DIETRICH MÜLLER-HILLEBRAND.

Inhaltsverzeichnis.

Einleitung.

Der Anteil elektrischer Energie an der Gewinnung von Stoffen, bei deren Herstellung explosible Gas- oder Dampfluftgemische auftreten können, ist bedeutend. Ammoniakstickstoff, Benzin aus Kohle, Buna, die zahlreichen Kunststoffe, die die Azetylenchemie zur Verfügung stellt, sowie Zellwolle und Kunstseide erfordern gewaltige Mengen elektrischer Energie. Mit Erzeugung dieser Stoffe sind Herstellungsprozesse verknüpft, bei denen brennbare Gase und Dämpfe in die Herstellungsräume austreten können. Nach vorsichtiger Schätzung beträgt der Elektrizitätsbedarf der deutschen Großbetriebe, in deren Fertigungsgang Verfahren mit brennbaren Gasen oder Dämpfen eingeschaltet sind, rund $^1/_6$ der gesamten deutschen elektrischen Energie. Wasserstoff, Kohlenoxyd, Azetylen, Alkohole, Äther, Azetaldehyd, Azeton und Schwefelkohlenstoff — um nur einige zu nennen — sind Ausgangs- oder Hilfsstoffe bei der Fertigung der vielen Kunststoffe, die in den letzten Jahren mit beispielslosem Erfolg entwickelt wurden.

Die brennbaren und in Gemischen mit Luft explosiblen Gase oder Dämpfe spielen ganz allgemein bei der Fertigung der Erzeugnisse unserer Industrie, vor allem in der Chemie, eine bedeutende Rolle. Aus einem von UNGEWITTER aufgestellten Schema der Stoffumwandlung und Werkstoffschaffung durch die chemische Industrie kann man das gut erkennen[1]. In Abb. 1 sind die Rohstoffgruppen mit den für das Leben wichtigen Verbrauchsbereichen, wie Haushalt, Bekleidung, Ernährung usw. verknüpft. Die Verbindung geschieht über die vier Grundstoffe der chemischen Technik: Schwefelsäure, Soda, Karbid und Teer, über Hilfsstoffe, Halbfabrikate und Fertigerzeugnisse. Brennbare Gase und Dämpfe sind besonders hervorgehoben.

In den Industrien vieler Wirtschaftszweige spielen Fragen des Explosionsschutzes elektrischer Betriebsmittel eine Rolle. In diese Betriebe sind elektrische Einrichtungen schon seit langem eingedrungen: Meist kommt zuerst die Beleuchtung, dann folgen motorische Antriebe und ihr Zubehör, Signal- und Telephoneinrichtungen sowie Meßgeräte. Elektrische Betriebsmittel bringen bei richtiger Auswahl und Bedienung keine Gefahr. Tatsächlich sind Unglücksfälle, die durch elektrische Einrichtungen verursacht sind, verhältnismäßig selten, und dann sind es in der Mehrzahl der Fälle leider grobe Nachlässigkeiten oder Versehen, die ein Unglück herbeiführten. In vielen Fällen ermöglichten überhaupt erst die elektrischen Einrichtungen, einen explosionsgefährdeten Betrieb sicher durchzuführen. So z. B. sind erst durch Anwendung mancher elektrischer Meßmethoden bestimmte Herstellungsverfahren möglich geworden. Der Fortfall von Wellendurchführungen durch Wände dank des Einsatzes elektrischer Maschinen in den Raum beseitigt die Gefahren heißer Lager an diesen Stellen oder die Möglichkeit von Selbstentzündungen durch Schmierfett. Die Verwendung des elektrischen Einzelantriebes schafft übersichtliche Werkstätten, durch Entfernen der Trans-

[1] Entwurf Dr. C. UNGEWITTER, Wirtschaftsgruppe Chemische Industrie. Als Wandtafel Wilhelm Limpert-Verlag, Berlin 1938.

missionen und Treibriemen wird die Betriebssicherheit erhöht. Es gibt mancherlei Gefahrenquellen in explosionsgefährdeten Betrieben: so z. B. die Zündmöglichkeiten durch einen Ausgleich statischer Elektrizität, die beim Abfüllen von Äther

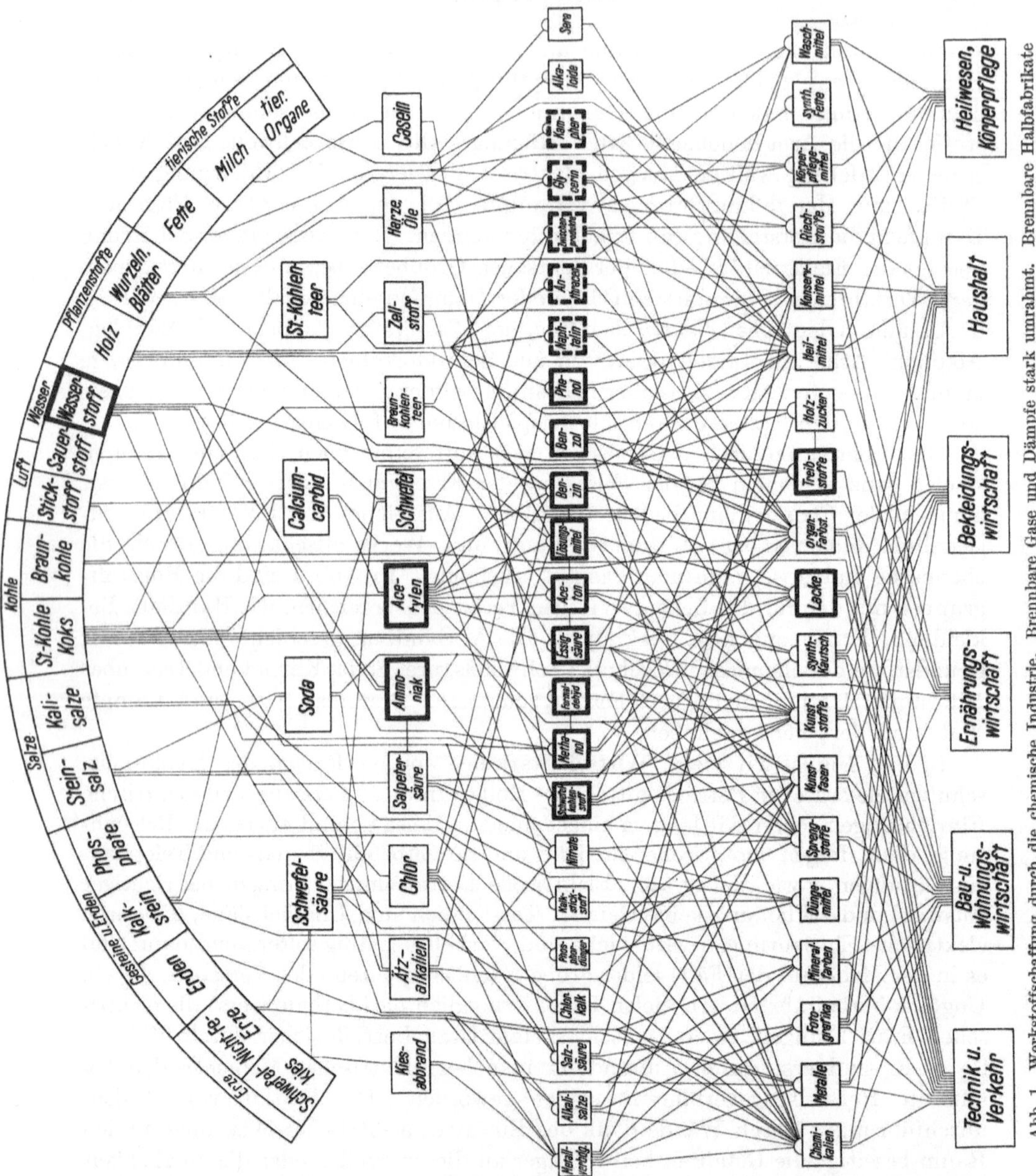

Abb. 1. Werkstoffschaffung durch die chemische Industrie. Brennbare Gase und Dämpfe stark umrahmt. Brennbare Halbfabrikate mit Siedepunkt über 200° und Flammpunkt über 70° stark gestrichelt umrahmt.

oder Benzin auftreten kann. Daß bei Flüssigkeitsbewegungen Potentialunterschiede von vielen Zehntausend Volt entstehen können, ist zwar seit langem bekannt; es ist aber nicht immer möglich, die Gefahren der statischen Elektrizität sicher zu meistern[1]. Auch die Möglichkeiten einer Selbstzündung, z. B. von Metall-

[1] Freytag, H.: Raumexplosionen durch statische Elektrizität. Berlin: Verlag Chemie 1938.

stauben, sind zu erwähnen, die bei Herstellung, Lagerung und Verarbeitung besondere Vorsichtsmaßnahmen erforderlich machen.

Von elektrischen Betriebsmitteln in explosionsgefährdeten Räumen wird verlangt: Sie dürfen keine Explosionen einleiten, wenn der Raum mit explosiblem Gemisch erfüllt ist. So z. B. muß die heißeste Stelle eines elektrischen Gerätes eine niedrigere Temperatur haben, als zum Einleiten einer Explosion erforderlich ist. Wenn explosible Gemische längere Zeit im Raum anwesend sein können, rechnet man stets damit, daß die Gemische in die elektrischen Betriebsmittel, z. B. in Lampen-, Motoren- oder Schaltergehäuse, eindringen können, es sei denn, ihr Eindringen wird unmöglich gemacht: z. B. indem die Gehäuse mit Öl gefüllt oder mit Überdruck einer von explosiblen Gasen freien Atmosphäre versehen werden. Dichtungen an den Gehäusen elektrischer Betriebsmittel werden im allgemeinen nicht als völlig gasdicht angesehen. Kann also in ein Gehäuse ein explosibles Gemisch eindringen, dann muß entweder eine Zündung im Gehäuse-Innern unmöglich sein oder eine Zündung muß sich auf das in der Kapsel eingeschlossene Gemisch beschränken: Das Gehäuse muß dem Explosionsdruck standhalten und die an Spalten, z. B. an herausgeführten Wellen, herausschlagenden Flammen müssen sich soweit abkühlen, daß das explosible Gemisch im Raum nicht gezündet wird. Mit diesen wenigen Worten ist die Aufgabe umrissen, die an explosionsgeschützte elektrische Betriebsmittel in explosionsgefährdeten Räumen gestellt wird.

Es ist nicht immer einfach, zu entscheiden, ob ein Raum durch Gas- oder Dampfluftgemische betrieblich so gefährdet werden kann, daß nur „explosionsgeschützte" elektrische Geräte eingebaut werden dürfen. Denn es gibt viele elektrische Geräte, wie z. B. normale Ölschalter, gekapselte Sicherungen oder wasserdichte Leuchten, die im normalen elektrischen Betrieb explosible Gemische nicht zünden und die nur in ganz außergewöhnlichen Fällen Anlaß zu einer Zündung geben können. Bei der Beurteilung von solchen Räumen ist eine ganze Reihe von Gesichtspunkten zu beachten. Um „explosionsgeschützte" elektrische Betriebsmittel, die für verschiedene explosible Gemische geeignet sein sollen, entwickeln oder beurteilen zu können, ist es notwendig, das Wesentlichste der Explosionsvorgänge zu kennen: z. B. die Bedingungen, unter denen sich Gemische entzünden können, den Explosionsdruck oder den Zünddurchschlag durch Spalte.

So wollen wir im folgenden einige Gesichtspunkte zusammenstellen, die zur Beurteilung der Frage herangezogen werden können, ob und wo Explosionsgefahr vorliegt. Wir werden dann die hauptsächlichsten Erscheinungen der Explosionsvorgänge betrachten, die die Vorgänge in explosionsgeschützten Maschinen und Geräten zu verstehen und zu deuten helfen. Schließlich werden die wesentlichsten Merkmale explosionsgeschützter Betriebsmittel als Bauelemente elektrischer Anlagen in explosionsgefährdeten Betrieben behandelt. Alle mit der Explosionsgefahr durch elektrische Betriebsmittel zusammenhängenden Fragen geben ein überaus abwechslungsreiches Bild von den Explosionseigenschaften. Aber es ist doch meist möglich, einige besondere Kennzeichen herauszuschälen: Aus der Mannigfaltigkeit der Explosionseigenschaften der Gase und Dämpfe heben sich einige wenige ab, die die Grundanforderungen an die elektrischen Betriebsmittel festlegen. Dies zu zeigen, ist das Ziel der folgenden Abschnitte.

I. Die Explosionsgefahr.

1. Explosionsgefahr und Gesundheitsschädlichkeit.

Man kann explosible Gasgemische mit winzigen Energien zur Zündung bringen. Lädt man z. B. einen Kondensator von 0,05μF-Kapazität mit 100 V auf und entlädt ihn über einen Funken in einem 30 Vol.-% Wasserstoff-Luft-Gemisch, so genügt diese Energie von $\frac{1}{4000}$ Ws, um die Explosion einzuleiten. Andere Gase sind zwar weniger leicht zu zünden; aber die Energiebeträge können doch so gering sein, daß eine berechtigte Scheu besteht, elektrische Anlagen ohne sehr weitgehende Schutzmaßnahmen in explosionsgefährdeten Betrieben zu errichten.

Zum Einleiten einer Gasexplosion ist ein explosionsfähiges Gemisch Voraussetzung. Zur Beurteilung einer Explosionsgefahr ist zunächst zu untersuchen, ob ein solches Gemisch in dem betreffenden Raum entstehen und *wie lange* es bestehen kann. Man muß sich vergegenwärtigen, daß sehr viele explosible Gase gesundheitsschädlich und giftig sind und daß das Arbeiten mit solchen Gasen schon aus diesen Gründen besondere Schutzmaßnahmen verlangt. Viele dieser Gase und Dämpfe sind, lange bevor sie in explosionsgefährlicher Konzentration auftreten, deutlich wahrnehmbar. Sie können sogar so unangenehm riechen, daß sich ein gefahrdrohendes Vorhandensein lange vor einer Explosionsgefahr bemerkbar macht. Andere wiederum sind als reine Gase oder Dämpfe weniger gut wahrnehmbar, mit kleinen Verunreinigungen jedoch, wie z. B. Stadtgas mit Spuren von Schwefelverbindungen, riechen sie in geringer Konzentration kräftig. Allerdings kann ein solches Gas praktisch geruchfrei werden, wenn es aus undichten Rohrleitungen strömend, den Erdboden durchdringt und dabei gewissermaßen gefiltert wird. Zu den gefährlichsten Gasen dieser Art gehört Kohlenoxyd, ein geruchfreies, schweres Blutgift. Wie bei allen giftigen Gasen, ist seine tödliche Konzentration um so geringer, je länger die Zeitdauer der Einwirkung ist. In Abb. 2 sind aus Einzelwerten, die von FLURY[1] mitgeteilt sind, diese Zusammenhänge dargestellt. Einzelwerte können natürlich in weiten Grenzen streuen, je nach der individuellen Widerstandsfähigkeit des betroffenen Menschen. Konzentrationen, die noch nicht explosionsgefährlich sind, können aber so giftig sein, daß bereits nach wenigen Minuten Einwirkung sicherer Tod herbeigeführt wird. Als *giftige Konzentration* bezeichnen wir im folgenden eine Menge bei einer Einwirkungsdauer von $^1/_2$ Stunde bis zu 1 Stunde, bei der starke Schädigungen der Gesundheit oder Tod die Folge sind.

In Zahlentafel 1 sind an einer Reihe von Beispielen die Zahlenwerte der *Wahrnehmbarkeit, der Schädlichkeit und der unteren Explosions-*

---

[1] FLURY, F. u. F. ZERNIK: Schädliche Gase. Berlin: Julius Springer 1931. — LEHMANN K. B., u. F. FLURY: Toxikologie und Hygiene der technischen Lösungsmittel. Berlin: Julius Springer 1938.

grenze von durch Geruch wahrnehmbaren explosiblen Gasen und Dämpfen erläutert.

Die Werte in Spalte 1 sind den Angaben von FLURY entnommen. Es sind Grenzen der Wahrnehmbarkeit, die bei sorgfältiger Beobachtung festgestellt wurden, also Tiefstwerte, mit denen man in der Praxis nicht rechnen kann. Deswegen sind in der 2. Spalte Werte derjenigen Konzentrationen zusammengestellt, die leicht und deutlich wahrnehmbar sind. „Gesundheitsschädlich" können Konzentrationen sein, die weit unter den Beträgen liegen, welche wir als „giftig" bezeichnen. Die in der 3. Spalte angegebenen Konzentrationen, die zu Gesundheitsstörungen geführt haben, sind aus einer Reihe von Beobachtungen im praktischen Betrieb entnommen[1]. Sie sind naturgemäß verhältnismäßig unsicher, denn es sind diejenigen mittleren Konzentrationen, bei denen nach langdauernder, zum Teil nach mehrjähriger Einwirkung Gesundheitsschädigungen wahrgenommen wurden. Solche Konzentrationen kann man häufig in Betrieben feststellen. Sie sind nicht unbedenklich und erfordern besondere Maßnahmen für den Gesundheitsschutz. Die in Spalte 4 und 5 angegebenen Werte bedürfen keiner weiteren Erläuterung. (Zahlentafel s. S. 6.)

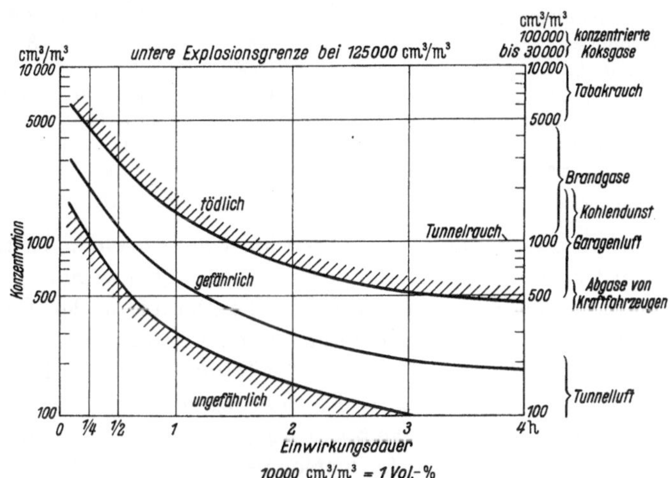

Abb. 2. Giftigkeit von Kohlenoxyd. Einzelwerte von FLURY mitgeteilt.

Die Konzentration, bei der die Gemische „giftig" sind, liegt mit Ausnahme von Äthyläther erheblich unter der unteren Explosionsgrenze, und stets liegt die untere Explosionsgrenze um ein Vielfaches, bis zu 3 Größenordnungen, höher als die Konzentration, bei der die Gase wahrnehmbar sind. Von den praktisch in Betracht kommenden Gasen sind nur Methan und Wasserstoff in explosionsfähigen Konzentrationen weder wahrnehmbar noch gesundheitsschädlich. Für alle anderen explosiblen Gemische gilt:

Bei der Beurteilung der Explosionsgefahr in Räumen und an Stellen, wo Menschen ständig zu arbeiten haben, ist zu berücksichtigen, daß das Auftreten explosionsfähiger Mischungen aus gesundheitlichen Rücksichten stark erschwert sein muß. In diesen Räumen wird eine explosionsfähige Konzentration kaum längere Zeit bestehen können. Die Explosionsgefahr wird im allgemeinen verhältnismäßig klein sein, kann aber vorübergehend bestehen, zumal Gase und Dämpfe, wie wir noch sehen werden, längere Zeit nur Teile eines Raumes erfüllen können, ohne sich zu zerstreuen und ohne dann sogleich bemerkt zu werden.

---

[1] LUCE, F.: Toxizitätsgrenzwerte von Lösungsmitteldämpfen bei chronischer Einwirkung. „Die Gasmaske" Bd. 10 (1938) S. 85.

Zahlentafel 1. Explosible, gesundheitsschädliche oder giftige Dämpfe oder Gase. Konzentration in cm^3 je m^3. (10000 cm^3/m^3 = 1 Vol.-%)

Dampf oder Gas	Grenze der Wahrnehmbarkeit	Deutlich wahrnehmbar	Gesundheits-schädlich	Giftig[1]	Untere Explosionsgrenze
	1	2	3	4	5
Äthyläther	0,3	80	—	35000	12000—17000
Schwefelwasserstoff	0,7—2,0	100	—	360—500	43000—59000
Schwefelkohlenstoff	—	140	3—10	3200—3900	8000—12500
Ammoniak	50	140	—	3600—6500	155000
Äthylalkohol . . .	—	1000	[2]	8800	33000—40000
Benzin	300	1200	140—850	6000—7500	12000—24000
Benzol	—	—	50—110	7500	14000
Stadtgas 13% CO	—	3000[3]	100	11000	65000—80000
„ 7% CO	—		1400	21000	
Azeton	—	—	45	[4]	25500

Bei der Beurteilung einer Explosionsgefahr in einem bestimmten Raum kommt es meist darauf an, zweierlei gegeneinander abzuwägen:

1. Die Möglichkeiten, wie Gase oder Dämpfe in den Raum austreten können, und die Entstehungsgeschwindigkeit einer gefährlichen Anreicherung und

2. die Vorgänge, die die Gase oder Dämpfe aus dem Raum wieder verschwinden lassen. Hierunter fallen z. B. Einrichtungen, um den Zufluß von Gasen, Dämpfen oder brennbaren Flüssigkeiten abzusperren, Art und Anordnung der Belüftung sowie Schulung des Betriebspersonals über das Verhalten bei Störungsfällen.

Man muß daher eine Explosionsgefahr nach mehreren Gesichtspunkten beurteilen, z. B. nach:

Entstehungsmöglichkeiten explosionsfähiger Gas- oder Dampfluftgemische in einem Raum.

Geringster Menge des Gases oder Dampfes, die das Gemisch explosibel macht („untere Explosionsgrenze“).

Verschwinden von Gasen und Dämpfen auf natürliche oder künstliche Weise.

2. Entstehung explosionsfähiger Gas- oder Dampf-Luft-Gemische.

In offenen oder geschlossenen Räumen, in denen betriebsmäßig keine explosiblen Gas- oder Dampf-Luftgemische vorhanden sind, können explosionsfähige Gemische auf mannigfache Weise zustande kommen. Ihre Entstehung kann nach den im folgenden erörterten Fällen beurteilt werden.

a) Undichtigkeiten von Rohrleitungen und Geräten.

Stets ist damit zu rechnen, daß Rohrverbindungen, Absperrhähne, Ventile oder dergleichen durch irgendeinen Vorgang einmal undicht werden können. Fast

[1] Dauer der Einwirkung $^1/_2$—1 Stunde: Bewußtlosigkeit oder schwere Gesundheitsstörung.

[2] Für Methylalkohol wird angegeben: Bei 25 cm^3/m^3 bereits Ermüdungserscheinungen. Äthylalkohol ist stärker wirksam als Methylalkohol. Die Vergiftungserscheinungen sind aber gutartiger.

[3] Die Werte der Wahrnehmbarkeit von Leuchtgas können sehr verschieden ausfallen, da der Geruch von Verunreinigungen herrührt, die je nach den Ausgangsmaterialien und dem Herstellungsvorgang in sehr verschiedener Konzentration auftreten können.

[4] Genaue Angaben nicht bekannt. Etwas gefährlicher als Benzol.

unmerklich kann Gas oder Dampf ausströmen und, falls keine genügende Raumbelüftung vorhanden ist, sich in gefahrdrohender Weise ansammeln. Auch brennbare Flüssigkeiten können austropfen. Unter welchen Bedingungen ihre Dämpfe Gefahr bringen können, wird in einem besonderen Abschnitt gezeigt. Wenn Apparaturen oder Behälter zum Reinigen, Nachfüllen oder Auswechseln geöffnet werden, können Gase oder Dämpfe in den Raum eindringen, einer jener Fälle, wo auch in gut ventilierten Räumen vorübergehend explosionsfähige Gemische auftreten können.

b) Brüche.

Gelegentlich wird man damit rechnen müssen, daß als außergewöhnlicher Betriebsvorfall Rohrleitungen, Behälter oder ähnliche Betriebsgeräte brechen können. In kurzer Zeit kann dann ein Raum mit explosionsfähigem Gas oder Dampf angefüllt sein.

Höhe des Gasüberdruckes, Durchmesser der Gaszuleitungsrohre, Wahl und Anordnung von Absperrventilen und Größe und Lüftung des gefährdeten Raumes dienen als Unterlage zur Entscheidung, ob sich im Raum gefährliche Gemische ansammeln können. In einfachen Fällen kann man aus der austretenden Gas- oder Dampfmenge, dem Rauminhalt und den durch Lüftungseinrichtungen erneuerten Luftmengen die Zeit überschlagen, die vom Austreten bis zum Erreichen einer gefährlichen Konzentration vergeht. Wie man solche Feststellungen zu bewerten hat, und ob man überhaupt mit der Möglichkeit von Brüchen rechnen muß, läßt sich meist nur auf Grund von Erfahrungen entscheiden. Die Art des Betriebes, die Überwachungseinrichtungen und Maßnahmen, sowie die Schulung des Betriebspersonals werden die Entscheidung in dem einen oder anderen Sinne beeinflussen. Bricht ein Rohr mit hochgespanntem Wasserstoff, so tritt meist bei Austritt des Gases Zündung ein — ein Fall, der harmloser ist, als wenn das Gas ausdringen und sich mit Luft durchmischen kann.

Die beim Bau von Rohrleitungen, Behältern und Betriebsgeräten gewonnenen Erfahrungen haben im allgemeinen Brüche als Ursache einer Explosionsgefahr an Bedeutung verlieren lassen.

c) Akkumulatorräume.

Beim Laden von Akkumulatorbatterien kann sich im sehr kleinen Raum ein explosibles Gemisch bilden. Dies soll ein Zahlenbeispiel zeigen: Bei Blei- und Stahlbatterien entstehen am Ende des Ladevorganges etwa 7 cm^3 Knallgas, bestehend aus $^2/_3$ Wasserstoff und $^1/_3$ Sauerstoff, je Zelle, A und Minute, wenn die Batterie „gast“. Es treten also etwa 4,5 cm^3 Wasserstoff je A · min in den Zellenraum aus. Bei Akkumulatorbatterien von Grubenlokomotiven, deren Kapazität etwa 300 Ah bei 3stündiger Entladung beträgt, können beim höchsten Ladestrom von 110 A etwa 500 cm^3 Wasserstoff je Minute und Zelle entstehen. Der freie Raum in dem geschlossenen Batteriebehälter beträgt beispielsweise 10 l je Zelle. Keine Entlüftung dieses Raumes vorausgesetzt, dauert es etwa 1 min, bis ein entzündbares 5proz. Wasserstoff-Luft-Gemisch[1] vorhanden ist, und etwa 2 min, bis es bei einer Entzündung zu einer zwar

[1] Die Sauerstoff-Anreicherung hat keinen Einfluß auf die untere Explosionsgrenze. Siehe S. 60.

noch nicht sehr scharfen, aber doch schon gefährlichen Explosion kommen kann. Tatsächlich zeigen einige Betriebsfälle, daß solche Verhältnisse eintreten können. Im allgemeinen jedoch ist der Raum zum Laden von Akkumulatoren so groß, daß eine Explosionsgefahr ausgeschlossen ist. Er gilt nicht als explosionsgefährdeter Raum.

d) Ölschaltgeräte (Ölzersetzung).

Explosionsfähige Gemische können sich beim betriebsmäßigen Schalten von Stromkreisen unter Öl bilden. Der Lichtbogen zersetzt das Öl. Es entsteht Wasserstoff, Methan und Azetylen in einem Mengenverhältnis, das wir näher betrachten wollen:

Beim Schalten von Wechselstrom von 20—300 A in Niederspannungsölschaltern (Spannung 220—550 V) wurde folgende Zusammensetzung explosibler Gemische in Vol.-% gemessen:

Wasserstoff	H_2	78—88%
Methan	CH_4	2,1—5,8%
Azetylen und weitere Kohlenwasserstoffe . .	C_2H_2, C_nH_m	6,6—12,5%
Kohlenoxyd	CO	0,9—3,4%
Kohlendioxyd	CO_2	0,9—1,4%

In Hochspannungsschaltern scheint der Azetylenanteil größer zu sein. Es wurden bis 21% Azetylen in den Zersetzungsgasen von 10 kV-Ölschaltern festgestellt.

Die beim Schalten von Motoren entstehenden Ölgasmengen sind im allgemeinen gering und sehr verschieden je nach Art der Kontaktausbildung. Der Anteil des Gases, der beim Einschalten entsteht, pflegt erheblich höher als beim Ausschalten zu sein, da die Kontakte meist prellen. Der Einschaltstrom wird dadurch kurzzeitig über einen das Öl zersetzenden Lichtbogen geführt. Bei prellfreien Ölschützkontakten wurden rund 6 mm³ Ölzersetzungsgas je A Ausschaltstrom und je Schaltung durch Versuche beim Schalten von Strömen von etwa 10—100 A bei 500 V Spannung festgestellt. Bei längeren Lichtbögen (Ströme über 100 A) steigt die Gasmenge mit dem Strom etwas an. Bei 500 A liegt dieser Wert etwa 40% höher[1]. Bezieht man die Gasmenge auf die Lichtbogenarbeit, so werden 25 cm³ Gas je kWs Lichtbogenarbeit erzeugt. Dieser Betrag steht in recht guter Übereinstimmung mit an Hochspannungsschaltern festgestellten Werten[2], nämlich bis 1000 A: 30 cm³, über 1000 A: bis 60 cm³ je kWs. Das Gemisch ist entzündungsfähig, wenn etwa 8—10 Vol.-% des Raumes mit dem Ölzersetzungsgas angefüllt sind. Man kann hieraus angenähert berechnen, nach wieviel Schaltungen ein gefährliches Gemisch auftreten kann, darf aber die beim Einschalten erzeugte Ölgasmenge hierbei nicht vergessen. Läßt man einen Lichtbogen unter Öl längere Zeit brennen, dann können in kurzer Zeit recht erhebliche Gasmengen entstehen. Dies kann z. B. geschehen, wenn Kontakte unter Öl nicht rechtzeitig ausgewechselt werden. Sie können so weit abbrennen, bis sie schließlich keinen einwandfreien Stromübergang ermöglichen. Der Strom kann als kurzer Lichtbogen dann übergehen. Eine verhältnismäßig rasche Bildung von Ölgasen ist die Folge. Ölschaltgeräte verlangen eine Wartung, durch die eine solche Gefahr ausgeschlossen ist.

---

[1] Lichtbogendauer stets höchstens 1 Halbwellendauer vorausgesetzt.

[2] Kesselring, F: Beitrag zur Lösung des Ölschalterproblems. ETZ. Bd. 48 (1927) S. 1278.

e) Verschwelen von Isolierstoffen.

In diesem Zusammenhang sei auch noch eine andere Möglichkeit der Bildung explosibler Gemische in gekapselten elektrischen Motoren oder Geräten erwähnt, die gelegentlich beobachtet worden ist: Als Folge der Überlastung von Spulen können explosible Gase durch Verschwelung gebildet werden. Kurzschlußwindungen in Motorwicklungen oder ungewollte Überlastung von Spulen in Schaltgeräten, die für nur kurzzeitige Einschaltdauer bemessen sind, kann beispielsweise die Ursache sein. Bei Temperaturen über 200° C verschwelt die Baumwollisolation mit einem merklichen Anteil an brennbarem Gas; oberhalb 250° wird die Verschwelung sehr stürmisch. Bei Verschwelung im Temperaturgebiet zwischen 300° und etwa 360° ist bereits 91,5% des Schwelgases brennbar. Die Zusammensetzung der Gase bei Verschwelung von imprägnierten Spulen mit baumwollisolierten Drähten betrug in einer Versuchsreihe:

Verschwelungsprodukte		Verschwelung im Temperaturintervall 227—300° innerhalb 15 h Vol.-%	Verschwelung im Temperaturintervall 300—362° innerhalb $5^1/_4$ h Vol.-%	Gesamtanalyse nach Verschwelung bis 372° innerhalb 2 h Vol.-%
Nicht brennbar:	Kohlendioxyd	55,9	8,5	50,2
brennbar:	Kohlenoxyd CO	25,3	7,1	34,4
brennbar:	Wasserstoff H_2	15,3	30,9	4,9
brennbar:	Methan CH_4	2,5	44,3	7,2
brennbar:	Schwere Kohlenwasserstoffe C_nH_m	1,0	9,2	3,3

Je schneller eine hohe Temperatur über 350° erreicht wird, um so eher ist das Gemisch explosionsfähig. Je nach den Entwicklungsgeschwindigkeiten und Reaktionstemperaturen kann der Anteil der brennbaren Gase sehr verschieden sein; mehr Imprägniermasse kann höheren Anteil an Methan, mehr Baumwolle höheren Anteil an Kohlenoxyd ergeben; man kann mit 50—65 Vol.-% Anteil brennbaren Gases im Gemisch rechnen.

Die Gasmenge, die bei der Verschwelung bis zu Temperaturen von 450—500° C entsteht, kann für überschlägliche Rechnungen aus folgenden, angenähert geltenden Zahlen entnommen werden: Es werden Gase mit etwa 55 Vol.-% brennbaren Bestandteilen entwickelt:

100 cm³ je Gramm Baumwolle, Papier, Isolierpreßstoff Typ S (50% Holzmehl),
50—25 cm³ je Gramm Kunstharz,
30 cm³ je Gramm Isolierpreßstoff Typ 1 (50% Asbest),
10 cm³ je Gramm Asphaltmasse.

Diese Zahlen können nur ein rohes Bild von der entstehenden Menge geben. Bei fertig imprägnierten Lackdrahtspulen von $^1/_2$ kg Gewicht mit etwa 75—100 g verschwelbaren Bestandteilen kann man mit Gasmengen bis 6,5—10 l je nach Art der Herstellung rechnen, wenn die Verschwelung bis 500 °C erfolgt. Eine Analyse der Gase ergab:

Nicht brennbar:	Kohlendioxyd	36,8	Vol.-%
Brennbar:	Kohlenoxyd	14,4	„
	Wasserstoff	20,0	„
	Methan	28,8	„

Eine Spule mit 100 g verschwelbaren Bestandteilen kann so viel Gas im ungünstigsten Fall erzeugen, daß ein oder mehrere Gehäuse von 45 l Gesamtinhalt mit explosiblem Gemisch angefüllt sein können. Bei Zündung dieses Gemisches können kleine Entlastungsöffnungen nicht den notwendigen Druckausgleich bringen, die Gehäuse können trotz dieser Öffnungen zerspringen. Solche Fälle kommen aber, ebenso wie die Zündung von Ölzersetzungsgasen, sehr selten vor; sie können durch richtige Überwachung, Wartung und Betriebsanweisung fast stets vermieden werden.

3. Explosible Dämpfe.

a) Flammpunkt.

In vielen Betrieben werden brennbare Flüssigkeiten, die explosible Dämpfe entwickeln können, verarbeitet oder gelagert. Im folgenden soll gezeigt werden, wie die Explosionsgefahr der Dämpfe beurteilt werden kann.

Befindet sich über einem Flüssigkeitsspiegel ein freier Raum, so wird stets ein Teil der Flüssigkeit als Dampf von dem Raum aufgenommen. Wartet man genügend lange Zeit, dann sättigt sich der Raum vollkommen mit Dampf. Wieviel Dampf die Luft aufnimmt, hängt in erster Linie von der Temperatur der Flüssigkeit bzw. der Luft ab. Der „Sättigungsdruck" gibt den Teildruck des Dampfes im Dampf-Luft-Gemisch oberhalb der Flüssigkeit an. Ist der Sättigungsdruck bekannt, so läßt sich sofort der Volumenanteil des Dampfes in dem Dampf-Luft-Gemisch angeben. Beträgt der Teildruck p_1 mm, den man aus einem Tabellenwerk entnehmen kann, so ist bei einem Gesamtdruck von 760 mm der Volumenanteil des Dampfes V_1 vom Gesamtvolumen V

$$V_1 = \frac{p_1}{760} V \qquad (1)$$

oder der prozentuale Volumenanteil, wenn wir $V = 100$ setzen, zu

$$V_1 = \frac{p_1}{760} \cdot 100 \quad \text{(in Vol.-\%)}. \qquad (1a)$$

So z. B. beträgt der Sättigungsdruck von Benzol bei 20° C 74,66 mm. Der Volumenanteil des Dampfes im gesättigten Dampf-Luft-Gemisch ist demnach bei 20° C $\frac{74,6}{760} \cdot 100 = 9,82$ Vol.-%. Da die obere Explosionsgrenze des Benzol-Dampf-Luft-Gemisches etwa 7 Vol.-% beträgt, kann ein gesättigtes Benzol-Dampf-Luft-Gemisch bei 20° C nicht mehr explodieren. Bei 10° C Kälte ist der Sättigungsdruck des Benzols 14,83 mm, der Volumenanteil danach 1,96 Vol.-%. Dank der unteren Explosionsgrenze des Benzols von etwa 1,4 Vol.-% ist das Dampf-Luft-Gemisch bei 10° C Kälte explosibel, obwohl reines Benzol bereits bei +5,4° C erstarrt.

Beträgt der Sättigungsdruck bei einer bestimmten Temperatur 760 mm, so siedet bei 760 mm Luftdruck die Flüssigkeit. Der Siedepunkt oder Kochpunkt ist erreicht.

Man bezeichnet diejenige Temperatur, bei der der Sättigungsdruck den Volumenanteil der unteren Explosionsgrenze erreicht, „Unterer Explosionspunkt" und die Temperatur, bei der der Sättigungsdruck entsprechend dem Volumenanteil der oberen Explosionsgrenze erreicht ist, „Oberer Explosionspunkt". Der untere Explosionspunkt ist angenähert gleich dem „Flammpunkt“ der Flüssigkeit. Unter „Flammpunkt“ versteht man die Temperatur der Flüssigkeit, bei der die entwickelten Dämpfe kurz aufflammen, wenn der Oberfläche eine Zündflamme genähert wird. Der Flammpunkt gibt also die Flüssigkeitstemperatur an, bei deren Überschreitung explosible Dämpfe entwickelt werden.

Der Flammpunkt einer Flüssigkeit ist eine einfache Kenngröße zur Festlegung der Explosionsgefahr. Er wird bei den Vorschriften über den Verkehr mit brennbaren Flüssigkeiten[1] zur Einteilung der Flüssigkeiten herangezogen. Es werden folgende Gruppen mit Rücksicht auf Brand- und Explosionsgefahr sowie Löschmöglichkeit unterschieden und Vorschriften über Lagerung, Mischung und Abfüllung gegeben:

Gruppe A: Flüssigkeiten, die mit Wasser nicht oder nur teilweise löslich sind und in Gefahrenklassen eingeteilt sind:

I	Flammpunkt unter	21° C
II	„	21—55° C
III	„	55—100° C.

Gruppe B: Flüssigkeiten, die mit Wasser in beliebigem Verhältnis mischbar sind und deren Flammpunkt unter 21° C liegt.

Die Grenze „21° C“ hat heute keine praktische Berechtigung mehr. Sie ist in einer Zeit festgelegt worden, als das Leuchtpetroleum noch größere Bedeutung besaß und die leichter flüchtigen Bestandteile noch nicht, wie heute, zur Benzingewinnung herangezogen wurden. Der Flammpunkt des jetzt im Handel befindlichen Leuchtpetroleums liegt erheblich über 21° C. Die Grenze von 21° C hat sich aber allgemein eingebürgert.

Zur Erläuterung der Begriffe „Siedepunkt“, „oberer Explosionspunkt“, „unterer Explosionspunkt“ und „Flammpunkt“ sind in Abb. 3 die Volumenanteile des Dampfes einiger Kohlenwasserstoffe zusammengestellt[2]. Diese Kohlenwasserstoffe sind Einzelbestandteile der Gemische: Benzin und technisches Benzol, die im folgenden noch etwas ausführlicher behandelt werden sollen.

In Abb. 4 sind ferner die Sättigungswerte in Raumanteil des Dampfes für eine größere Anzahl von brennbaren Stoffen in Abhängigkeit von der Temperatur angegeben. Unterer und oberer Explosionspunkt sind, soweit die Werte festliegen, besonders gekennzeichnet. Es wurden auch einige Flüssigkeiten aufgenommen, deren Flammpunkt so hoch liegt, daß die Dämpfe bei Raumtemperatur nicht mehr explosibel sind.

Ein gesetzmäßiger Zusammenhang zwischen Flammpunkt und Siedepunkt besteht nicht. Im allgemeinen gilt jedoch: Je höher der Siedepunkt einer brennbaren Flüssigkeit, um so höher der Flammpunkt! Für die in Abb. 3 und 4 gezeigten und für die in Zahlentafel 2 (Anhang) zusammengestellten Dämpfe ergibt sich folgender Zusammenhang:

$$\text{Flammpunkt} = 0{,}7 \cdot (\text{Siedepunkt}) - (60 \pm 35)\ ^\circ\text{C}.$$

Brennbare Flüssigkeiten mit einem Siedepunkt über 150° C oder einem über 150° C beginnenden Siedebereich entwickeln, von wenigen Ausnahmen (z. B.

[1] Polizeiverordnung über den Verkehr mit brennbaren Flüssigkeiten vom 26. XI. 1930 mit Änderungserlassen bis 6. II. 1935.

[2] MASKOW, H.: Untersuchungen über Explosionsvorgänge mit Benzin- und Benzol-Dampf-Luft-Gemischen in druckfesten Gehäusen elektrischer Geräte. VDE.-Fachberichte Nr. 10 (1938) S. 40.

Dekan! Abb. 3) abgesehen, bei Raumtemperaturen bis 35° C keine explosiblen Dämpfe.

b) Benzin, Benzol und Öle.

Benzin ist ein Gemisch vieler, man kann fast sagen, zahlloser Verbindungen aus 3—4 Kohlenwasserstoffgruppen. Den Hauptbestandteil bildet meist die Gruppe der „Paraffine". Dies sind Kohlenwasserstoffe nach dem Aufbau C_nH_{2n+2}, in denen die Kohlenstoff- und Wasserstoffatome kettenförmig gebunden sind. Die bekanntesten sind: Pentan, Hexan, Heptan usw. und ihre Isomeren. Isomeren sind Verbindungen gleichen Molekulargewichtes und nahezu gleichen

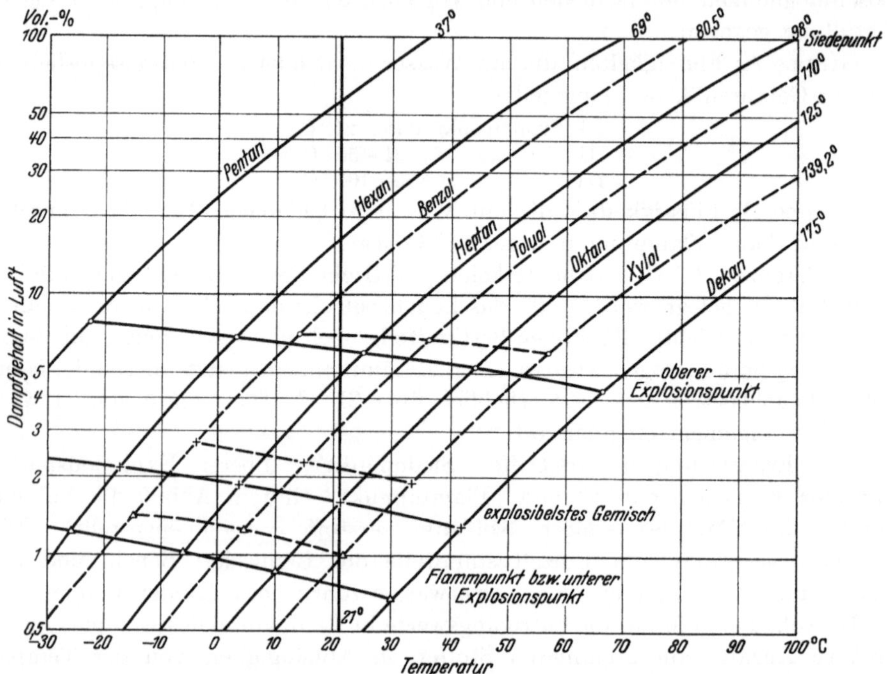

Abb. 3. Gesättigte Dampf-Luft-Gemische brennbarer Flüssigkeiten (Kohlenwasserstoffe der Paraffinreihe als Hauptbestandteil des Benzins und der Benzolreihe).

Siedepunktes, die sich voneinander durch Atomanordnung und durch chemische Eigenschaften unterscheiden. So z. B. kennt man von Heptan 7 Isomere, von Oktan 18 Isomere. Die zweite im Benzin enthaltene Kohlenwasserstoffgruppe sind die „Naphthene", die ringförmig gebunden und stabil sind. Es sind dies die Zykloparaffine, z. B. Zyklohexan, und die Polymethylene, beständige Kohlenwasserstoffe, die hauptsächlich im kaukasischen Erdöl vorhanden sind. Die dritte Gruppe sind die „aromatischen" Verbindungen, deren bekanntester Vertreter Benzol ist. Sie sind zahlreich auch in den Leicht- und Schwerölen vorhanden. Die vierte Gruppe enthält die „Olefine", ungesättigte Kohlenwasserstoffe der Äthylenreihe. Ein Teil der Kohlenstoffatome ist doppelt gebunden, weil nicht genügend Wasserstoffatome zur Verfügung stehen. Die Olefine sind infolgedessen chemisch aktiv. Sie altern, d. h. sie schließen sich zu größeren verwickelten Molekeln zusammen. Während des Lagerns können sich gummiartige Bestandteile ausscheiden.

Das technische „Benzol“ ist ebenfalls kein chemisch reiner Stoff. Benzol ist zur Verbrennung in Motoren in reinem Zustand nicht geeignet. Unter dem Namen „Benzol“ werden flüssige aromatische Kohlenwasserstoffe verstanden, die unter 200° C sieden. Eine Zahlenbezeichnung vor dem Wort „Benzol“, z. B. „90“-Benzol oder „50“-Benzol, gibt den Volumenanteil der Bestandteile an, die bis 100° C sieden. So z. B. enthält 90 Benzol 90% Bestandteile, die bis 100° C sieden.

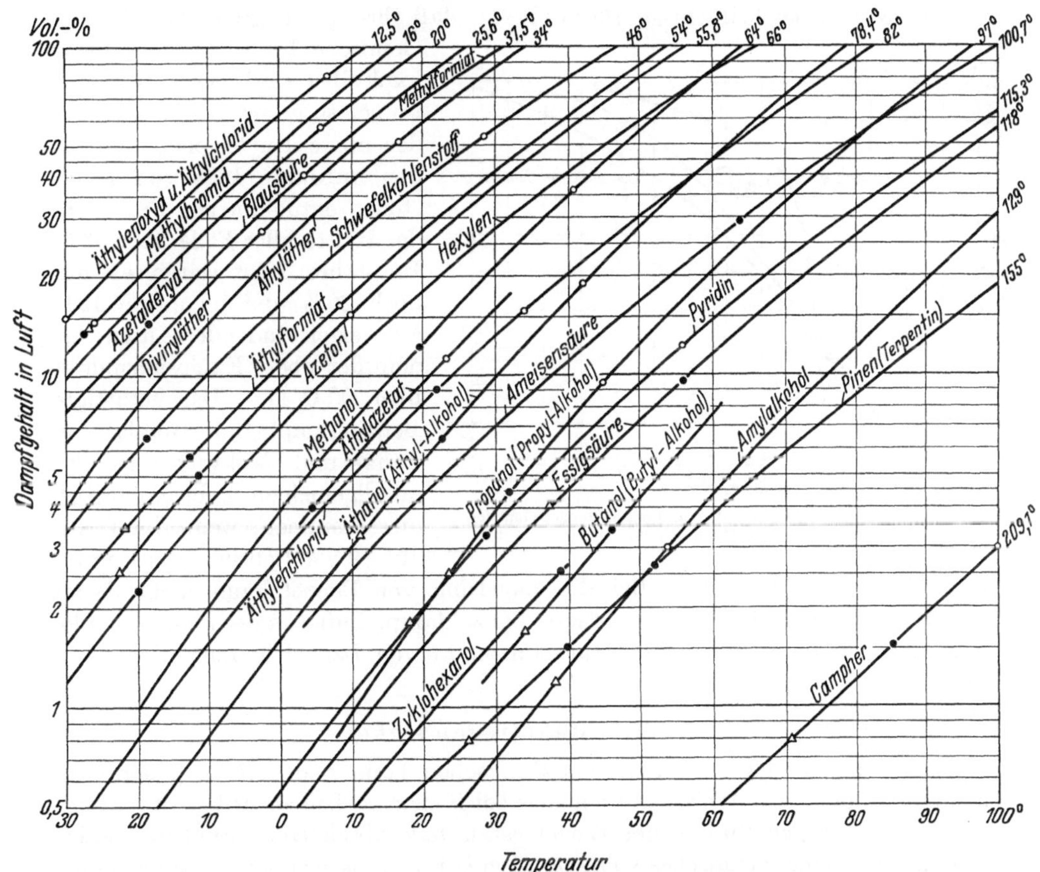

Abb. 4. Gesättigte Dampf-Luft-Gemische brennbarer Flüssigkeiten.
△ Unterer Explosionspunkt; • stöchiometrisches Gemisch; ○ oberer Explosionspunkt.

10% sieden bei Temperaturen über 100° C. Das 90 Benzol enthält 70% reines Benzol, das bei 80,5° C siedet. Das 50 Benzol enthält 46% reines Benzol und bedeutende Mengen Toluol (Siedepunkt 110° C) und Xylol (Siedepunkt 140° C).

Es ist nicht möglich, die Eigenschaften der Benzine, Benzole und Öle aus ihren Einzelbestandteilen anzugeben. Man kann aber aus ihrer Siedekurve den Anteil der leicht und schwer siedenden Bestandteile erkennen. Die Siedekurve gibt den Anteil an, der bei einer bestimmten Temperatur verdampft.

So z. B. soll ein hochwertiger Fliegerkraftstoff, für den die in Abb. 5 wiedergegebene Siedekurve gilt, so viel leichtflüchtige Bestandteile enthalten, daß 10% des Gemisches bei Temperaturen zwischen 60 und 70° C verdampft sind[1]. Die

[1] Hörger, H.: Flugkraftstoffe. Flughafen Bd. 7 (1939) S. 15.

explosiblen Eigenschaften dieses Bestandteiles liegen also gemäß Abb. 3 zwischen denen, die die Kurven für Pentan und Hexan angeben. Wir können aus Abb. 3 schließen, daß bei 0° C der obere Explosionspunkt bereits überschritten ist, das gesättigte Dampf-Luft-Gemisch also nicht mehr explosibel ist. Tatsächlich bestätigen Untersuchungen von RITTER und FRICKE[1] dies. Nicht nur die Fliegerkraftstoffe, sondern auch die heute üblichen an Tankstellen verkauften Motorkraftstoffe haben so viel leichtflüchtige Bestandteile, daß ihre gesättigten Dampf-Luft-Gemische bei 0° C nicht mehr explosibel sind. Dies ist nicht immer so gewesen. So z. B. lag der obere Explosionspunkt bei den im Jahre 1928 von Tankstellen entnommenen Proben in der Hälfte aller Fälle über 0° C. Im Jahre 1932 waren es nur noch 20% und im Jahre 1935 ein verschwindender Anteil, bei dem der obere Explosionspunkt über 0° C lag. Das gesättigte Benzindampf-Luft-Gemisch in Tanks und Tankwagen ist also im allgemeinen nicht explosibel, ausgenommen, wenn die Tanks aus sehr kalten Behältern (unter 10° Kälte) gefüllt werden. Bei der Lagerung von Benzol kann nicht damit gerechnet werden, daß das gesättigte Benzoldampf-Luft-Gemisch nicht explosionsfähig ist, denn der obere Explosionspunkt von Benzol beträgt etwa 14° C (Abb. 3).

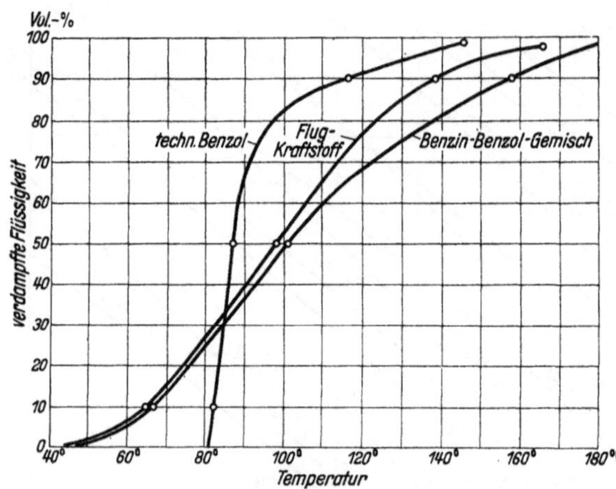

Abb. 5. Siedekurve von Flieger-Benzin, Benzin-Benzol-Gemisch und technischem Benzol.

c) Flüssigkeitsgemische.

Die Explosionseigenschaften von Gemischen kann man, streng genommen, nicht in so einfacher Weise, wie wir dies bei Benzin soeben an Abb. 3 durchführten, aus den Eigenschaften der Einzelbestandteile abschätzen. Sind die beiden Flüssigkeiten eines Gemisches völlig unmischbar, so bestehen beide Komponenten mit ihren Teildrücken und Dampfgehalten unbeeinflußt nebeneinander. Mischen sich aber die Flüssigkeiten, so haben wir zwei Fälle zu unterscheiden:

1. Die beiden Partner mischen sich ohne merkliche Wärmeentwicklung oder Abkühlung miteinander, z. B. Benzol mit Chlorbenzol. Dies ist ein Zeichen, daß die Kohäsionskraft der Bestandteile der Mischung untereinander und zwischeneinander nicht merklich verschieden sind. Die beiden Partner sind sich physikalisch ähnlich. Das Molekulargewicht der beiden Flüssigkeiten betrage M_1 und M_2. Ist der Dampfdruck des ersten Partners ohne Berücksichtigung des zweiten Partners p_1 und der entsprechende Dampfdruck des zweiten Partners p_2, sind ferner g_1 Gewichtsprozent des ersten Partners und g_2 des zweiten Partners in der Flüssigkeit enthalten, so beträgt der Gesamtdruck p:

[1] WOLTER: Sicherheitsvorschriften für die Lagerung und Beförderung brennbarer Flüssigkeiten. Öl und Kohle Bd. 13 (1937) S. 1.

$$p = \frac{p_1 \, g_1 M_1 + p_2 \, g_2 M_2}{g_1 M_1 + g_2 M_2} . \tag{2}$$

Der Dampfdruck der beiden Partner tritt also nur entsprechend ihrem Gewichtsanteil auf. Ist die eine Flüssigkeit nicht brennbar, so mindert sich der Dampfanteil v_1 der brennbaren Flüssigkeit:

$$v_1 = \frac{p_1}{760} \cdot \frac{g_1 M_1}{g_1 M_1 + g_2 M_2} \cdot 100 . \tag{3}$$

Z. B. Benzol: $M_1 = 78$, Chlorbenzol $M_2 = 112{,}5$. Gemisch von 20 Gewichtsprozent Benzol und 80 Gewichtsprozent Chlorbenzol habe eine Temperatur von 20° C. p_1 ist 74,66 mm, p_2 8,83 mm. Hieraus Dampfdruck $p = 18{,}4$ mm und der Dampfanteil von Benzol $v_1 = 1{,}45$ Vol.-%. Das Gemisch ist gerade noch explosibel. (Siehe Seite 62.)

2. Die beiden Partner sind sich physikalisch unähnlich. Die Mischung erfolgt mit einer Wärmetönung. Zwischen den beiden Molekelarten tritt eine Wechselwirkung auf. Der Gesamtdampfdruck der beiden gemischten Flüssigkeiten zeigt dann bei einem bestimmten Mischverhältnis entweder ein Minimum, wie z. B. eine Mischung von Azeton und Chloroform oder ein Maximum, wie z. B. eine Mischung von Azeton und Schwefelkohlenstoff. Die Teildrücke nehmen schneller oder langsamer als dem Mischungsverhältnis entsprechend ab. Die Verhältnisse können sehr verwickelt sein. Die explosiblen Eigenschaften solcher Mischungen müssen von Fall zu Fall durch Versuche bestimmt werden.

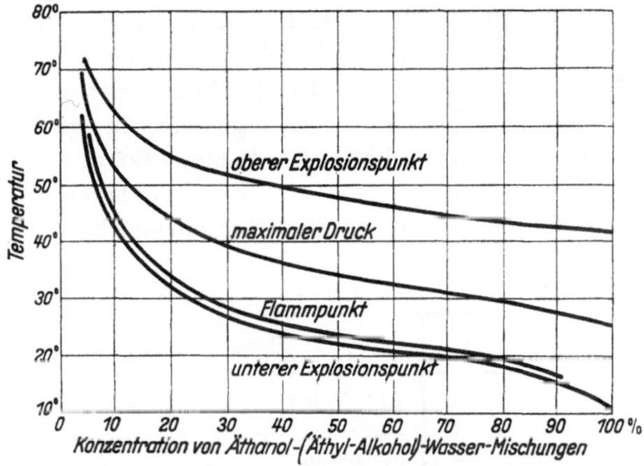

Abb. 6. Unterer und oberer Explosionspunkt sowie explosibelstes Gemisch der Dämpfe von Spiritus- (Äthanol-) Wasserlösungen.

Als Beispiel einer experimentellen Untersuchung sind in Abb. 6 die Meßergebnisse wiedergegeben, die an Alkohol- (Spiritus-) Wassermischungen von FRICKE gewonnen wurden[1]. Aus dieser Darstellung folgt z. B., daß der gesättigte Dampf eines 40proz. Alkohols bei einer Raumtemperatur von 24° C bis 49,5° C explosibel ist. Das explosibelste Gemisch, das den größten Druck entwickelt, entsteht bei 36° C.

d) Flüchtigkeit.

Zur Beurteilung der Explosionsgefährlichkeit von Dämpfen können noch zwei weitere Eigenschaften herangezogen werden: die Flüchtigkeit und die Mischgeschwindigkeit mit Luft. Die hierfür eigentümlichen Vorgänge sind auf die Eigengeschwindigkeit der Molekel zurückzuführen. Die Molekel führen eine ungeordnete Bewegung nach allen Richtungen aus. Nach dem MAXWELLschen Gesetz sind alle Geschwindigkeiten möglich. Eine bestimmte mittlere Geschwindig-

[1] FRICKE, K.: Über die Explosionsgefährlichkeit gesättigter Alkoholdampf-Luft-Gemische. Angew. Chem. Bd. 46 (1933) S. 87.

keit ist aber die wahrscheinlichste. Größere und kleinere Geschwindigkeiten sind weniger wahrscheinlich. Die Zahl der Molekel, die diese Geschwindigkeiten haben, ist entsprechend seltener. Die schnellsten Molekel kommen am seltensten vor. Sie haben am ehesten die Möglichkeit, aus der Flüssigkeitsoberfläche entgegen den Oberflächenkräften herauszudringen und in den Gasraum oberhalb des Flüssigkeitsspiegels zu gelangen. Der Verlust an schnellen Molekeln ist gleichbedeutend mit einem Verlust an Wärme: Die Flüssigkeit kühlt sich ab (Verdunstungswärme), die Zahl der zum Austritt fähigen Molekel nimmt immer mehr ab, wenn nicht der Flüssigkeit von außen Wärme zugeführt wird.

Die Berechnung dieses Vorganges, nämlich der Verdampfungsgeschwindigkeit, stößt auf so große Schwierigkeiten, daß man sich meist mit Vergleichszahlen begnügt. Als Vergleichsstoffe dienen Äther oder Azeton. Die Zeitdauer der Verdampfung einer bestimmten Menge Äther oder Azeton auf Fließpapier bei bestimmter Temperatur wird mit 1 bezeichnet und die Verdampfungszeitdauer der zu untersuchenden Flüssigkeit gleicher Menge auf gleiche Weise bestimmt. Im allgemeinen gilt: je höher der Siedepunkt der Flüssigkeit ist, um so geringer ist die Flüchtigkeit. Jedoch gibt es Ausnahmen, wie z. B. die Alkohole (Tafel 2, Nr. 3, 6, 10). Beispiele zeigt Zahlentafel 2.

Zahlentafel 2.

Nr.	Dampf	Siedepunkt °C	Flüchtigkeit Äther = 1
1	Äthyläther	34,6	1
2	Azeton	56,3	2,1
3	Methanol	66	6,3
4	Benzin	67—100	3,5
5	Äthylazetat	77	2,9
6	Spiritus (95proz.)	78	8,3
7	Benzol	80,5	5
8	Toluol	110	19
9	Isobutylazetat	116	7,7
10	n-Butylalkohol	118	33,0
11	Xylol	136—140	60

e) Mischgeschwindigkeit (Diffusion).

Tritt ein Gas oder Dampf aus einem Behälter aus, so findet eine Vermischung mit der Luft statt. Dieser Mischvorgang kann auf vielerlei Weise vor sich gehen. Z. B. kann ein unter Überdruck entweichender Gasstrahl sich mit Luft durcheinanderwirbeln, leichtere Gase steigen in die Höhe und durchmischen sich hierbei mit Luft, schwerere sinken zu Boden, wobei ebenfalls eine Durchmischung stattfindet. Verdunstet Flüssigkeit, so bildet sich oberhalb des Flüssigkeitsspiegels ein nahezu gesättigtes Dampf-Luft-Gemisch, das in den Raum hineindiffundiert, wobei Luftbewegungen (z. B. auch Wärmeströmungen) den Vorgang unterstützen. Strömt leichteres Gas aus, z. B. Wasserstoff oder im Bergwerk Methan, dann kann es sich unter der Decke ansammeln und langsam nach unten diffundieren. Die längste Zeit, die sich ein Gemisch im Raum hält, ist durch die Diffusionsgeschwindigkeit gegeben:

Wir denken uns einen schweren Dampf am Boden oder ein leichtes Gas an der Decke. Die Dampf- oder Gas-Schicht habe eine bestimmte Höhe. Wir fragen nach dem zeitlichen Ablauf, mit dem der Dampf oder das Gas in die umgebende Luft dringt. Von irgendwelchen Luftströmungen sei abgesehen. Ein solcher Fall liegt z. B. vor, wenn sich Benzin- oder Benzoldämpfe in einem Schacht, Alkoholdämpfe in einem großen Mischbehälter oder Wasserstoff an der Decke eines Raumes angesammelt hat.

Auf dem Fußboden sei in einer Höhe von h cm ein Dampf-Luft-Gemisch bestimmter Anreicherung v_0 Vol.-% vorhanden. Der Diffusionskoeffizient des Gemisches gegen Luft ist D cm²/s. Es wird nach der Anreicherung v gefragt, die sich in einer Höhe von x cm nach t Sekunden bildet. Die Verteilung der Anreicherung ergibt sich aus einer Behandlung ähnlicher Diffusionsvorgänge[1] zu:

$$\frac{v}{v_0} = \frac{1}{2}\left[\psi\left(\frac{1-\frac{x}{h}}{\frac{2}{h}\sqrt{D\cdot t}}\right) + \psi\left(\frac{1+\frac{x}{h}}{\frac{2}{h}\sqrt{D\cdot t}}\right)\right], \tag{4}$$

wobei die Funktion ψ das GAUSSsche Fehlerintegral bedeutet. Ein Zahlenbeispiel ist in Abb. 7 wiedergegeben. Es ist angenommen, daß der Fußboden mit einer 40 cm hohen Benzoldampf-Luft-Schicht bedeckt ist, die bei 20° C gerade gesättigt ist. Die Anfangskonzentration beträgt 9,8 Vol.-%. Auf 1 m² Bodenfläche entfallen 127 g, auf einen Fußboden von 20 m² Fläche also 2,54 kg Benzol in Dampfform. Wir nehmen an, daß bei Beginn der Betrachtung das Benzoldampf-Luft-Gemisch und die darüber befindliche Luft getrennt sind. Nun beginnt Benzoldampf in die darüber befindliche Luft, umgekehrt Luft in das Dampfgemisch zu diffundieren. In Abb. 7 ist der Zustand nach ½, 2 und 8 Stunden sowie nach 1 und 4 Tagen wiedergegeben. Während zu Beginn des Vorganges das Gemisch nicht explosibel ist, ist es nach 2 Stunden soweit „verdünnt", daß es schon fast in seiner ganzen Höhe entzündet werden kann; das explosionsfähige Gemisch ist etwa 80 cm hoch „gekrochen". Nach etwa 1 Tag hat es seine gefährlichste Höhe erreicht: etwa 130 cm. Nach 4 Tagen ist es nicht mehr explosionsfähig.

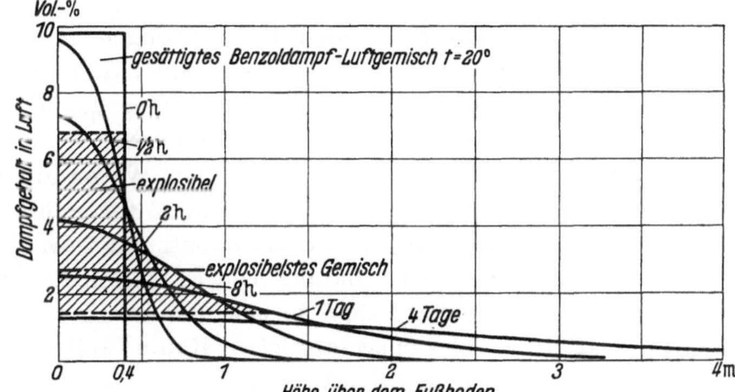

Abb. 7. Diffusion eines 40 cm hohen, bei 20° C gesättigten Benzoldampf-Luft-Gemisches in den Luftraum darüber.

Die angegebenen Zeiten sind dem Quadrat der anfänglichen Gemischhöhe proportional. Bei einer anfänglichen Höhe von 80 cm ist also erst nach 4 Tagen eine maximale Höhe des explosiblen Gemisches von 260 cm erreicht und nach 16 Tagen eine nicht mehr explosible Verdünnung.

[1] RIEMANN-WEBER, Differentialgleichungen der Physik: Bd. 2 (1927) S. 177. — AUERBACH, F., u. W. HORT: Handbuch der physikalischen und technischen Mechanik Bd. 7, Grenzgebiete der techn. u. phys. Mechanik, S. 635. Leipzig 1931.

Diese Darstellung gibt einen Überblick grundsätzlich für alle Gase und Dämpfe: man setzt lediglich die Anfangskonzentration $v_0 = 100$ und ändert die Zeitangaben entsprechend den für das Gemisch geltenden Diffusionskoeffizienten. Für die Gase, die leichter als Luft sind, gilt die Darstellung für eine Gemischansammlung an der Decke. In Zahlentafel 3 sind die zu einer solchen Auswertung wichtigsten Angaben zusammengestellt.

Zahlentafel 3.

Gas bzw. Dampf	Relative Dichte (Luft = 1)	Diffusionskoeffizient D cm^2/s	Umrechnungsfaktor des Zeitmaßstabes in Abb. 7
Wasserstoff	0,0695	0,661	0,364
Methan	0,556	ca. 0,2	0,66
Ammoniak	0,597	ca. 0,23	0,62
Äthylalkohol . . .	1,62	0,115	0,875
Äthyläther	2,58	0,0893	0,99
Schwefelkohlenstoff	2,66	0,1015	0,93
Benzol	2,72	0,0877	1,0

Diese mit Abb. 7 verbundenen Betrachtungen zeigen, daß ein explosibles Dampf-Luft-Gemisch, wenn es nur in genügender Höhe in einem Schacht ansteht, sich tage- und wochenlang halten und wie eine „zähe, in sich abgeschlossene Masse“ wirken kann. So kann es auch geschehen — und ist auch tatsächlich beobachtet worden —, daß bei fast windstillem Wetter austretende Dämpfe durch eine seitliche Luftbewegung wie eine „Fahne“ fortgeführt werden. Sie können an entferntere Orte gelangen und dort entzündet werden, wo man an eine Explosionsgefahr nicht mehr glaubt. Die Explosionsflamme eilt mit großer Geschwindigkeit entlang der Fahne zurück und kann, wenn die Voraussetzungen gegeben sind, im explosionsgefährdeten Raum weitere Zündungen zur Folge haben.

In Räumen ohne gleichmäßige Durchlüftung, in denen Dämpfe auftreten können, wird man stets mit beträchtlichen Konzentrationsunterschieden von Dampfgemischen rechnen müssen.

4. Explosionsgefährlichkeit von Gemischen.

Die Explosionsgefährlichkeit von Gasen und Dämpfen, soweit sie zur Beurteilung elektrischer Anlagen betrachtet wird, läßt sich durch Angabe der unteren Explosionsgrenze, zuweilen auch der Zündtemperatur und in manchen Fällen des Explosionsbereiches kennzeichnen.

Untere Explosionsgrenze ist derjenige Raumanteil des Gases oder Dampfes an dem Gesamtvolumen, bei dem das Gemisch bei zunehmendem Anteil des Gases gerade explosionsfähig ist. Gas- oder Dampf-Luft-Gemische, die diese Grenze nicht erreichen, sind ungefährlich. So z. B. werden bei der Fabrikation der Nitro- und Azetatkunstseide, von Zelluloid, Kunstleder, Lack und Gummi, bei der Herstellung von Tiefdrucken usw. leichtflüchtige Lösungsmittel gebraucht, die verdampfen und, wenn sie nicht wiedergewonnen werden, verlorengehen. In Adsorptionsanlagen werden die Ausgangsflüssigkeiten wiedergewonnen. Der Dampfanteil liegt aber meist weit unter der unteren Explosionsgrenze.

Man kann ein Gas oder einen Dampf als um so gefährlicher ansehen, je weniger von ihm zu einer explosionsfähigen Mischung erforderlich ist. Man kann 3 Gruppen unterscheiden:

1. Gase oder Dämpfe, deren untere Explosionsgrenze über 10% liegt. Diese sind hinsichtlich der Explosionsgefahr verhältnismäßig ungefährlich, insbesondere in Räumen, die ständig von Menschen begangen sind. Hierunter fallen: Ammoniak und Kohlenoxyd, ferner Generatorgas, Gichtgas, Mondgas und Luftgas, die sog. „Schwachgase“ mit über 50% nicht brennbaren Bestandteilen (Stickstoff und Kohlendioxyd).

Schließlich seien noch Methylbromid, ein in der chemischen Industrie und der Kälteindustrie verwandter verhältnismäßig harmloser Stoff, und das praktisch kaum interessierende Kohlenoxysulfid genannt, welches in feuchter Luft zu CO_2 und dem gesundheitlich gefährlichen Schwefelwasserstoff H_2S zerfällt.

2. Gase oder Dämpfe mit einer unteren Explosionsgrenze von etwa 4—10%. Sie können auch in ventilierten Räumen explosionsgefährlich sein, insbesondere, wenn sich Menschen nicht ständig in ihnen aufhalten. Hierunter fallen: Stadtgas (Leuchtgas), Wassergas, Wasserstoff und Methan. Ferner Schwefelwasserstoff, Azetaldehyd, ein Zwischenprodukt, z. B. in Azetylen-Betrieben, Methylalkohol (Holzgeist) u. a., zur Herstellung chemischer und kosmetischer Präparate und als Lösungsmittel verwendet, Dicyan, in verhältnismäßig kleinen Beimengungen in Hochofengasen und im Leuchtgas vorhanden; die außerordentlich giftige Blausäure, die schon bei einer Konzentration von 0,03 Vol.-%, $^1/_{200}$ der unteren Explosionsgrenze, sofort tödlich ist, das in der Kälteindustrie verwendete Methylchlorid, ferner einige Lösungsmittel wie Äthylchlorid, Äthylenchlorid, Methylformiat, Äthylbromid.

3. Die dritte hier aufgeführte Gruppe umfaßt die Gase und Dämpfe mit einer unteren Explosionsgrenze unter 4% (Dämpfe, soweit ihr Flammpunkt unter 21° C liegt).

Die technisch wichtigsten sind: Azetylen, leichte und mittlere Benzine, die Gemische der Vergaserkraftstoffe, Alkohole, Benzol, rein und Handelsbenzol, ferner als Petroleumdestillate die gesättigten Kohlenwasserstoffe der Paraffinreihe, wie Pentan, Hexan, Heptan usw.; als weitere Erdölprodukte die ungesättigten Kohlenwasserstoffe der Äthylenreihe und die Naphthene, die viel in der chemischen Großindustrie verwendet werden, Äthyläther, in der pharmazeutischen Industrie verwendet, Azeton und Schwefelkohlenstoff, das in der Kautschuk-, Kunstseiden-, Zellwolle- und anderen chemischen Industrien gebraucht wird, und viele andere mehr.

Die Entzündungstemperatur der unter 1 und 2 aufgeführten Gase und Dämpfe liegt im allgemeinen über 450° C; in die dritte Gruppe fallen die Gase und Dämpfe mit den niedrigsten Entzündungstemperaturen, so z. B. Äthyläther mit etwa 180° C und Schwefelkohlenstoff mit etwa 120° C.

Ein abschließendes Bild über die Explosionsgefährlichkeit kann man aus diesen Angaben noch nicht gewinnen. Die Wertung, die in einer Einteilung der Gefährlichkeit von Gasen und Dämpfen liegt, kann, wenn sie praktischen Belangen gerecht werden will, nicht nach einigen wenigen starren Gesichtspunkten vorgenommen werden: Explosionsgefährlich wird ein Gemisch, wenn es sich in solcher Menge ansammeln kann, daß die Konzentration des Gases oder Dampfes im Explosionsbereich liegt. Die Möglichkeit hierzu hängt von so vielen Umständen ab, daß die untere Explosionsgrenze nur eine der vielen, die Gefährlichkeit kennzeichnenden Größen ist. Zwei Beispiele mögen dies erläutern: Ammoniak ist ein verhältnismäßig harmloses Gas. Seine untere Explosionsgrenze liegt mit 15,5 Vol.-% so hoch, daß selbst der kürzeste Aufenthalt in einem mit solchem Gemisch angefüllten Raum unmöglich ist. Seine explosibelste Anreicherung in Luft verpufft verhältnismäßig langsam. Trotzdem zeigen Unglücksfälle, wie gefährlich selbst ein harmloses Gas werden kann: Wenn sich ein explosibles Ammoniak-Luft-Gemisch bilden und in einem geschlossenen Raum entzünden kann, treten Explosionsdrücke von 20000 bis 50000 kg/m² mit ihren verheerenden Folgen auf! — Der Dampf von Lackbenzin hat einen unteren Explosionspunkt von etwa 0,7 Vol.-% und gehört zu den Dämpfen mit der niedrigsten unteren Explosionsgrenze. Wird in einer Lackfabrik eine größere Flasche Lackbenzin verschüttet, so erfordert die verschüttete Flüssigkeit alle Maßnahmen, die der Umgang mit feuergefährlichen Stoffen verlangt. Die Explosionsgefahr im Raum ist aber verhältnismäßig gering, weil die Flüssigkeit verhältnismäßig langsam verdunstet — etwa 50 mal langsamer als Äthyläther — und weil überhaupt erst bei Raumtemperaturen über 20° C sich explosible Gemische bilden können. Aber auch solche in dieser Hinsicht harmlosen Dämpfe werden gefährlich, wenn sie in geschlossenen Räumen explosible Gemische bilden können. Dies zeigen die Unglücksfälle, die z. B. durch elektrische Handlampen beim Ausleuchten von Fässern immer wieder vorkommen.

Mit Einschränkung durch die Feststellung, daß jedes explosible Gemisch gefährlich werden kann, ergibt sich hinsichtlich der Zündgefahr durch elektrische Betriebsmittel folgende Wertung der Gemische in der Mehrzahl der Anwendungsfälle in der Praxis:

1. Zu den am wenigsten gefährlichen Gemischen zählen Ammoniak, Kohlenoxyd, die Schwachgase, die Halogenverbindungen der Kohlenwasserstoffe, wie Methyl- und Äthyl-Chlorid und -Bromid, ferner die schwerer flüchtigen Lösungsmittel mit einem Siedebereich, der über 150° beginnt.

2. Die leichter flüchtigen Lösungsmittel, z. B. die Kohlenwasserstoffe, die Äther, Ketone, Ester, Alkohole und Schwefelkohlenstoff, erfordern um so mehr Beachtung im Sinne des Explosionsschutzes, je leichter flüchtig sie sind. Die Schutzmaßnahmen beschränken sich vielfach auf Einrichtungen, die das Auftreten explosibler Gemische im Raum unwahrscheinlich machen, und auf eine Kapselung elektrischer Betriebsmittel, soweit sie betriebsmäßig Funken geben oder durch ihre hohe Temperatur zünden können. Weitgehende Schutzmaßnahmen in dieser Hinsicht verlangen Äthyläther und Schwefelkohlenstoff wegen ihrer niedrigen Zündtemperatur.

3. Die Gefährlichkeit von Wasserstoff und seiner Mischgase wird verschieden beurteilt. Sie hängt stark von der Art des Betriebes ab. Die Schutzmaßnahmen in der chemischen Industrie, z. B. in Hydrierwerken, haben die Gefährlichkeit stark vermindert. In der Stadtgas-Erzeugung und -Verteilung werden weitgehende Schutzmaßnahmen verlangt. Ähnliches gilt auch für andere komprimierte Gase, die teils als Zwischenprodukte, wie z. B. Synthesegas, in einem Herstellungsgang auftreten, teils als Endprodukte, wie z. B. Propan, in Abfüllräume austreten können.

4. Azetylen gehört zu den gefährlichen Gasen.

5. Die Dämpfe von Benzinen, Erdölprodukten und Vergaserkraftstoffen können zu den gefährlichsten explosiblen Gemischen gehören; insbesondere weil sie vielfach in Betrieben verwendet werden, in denen das Betriebspersonal ungenügend geschult ist, oder weil die elektrischen Betriebsmittel besonders ungünstigen atmosphärischen Angriffen, z. B. durch hohe Luftfeuchtigkeit, ausgesetzt sein können.

6. Methan in schlagwettergefährdeten Gruben ist das gefährlichste Gas und stellt an den Explosionsschutz die höchsten Anforderungen. Methan ist durch Geruch nicht wahrnehmbar. Das Auftreten von Schlagwettern kann trotz sorgfältigster Betriebsüberwachung unbemerkt erfolgen. Die Schlagwetterzündung kann Kohlenstaubexplosionen zur Folge haben. Die Eigenart des Grubenbetriebes — Zusammenfassung von Arbeitskräften an den Betriebspunkten, die Unmöglichkeit einer entstehenden Explosion durch Flucht auszuweichen, die Folgen einer Explosion für die ganze Belegschaft, die rauhe Behandlung der elektrischen Geräte im Betrieb, die Notwendigkeit, auch ungeschultem Personal elektrische Betriebsmittel anzuvertrauen — führte zur Entwicklung der schlagwettergeschützten elektrischen Betriebsmittel. Der Begriff „Schlagwetterschutz" schließt die Besonderheiten des Grubenbetriebes ein, auf die im vorliegenden Buch nicht eingegangen wird.

5. Explosionsgefährdete Räume.

a) Durchlüftung.

Entscheidend für die Beurteilung einer Explosionsgefahr ist der Raum, in dem explosionsfähige Gemische auftreten können. Es ist in erster Linie Aufgabe der Architekten und Betriebsingenieure, die Anlage so zu gestalten, daß Entstehung und Ansammlung von explosionsgefährlichen Gasen oder Dämpfen vermieden wird[1]. Lüftung, Anordnung der Rohre, die explosionsgefährliche Gase oder Dämpfe enthalten, getrennt von elektrischen Einrichtungen, und Einbau von Absperrventilen an den Stellen, an denen sie stets gut zugänglich sind, gehören zu den vorbeugenden Maßnahmen. Eine ständige Durchlüftung des Raumes, die jeden Winkel erfaßt, ist der beste Schutz, der eine Explosionsgefahr auf ein Mindestmaß beschränkt: Auch die am wenigsten gefährlichen Gase können in nicht belüfteten Räumen zu verheerenden Folgen bei einer Explosion führen, wenn sie sich in genügender Menge angesammelt haben.

Die betrieblichen Vorteile einer gut angelegten Entlüftung sind noch nicht überall erkannt worden. Vielfach überläßt man diese der natürlichen Konvektion, z. B. in Hallen, und einer Anzahl offener Fenster im Dachreiter, die der Maschinenwärter nach Belieben öffnen und schließen kann! Bei der Anlage einer Entlüftung ist zu beachten, daß durchaus nicht alle Stellen eines Raumes vom Luftwechsel erfaßt zu werden brauchen. Explosionsfähige Gemische können sich trotz Entlüftung an bestimmten Stellen im Raum bilden bzw. ansammeln, so z. B. unter Decken, Treppen, in Rohrkanälen, Gruben oder Schächten, selbst in Ecken des Raumes. Durchbrochene Böden und Decken, die z. B. mit Rosten belegt

[1] Göschel, H.: Die Starkstromtechnik im Rahmen der neuen Treibstoffgewinnungsanlagen. ETZ. Bd. 58 (1937) S. 1282.

sind, Durchblasen der Rohrkanäle und zusätzliche Entlüftung von Schächten, wo schwere Gase und Dämpfe auftreten können, lassen die Gefahr vermeiden[1]. Werden in gut durchlüfteten, geschlossenen Räumen Schaltanlagen, Schaltschränke oder -pulte aufgestellt, so dürfen explosionsfähige Gemische nicht in sie hineindringen können. Rohrleitungen mit explosionsfähigen Gasen oder Dämpfen zur Messung z. B. von Druck oder Durchfluß sollen möglichst nicht in sie eingeführt werden. Läßt es sich nicht vermeiden, muß entweder für Zusatzbelüftung oder für genügende Durchbrüche gesorgt werden, um die Möglichkeit einer Ansammlung zu verhindern. Unter Hallendecken können sich nicht nur solche Gase ansammeln, die leichter als Luft sind. Auch schwerere Gase oder Dämpfe können bei thermischem Auftrieb dorthin gelangen: Leuchten werden deshalb zweckmäßig so angelegt, daß sie sich außerhalb dieser toten, von der Entlüftung weniger gut erfaßten Zonen befinden.

Abb. 8. Entlüftungs- und Trocknungseinrichtung an Rotationsmaschinen in einer Druckerei.

Heute sind noch viele Betriebsstätten recht mangelhaft belüftet. Auch ist es nicht immer einfach, nachträglich in einen gegebenen Raum eine befriedigende Lüftungsanlage einzubauen. Dies gilt auch für Arbeitsstätten mit Absaugevorrichtungen. Man macht vielfach den Fehler, daß man in größerer Entfernung von dem Arbeitsplatz, z. B. 3 m, einen Absaugstutzen münden läßt. Der Wirkungsradius solcher Absaugeöffnungen ist aber nur sehr klein, daher die Entlüftung recht unwirksam. Die beste Lösung ist, die Stelle, an der sich explosible Dämpfe bilden können, ganz abzukapseln und so den Eintritt in den Raum fast völlig zu verhindern (Abb. 8). In Spritzlackierereien wird der Arbeitsplatz so abgeschirmt (Abb. 9), daß Dünste und Farbnebel überhaupt nicht in den Raum dringen können, sondern abgesaugt werden; der Raum selbst steht durch einen zweiten Lüfter unter einem kleinen Überdruck von etwa 0,5 mm Wassersäule.

In geschlossenen Räumen, in denen durch Trockenvorgänge explosible Dämpfe entstehen, ist es notwendig, für eine ständige Bewegung und Erneuerung der Luft zu sorgen. In Trockenräumen, in denen sich Lösungsmitteldämpfe bis zur Ex-

[1] Blase, K.: Allgemeine Richtlinien für die Planung elektrischer Anlagen in explosionsgefährdeten Betrieben. ETZ. Bd. 59 (1938) S. 1123.

plosionsgrenze anreichern können, soll z. B. innerhalb der ersten Viertelstunde einer Trocknung das Luftvolumen des Raumes in jeder Minute durch Frischluft einmal erneuert werden; die Luftmenge kann dann bei weiterer Trocknung auf den vierten Teil herabgesetzt werden.

b) Bauweisen.

Explosionsgefährdete Betriebe sind in mannigfachen Bauweisen errichtet worden. In großen Zügen ist die Entwicklung so gegangen, daß man die üblichen Fabrikräume allmählich verlassen hat und Erzeugungsstätten in gut durchlüfteten Hallen, die vielfach halb oder ganz offen sind, errichtet. Die Großerzeugung z. B.

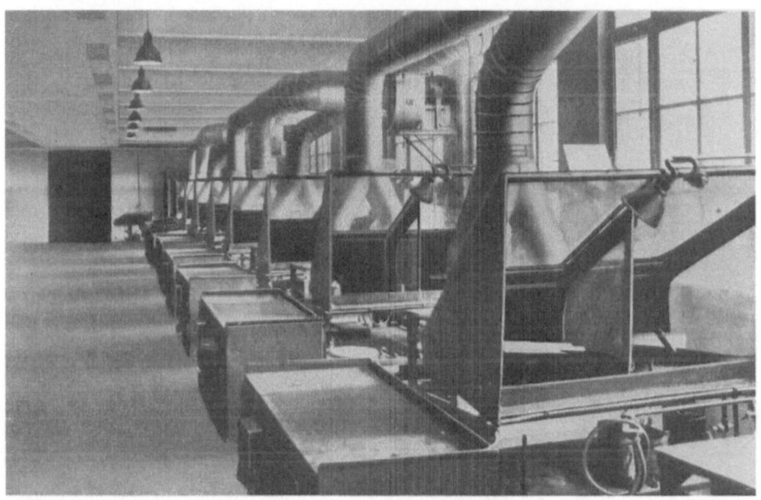

Abb. 9. Spritzraum einer Lackiererei.

von Benzin kann zum großen Teil in Vorrichtungen erfolgen, die entweder im Freien stehen oder in ein ganz offenes Gebäude gesetzt sind. Abb. 10 zeigt eine chemische Anlage ganz im Freien, eine Bauweise, die für viele derartige chemische Großanlagen kennzeichnend ist. Durch Aufsetzen eines Daches über derartige Anlagen entsteht ein halboffener Raum. In dem Dach befinden sich meist weite Öffnungen, die nicht verschlossen werden können. Geben die chemischen Geräte Wärme an die Umgebung ab, so wird die Halle dank des Luftstromes ganz durchlüftet. Zwischendecken sind zu vermeiden; ihre Stelle vertreten durchbrochene Roste. Man verzichtet, wo es durchführbar ist, auf geschlossene Rohrleitungskanäle. Die wenigen Gaskanäle sind nicht völlig geschlossen. Sie können auch durchlüftet ausgeführt werden. Behälter und Rohrleitungen mit brennbaren Flüssigkeiten sind so angelegt, daß bei einem Bruch die Flüssigkeit nicht in die Kanalisation gelangen und dort unter Umständen auf mehrere hundert Meter Entfernung noch Brände hervorrufen kann. Verlangt der Betrieb einen besseren Schutz gegen Witterungsunbill, dann kommt man zu halbgeschlossenen oder ganz geschlossenen Räumen. Den Übergang zu halbgeschlossenen Räumen zeigt Abb. 11. Die Halle, welche Kontaktöfen für Benzinsynthese birgt, ist im unteren Teil offen, die Bedienungsbühne und alle Treppen sind durchbrochen und mit

Rosten belegt. Der Dachreiter hat weite Entlüftungsflächen, die nicht geschlossen werden können.

Ganz geschlossene Hallen, wie z. B. Abb. 12 eine schematische Darstellung einer Kompressorhalle zeigt, werden neuerdings meist mit Entlüftungsanlagen versehen, bei denen die Luft durch breite Frischluftbänder auf der ganzen Längsseite der Halle zugeführt wird. Die gleichmäßige Verteilung der Frischluft- und Abluftkanäle gewährleistet einen gründlichen Luftwechsel; im allgemeinen werden die Ventilatoren für 3—5-, in einigen Fällen bis 10fachen stündlichen Luftwechsel bemessen. Es müssen Einrichtungen vorgesehen sein, um im Winter die Frischluft zu heizen. In Räumen, in die Gase und Dämpfe austreten können,

Abb. 10. Wassergasgenerator-Anlage für die Herstellung von Synthesegas. Offene Bauweise.

die schwerer als Luft sind, werden am Boden Abzugskanäle vorgesehen. Der Luftstrom wird dann so geleitet, daß ein Aufwirbeln der Dämpfe vermieden wird.

Dies sind einige Beispiele für Bauweisen, die nach dem Leitgedanken durchgeführt sind: Der beste Explosionsschutz ist eine gute Durchlüftung des Raumes.

In weitaus den meisten „explosionsgefährdeten" Betrieben besteht im normalen Betrieb keine Explosionsgefahr. Alle Einrichtungen werden aber so getroffen, daß auch in außergewöhnlichen Fällen die Möglichkeit einer Zündung nicht gegeben ist — soweit dies überhaupt durch Einrichtungen zu erreichen ist. Es gibt aber auch Räume, in denen mit langdauernder Gegenwart explosibler Gemische gerechnet werden muß. Es sind dies geschlossene Räume, die nicht ständig oder nur gelegentlich ventiliert werden können. Hierunter können z. B. Lagerräume für Benzin, Hilfspumpstationen, Verteiler und Zentralraum für Rohrverteilungen, Schächte oder Rohrkanäle fallen:

Sie gehören zu den am meisten gefährdeten Räumen, weil explosionsfähige Gemische bei Betriebsstörungen oder aus irgendwelchen anderen Gründen längere Zeit vorhanden sein können, ohne daß ihre Gegenwart sofort bemerkt zu werden braucht. Diese können dann in gut verschlossene Geräte eindringen; bei einer vorübergehenden Entlüftung, die z. B. vorgenommen wird, bevor ein solcher

Abb. 11. Halle mit Bedienungsgeräten zur Benzinherstellung.

Raum betreten wird, kann das Gemisch nicht zuverlässig aus der Kapselung der elektrischen Geräte entfernt werden. Man muß also damit rechnen, daß innerhalb der Kapselungen lange Zeit explosibles Gemisch vorhanden sein kann. Besonders hoch werden die Anforderungen, die an die Konstruktion elektrischer Geräte gestellt werden, wenn die Räume während längerer Zeit und wiederholt übermäßig naß sind. Die Nässe kann in die Kapselungen elektrischer Geräte eindringen und sich auf dem Isolierstoff niederschlagen. Solche Verhältnisse kann man z. B. in Kellern oder in Schiffen antreffen. Auch dauernde Einwirkung von Lösungsmitteln,

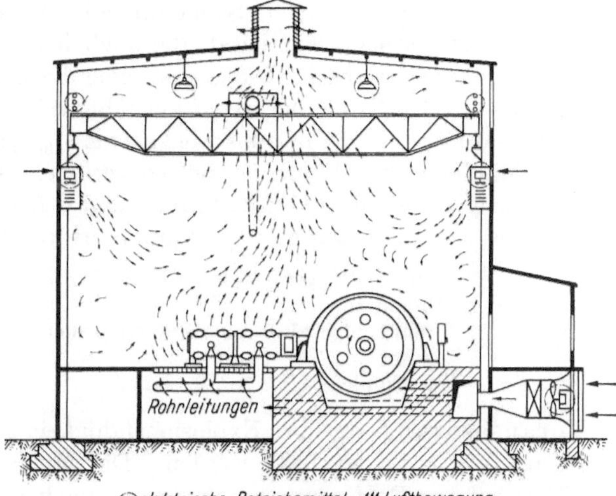

Abb. 12. Schema der Anordnung zur Ent- und Belüftung einer Kompressorhalle.

wie z. B. von Benzin oder von Schwefelkohlenstoff, oder von Säuredämpfen können den Isolationswert elektrischer Einrichtungen derartig vermindern, daß besondere Vorsichtsmaßnahmen notwendig werden, besonders dann, wenn eine Gewähr für fachmännische Wartung elektrischer Anlagen nicht gegeben ist.

Abschließend ist noch festzustellen, daß man gewöhnlich in geschlossenen Bauweisen nicht nur den durch die Wände abgeschlossenen Raum als explosionsgefährdet ansieht, sondern auch benachbarte Räume, wenn sie durch Tür, Fenster oder irgendwelche Öffnungen, z. B. durch Kabelkanäle, miteinander in Verbindung stehen. Örtliche Verhältnisse, Art des Betriebes und der in Betracht kommenden Gase und Dämpfe, Möglichkeit einer Betriebsüberwachung und — nicht als Geringstes — Betriebserfahrung müssen entscheiden, wo hier die Grenzen gezogen werden.

6. Explosionsgefährliche Staube.

Es gibt eine große Anzahl von Stoffen, die, genügend fein verteilt, unter bestimmten Bedingungen explosionsfähige Gemische bilden können. Hierzu gehören die organischen Staube, wie Zucker, Stärke, Kakao, Mehl, Getreide, Malz, Mais, Tee, Holzmehl, Gummi, Naphthalin und viele andere mehr, oder die anorganischen Staube, wie Steinkohle, Braunkohle, Aluminium, Magnesium. Das stetige Anwachsen der Betriebe, in denen Staube hergestellt oder verarbeitet werden oder als Abfallprodukt entstehen, vermehrt, wie die Erfahrung zeigt, die Explosionsgefahr. Staubgefährdete Betriebe haben jedoch den Bau elektrischer Maschinen und Geräte verhältnismäßig schwach beeinflußt. Es soll infolgedessen nur das Wesentlichste der Gefahr einer Staubexplosion zusammengefaßt werden. Es wird auf die ausführlichen Arbeiten von BEYERSDORFER[1] und GLIWITZKY[2] und auf das von ihnen angegebene Schrifttum hingewiesen. Wir folgen im wesentlichen den Ausführungen GLIWITZKYS. Der Staub muß, um explosionsfähig zu sein, eine bestimmte Korngröße unterschreiten und genügend dicht und gleichmäßig in der Luft verteilt sein. Je kleiner die Staubteilchen sind, um so mehr können sie auf ihrer Oberfläche Sauerstoff adsorbieren: Chemische Wirksamkeit und Bildung statischer Elektrizität, die auch bei der Zündung eine bedeutende Rolle spielen kann, wachsen. Die Gefahr einer Explosion nimmt mit der Feinheit des Staubes zu. Die Größe der explosionsfähigen Teilchen beträgt etwa 100 μ bis weniger als 0,1 μ, d. h. 0,1 mm bis weniger als $^1/_{10000}$ mm. Die zur Explosion notwendige Mindestmenge Staub ist um so geringer, je feiner der Staub ist. Die Untersuchung einer Anzahl von Stauben ergab folgende angenäherten Mindestmengen, die zum Einleiten einer Explosion erforderlich sind:

Weizen, Roggen, Malz, Holzmehl	20—30 g/m³
Aluminium	50 „
Braunkohlenstäube aus Brikettfabriken[3] .	50 „
Zucker	70 „
Steinkohle	100—200 „

Voraussetzung für die Explosionsfähigkeit ist, daß diese Staubmengen gleichmäßig aufgewirbelt werden. Die Mindestmenge Staub genügt, um eine Sicht auf 1 m Entfernung unmöglich zu machen. Denn z. B. bei einer Braun-

[1] BEYERSDORFER: Staubexplosionen. Dresden und Leipzig: Th. Steinkopff 1925.

[2] GLIWITZKY, W.: Über Staubexplosionen, ihre Grundlagen und Verfahren zu ihrer Untersuchung. ETZ. Bd. 59 (1938) S. 1149.

[3] HANEL: Explosionsfähigkeit von Braunkohlenstäuben. Braunkohle Bd. 37 (1938) S. 373.

kohlenstaubdichte von 50 g/m³ und einer Teilchengröße entsprechend Würfeln von 10 μ Kantenlänge entfallen auf einen Zylinder von 1 cm² Querschnitt und 1 m Länge über 3 Millionen Teilchen, durch die eine Sicht nicht möglich ist. Zur Feststellung der für die Entzündung von Staub-Luft-Gemischen notwendigen Temperaturen[1] sind 3 verschiedene Zündvorgänge zu unterscheiden, die im folgenden betrachtet werden sollen[2]:

1. Bei kurzzeitiger Erwärmung liegt die Zündtemperatur der meisten Staube verhältnismäßig hoch. Wird ein explosionsfähiges Staub-Luft-Gemisch gegen erhitztes Metall geblasen, so sind zu seiner Entzündung im allgemeinen Temperaturen von über 400° C erforderlich. Dies zeigt folgende Zusammenstellung der von BEYERSDORFER angegebenen Werte:

Explosionsfähiger Staub	Mindestzündtemperatur in °C
Gelber Phosphor	40
Schwefel	215
Roter Phosphor	260
Zucker	410
Malz	600
Holzmehl	610
Roggenmehl	620
Korn	630

Die häufigste Zündung von Kohlenstaubexplosionen wird durch eine Gasexplosion eingeleitet: Schlagwetter in den Gruben oder Schwelgasexplosion in der Braunkohlenaufbereitung wirbeln das Gemisch hoch. Die Temperatur der Gasexplosion genügt, um den aufgewirbelten Staub augenblicklich zu zünden.

2. Läßt man organischen Staub längere Zeit bei einer Temperatur von über 120—150° C lagern, dann kann er sich zu pyrophorer Kohle durch Verkohlen umwandeln. Die Kohle ist überaus porös und kann das 30—90fache ihres eigenen Volumens an Luft aufnehmen. Unter besonderen für die Verbrennung günstigen Verhältnissen können schon Temperaturen von etwas über 150° genügen, um die pyrophore Kohle in Brand zu setzen. Diese läßt sich also wesentlich leichter als der ursprüngliche Staub entzünden und kann nun ihrerseits den Staub aufwirbeln, entzünden und zur Explosion bringen. Nach Untersuchungen von W. KOHLSCHEIN[3] über die Entzündung von feinen Stauben aus Braunkohlenbrikett-Fabriken werden Kohlenstaube bei einer Temperatur bis 150° nicht gezündet, auch wenn der Staub 50 mm hoch gelagert ist. Bei 175—200° C konnten Staube gezündet werden, wenn die Schicht mindestens 5 mm hoch war, bei 250° C wurden Schichten von 1—2 mm Höhe nach bereits 5—10 min Einwirkungsdauer entflammt.

3. Eine Explosion kann auch durch Selbstentzündung von Staub eingeleitet werden. Lose liegender Staub hat eine sehr geringe Wärmeleitfähigkeit. Oxydiert der Staub leicht, dann kann er sich hierdurch selbst erwärmen und bei hoher

---

[1] BROWN, C. R.: The Determination of the ignition temperatures of solid materials. Fuel Bd. 14 (1935) S. 14. (170 Literaturangaben!) — TAMMANN, A., u. S. KRÖGER: Über die Verpuffungstemperatur von Explosivstoffen. Z. anorg. allg. Chem. Bd. 169 (1928) S. 1.

[2] Zündung von Staub-Luft-Gemischen durch Glühfunken siehe S. 44.

[3] KOHLSCHEIN, W.: Untersuchungen über die Bedeutung der Leuchten in Braunkohlenbrikett-Fabriken für die Sicherheit des Betriebes. Z. Berg-, Hütt.- u. Salinenw.-Bd. 80 (1932) B. S. 52.

Verbrennungswärme sogar entzünden. GLIWITZKY hat die frei werdende Verbrennungswärme und die hierdurch ermöglichte Temperatursteigerung errechnet: Oxydiert nur 1% des vorhandenen Staubes, so erwärmt sich der gesamte Staub bei Magnesium um 240°, bei Aluminium um 340°, Wärmeverluste vernachlässigt. Mit steigender Temperatur wird die Oxydation beschleunigt: Schließlich verpufft ein Teil des Staubes, wirbelt den benachbarten hoch und zündet diesen. Diese kleine Staubexplosion kann dann eine größere einleiten. Braunkohlen- und Aluminiumstaub neigen am leichtesten zur Selbstentzündung. Die Überschreitung einer Temperatur von 50° C kann diesen Vorgang unter bestimmten Voraussetzungen und hoher Lagerung des Staubes bereits einleiten. Staube, die reich an Ölen und Fetten sind, neigen ebenfalls zur Selbstentzündung durch Oxydation. Nach Untersuchungen von H. JENTZSCH beträgt der Selbstzündpunkt[1] von frisch gestampftem, entfettetem Aluminiumstaub von 1—25 μ Korngröße (1 $\mu = 10^{-3}$ mm) 415° C. Die Herstellung des Staubes geschieht durch Stampfen von Aluminiumschrot, wobei dem Staub etwas Fett (Schmieröl, Paraffin, Vaseline) beigegeben wird. Nach längerem Lagern des Staubes erhöht sich der Selbstzündpunkt infolge einer allmählichen Oxydation. Staub mit 1,5% Vaseline, die beim Stampfen beigegeben war, hat einen Selbstzündpunkt[1] von 280°. Bei 2 cm hoher Lagerung dieses Staubes in einem Ofen mit Lufttemperatur von 50° nahm der Staub nach $3^1/_2$ Stunden eine Temperatur von 240° an, zur Entzündung kam es nicht. Bei 116° Lufttemperatur entzündet sich aber bereits der mit Vaseline hergestellte Staub, bei 140° C Lufttemperatur auch ein mit Schmieröl gestampftes Aluminium. Es ist bekannt, daß einige Tropfen Öl auf Staub eine Selbstentzündung einleiten können.

[1] Siehe S. 40.

II. Die Explosionsvorgänge.

1. Explosionserscheinungen.

Die Verbrennung von Gasen in Luft ist ein chemischer Vorgang, bei dem sich der Sauerstoff der Luft mit hoher Geschwindigkeit mit dem Gas innerhalb der Verbrennungszone verbindet. Die hierbei frei werdende Verbrennungswärme führt zu einer starken Erwärmung der Verbrennungsprodukte. Änderungen des Volumens, meist auch Drucksteigerungen sind die Folge. Verpuffung — Explosion — Detonation sind die üblichen Bezeichnungen eines in seiner Fortpflanzungsgeschwindigkeit und des hierbei entwickelten Druckes gesteigerten Verbrennungsvorganges.

Unter Verpuffung verstehen wir Verbrennungen, die sich im allgemeinen ohne nennenswerte Drucksteigerung fortpflanzen. Es werden hierbei Geschwindigkeiten der Flamme von einigen Zentimetern bis zu einigen Metern in der Sekunde festgestellt. Bei der Explosion breiten sich die Flammen mit einer Geschwindigkeit von einigen Dezimetern bis zu einigen Zehnmetern in der Sekunde aus. In geschlossenen Räumen kommt es hierbei zu Drucksteigerungen. Der zeitliche Verlauf des Druckes ist in einem zylindrischen Gehäuse, in dem elektrische Geräte eingekapselt sein können, praktisch an jeder Stelle gleich. Die Druckhöhe ist je nach Art der Gemische verschieden: Bei Gemischen eines explosionsfähigen Gases oder Dampfes mit Luft ist der Explosionsdruck je nach den Anfangsbedingungen etwa gleich dem doppelten bis 10fachen Anfangsdruck, bei Gemischen nur mit Sauerstoff kann er bis zum 25fachen Anfangsdruck ansteigen. Die Fortpflanzungsgeschwindigkeit kann sich beim Vorwärtsschreiten einer Explosionswelle steigern. Dies ist bei Gemischen mit Sauerstoff verhältnismäßig leicht möglich. Die Explosionswelle kann dann in eine Detonationswelle übergehen: Mit Überschallgeschwindigkeit eilt die Verbrennungsfront in Druckwellen von dem Entstehungsort fort. Die Geschwindigkeit der Detonationswellen von Gasgemischen beträgt rund 1000—4000 m/s. Der Druck ist nicht mehr gleichmäßig auf den Verbrennungsraum verteilt. Am Kopf der Detonationswelle ist mit Drücken von einigen 10 at bis etwa 60 at zu rechnen. Die Detonation ist die heftigste Verbrennungserscheinung, die wir kennen.

2. Die Entstehung einer Explosion.

a) Maxwellsche Geschwindigkeitsverteilung.

In einem Gasgemisch befinden sich bei Zimmertemperatur die Träger der Materie, die Molekel, in einer ständigen Hin- und Herbewegung. Sie schwirren vielfältig durcheinander, stoßen unzählige Male gegeneinander an und führen diese Bewegung um so heftiger, mit um so größerer Geschwindigkeit aus, je höher die Temperatur des Gemisches ist.

Die Geschwindigkeiten der Molekel sind verschieden: einige bewegen sich verhältnismäßig langsam. Die Geschwindigkeit der meisten gruppiert sich um einen

„wahrscheinlichsten“ Wert, manche können Geschwindigkeiten annehmen, die weit höher als der wahrscheinlichste Wert sind: Ihre Verteilung wurde zuerst von Maxwell angegeben und heißt die Maxwellsche Geschwindigkeitsverteilung. Die Geschwindigkeits- und Energieverhältnisse seien näher betrachtet: Die wahrscheinlichste Geschwindigkeit z. B. von Wasserstoffmolekeln beträgt bei 20° C 1499 m/s. Von 1000 Molekeln haben 737 eine Geschwindigkeit, die zwischen dem 0,5- und 1,5fachen des wahrscheinlichsten Wertes liegt. Mehr als die doppelte Geschwindigkeit weisen nur 42 Molekel auf. Sehr hohe Geschwindigkeiten sind sehr selten. Die 4- und mehrfache wahrscheinliche Geschwindigkeit kommt nur einmal unter 1 Million Molekel vor.

Für andere Gase und Dämpfe gelten die gleichen Gesetzmäßigkeiten. Lediglich ist der Absolutwert der Geschwindigkeiten umgekehrt proportional der Wurzel aus dem Verhältnis der Molekulargewichte. So z. B. beträgt die wahrscheinlichste Geschwindigkeit von Heptandampf, der ein 50fach größeres Molekulargewicht als Wasserstoff hat, rund den 7. Teil, das sind 211 m/s bei 20° C.

Die Zahl der Zusammenstöße der Wasserstoffmolekel in 1 cm³ bei Atmosphärendruck beträgt $2{,}37 \times 10^{29}$. Würde jeder Zusammenstoß zu einer chemischen Reaktion führen, so würde sich der Reaktionsvorgang unvorstellbar rasch abspielen. In Wirklichkeit findet aber die Reaktion wesentlich langsamer statt: Nur wenige Molekel sind hierzu in der Lage. Denn nur die energiereichen Molekel, die also z. B. eine hohe Geschwindigkeit haben, leiten die Reaktion ein. Für diese sog. „aktivierten“ Molekel spielt die Temperatur, die ja ein Ausdruck für ihre Geschwindigkeit ist, eine wichtige Rolle.

Die wahrscheinlichste Geschwindigkeit der Molekel nimmt mit der Wurzel aus der absoluten Temperatur zu. Steigert man sie z. B. auf den 3fachen Betrag, so nimmt die wahrscheinlichste Geschwindigkeit um das 1,73fache zu. Dies ist z. B. der Fall, wenn die Temperatur von 20° C auf 606° C erhöht wird. Die Energie der Molekel ist dem Quadrat der Geschwindigkeit proportional. Sie steigt daher proportional der absoluten Temperatur an, soweit sie in einer Hin- und Herbewegung der Molekel besteht. Der Zahlenwert der mittleren Energie ist etwa 3 T cal/Mol[1]. Bei 20° C beträgt daher die Energie $3 \times 293 = 879$ cal/Mol, bei 606° C das 3fache. Wir sehen hieraus, daß die Energie der Hin- und Her-Bewegung unabhängig vom Molekulargewicht ist.

Der Anteil der energiereichsten Molekel nimmt mit steigender Temperatur erheblich schneller als mit der absoluten Temperatur zu. Der Anteil z derjenigen Stöße, bei denen die Molekel die Energie E mit sich führen, ist im Verhältnis zu der Gesamtzahl der Stöße durch eine Exponentialfunktion wiedergegeben:

$$z = 10^{-\frac{E}{2{,}3\,R \cdot T}} .$$

Hierin ist E die Aktivierungsenergie in cal/Mol, R ist die Gaskonstante = 1,97 cal/° C Mol und T die absolute Temperatur. So z. B. beträgt bei einer Temperatur t von 20° C der Anteil der Stöße mit einer Energie von mindestens 20000 cal/Mol, das ist das 22,7fache der mittleren Energie:

$$z = 10^{-\frac{20\,000}{2{,}3 \cdot 1.97 \cdot 293}} = \sim 10^{-15} .$$

[1] 1 Mol = Volumen von soviel Gramm, als das Molekulargewicht des Stoffes beträgt = 22,4 Liter, bezogen auf 0° C und 760 mm Hg.

Also nur einer von tausend Billionen Stößen findet mit dieser ungewöhnlich hohen Energie statt. Bei 3facher absoluter Temperatur, also bei 606° C, ist der Anteil der energiereichen Stöße bereits auf 10^{-5} gestiegen, d. h. jeder hunderttausendste Stoß ist bereits Träger dieser Energie. Wenn zum Einleiten einer Reaktion eine bestimmte Aktivierungsenergie, z. B. 20000 cal/Mol, erforderlich ist, so ist ein Erfolg nur bei den Stößen möglich, bei denen diese Energie im Stoß zur Verfügung steht.

b) Wärmeexplosion — Kettenexplosion.

Die starke Zunahme der Stoßzahl aktivierter Molekel mit der Temperatur veranlaßte VAN 'T HOFF (1884) zu folgender Erklärung des Explosionsvorganges: Der chemische Umsatz im Gemisch erfolgt zunächst entsprechend der Temperatur des Gemisches und der kleinen Anzahl aktivierter Molekel langsam. Die bei einer Vereinigung der Molekel frei werdende Reaktionswärme (Verbrennungswärme) wird durch Wärmeleitung dem vereinigten (verbrannten) und dem unvereinigten (unverbrannten) Gemisch zugeführt. Geht die Wärmeabfuhr langsamer vor sich als die Wärmeentwicklung, dann steigt an den Reaktionsstellen die Temperatur stärker an. Die Folge ist eine Steigerung der Reaktionsgeschwindigkeit, hierdurch der Geschwindigkeit der Wärmeentwicklung usw. Der Vorgang verläuft schließlich so rasch, daß die Ausbreitungsgeschwindigkeit nur durch die Geschwindigkeit begrenzt wird, mit der sich die Wärme vom verbrannten auf das unverbrannte Gemisch fortpflanzt, mit der also die Zündtemperatur durch Wärmeleitung übertragen wird. Die Steigerung einer langsamen Vorverbrennung zur Wärmeexplosion kann viele Sekunden dauern. Mit dieser Erklärung des Einflusses der Temperatur auf den Ablauf des Reaktionsvorganges kann aber eine Reihe von Explosionsvorgängen nicht befriedigend gedeutet werden. Bei vielen Reaktionen spielt der „Kettenvorgang" eine hervorragende Rolle, der besonders von BODENSTEIN, SEMENOFF, HINSHELWOOD[1] und anderen erforscht wurde. In einer Kettenreaktion reagieren die Partner in Zwischenstufen miteinander. In diesen bilden sich neue aktivierte Molekel, die ihrerseits eine Reaktion in Gang setzen können. Es sei dies näher an dem Beispiel der Knallgasexplosion erläutert. Die chemische Reaktion vollzieht sich nach der Bruttogleichung

$$2\,H_2 + O_2 = 2\,H_2O + 2 \cdot 57{,}5\ \text{kcal/Mol}\,.$$

Der Vorgang spielt sich aber nun keineswegs so ab, daß 2 Wasserstoffmolekel mit einem Sauerstoffmolekel zusammentreffen, um 2 Molekel Wasserdampf zu bilden. Er ist viel verwickelter und erst in neuerer Zeit hinreichend geklärt worden. Die Reaktion wird dadurch in Gang gebracht[2], daß Wasserstoffmolekel durch Zusammenprall in Wasserstoffatome aufgespalten werden:

$$H_2 \rightarrow H + H - 101\ \text{kcal/Mol}\,.$$

Die H-Konzentration wächst demnach mit einem Energieaufwand von 50,5 kcal/Mol. Dieser Vorgang findet äußerst selten statt. Bei einer Entzündungstemperatur des

[1] Siehe z. B. M. BODENSTEIN: Die reaktionskinetischen Grundlagen der Verbrennungsvorgänge. Z. Elektrochem. Bd. 42 (1936) S. 439 f. — HINSHELWOOD, C. N.: Die Kinetik explosiv verlaufender Reaktionen. — JOST, W.: Probleme der Zündung und Flammenfortpflanzung.

[2] BONHOEFFER, K. F.: Optische Untersuchungen an Flammen. Z. Elektrochem. Bd. 42 (1936) S. 449.

Wasserstoff-Sauerstoffgemisches von 608° C kann höchstens einer von 4×10^{13} Stößen erfolgreich sein. Das gebildete Wasserstoffatom leitet nun eine Entwicklung ein, die als „Kettenverzweigung" zur Bildung sehr vieler neuer Wasserstoffatome führt. Ein einfaches Schema des Kettenreaktionsvorganges ist in Abb. 13 wiedergegeben. Das Wasserstoffatom reagiert mit einem Sauerstoffmolekel unter der Bildung von Sauerstoffatomen und Hydroxylradikal (OH). Hierzu ist eine Aktivierungsenergie von 12,2 kcal notwendig. Das bedeutet, daß bei der Zündtemperatur von 608° C jeder tausendste Stoß von Wasserstoffatomen und Sauerstoffmolekeln zum Erfolg führen kann. Ein Molekel erleidet bei 608° C in der Sekunde 4×10^{10} Zusammenstöße. Bei vorsichtiger Schätzung kann man damit rechnen, daß etwa alle 10^{-7} s aus einem ursprünglich vorhandenen Wasserstoffatom 2 neue Wasserstoffatome gebildet werden. In 5×10^{-6} s können sich dann $2^{50} \sim 10^{15}$, also tausend Billionen Wasserstoffatome gebildet haben.

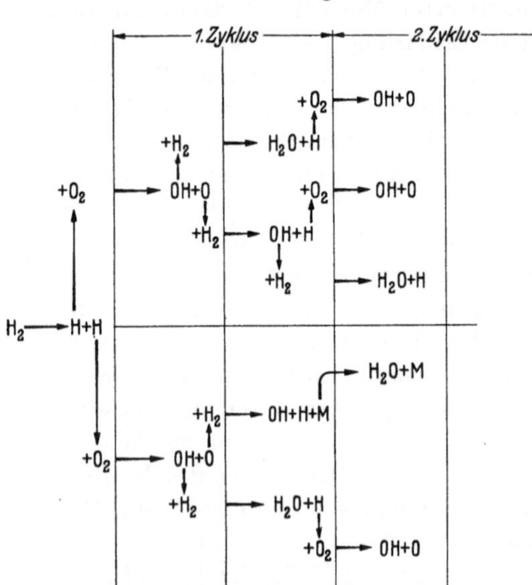

Abb. 13. Schema einer Kettenexplosion bei der Verbrennung von Knallgas (Wasserstoff/Sauerstoff).

In Wirklichkeit geht jedoch der Vorgang nicht so schnell; denn eine einmal gebildete Lawine kann zum Stillstand kommen, wenn die Zahl der Kettenabbrüche größer als die der Kettenverzweigungen ist. Kettenverzweigungen kommen, wie wir sahen, dadurch zustande, daß die beim Zusammenstoß mit den Wasserstoffatomen gebildeten beiden Zwischenpartner O und OH so aktiviert sind, daß beide weiter reagieren können. Ketten können dadurch abgebrochen werden, daß durch Zusammenstoß mit einem dritten Körper (M), durch sog. „Dreierstoß", die Energie abgegeben wird, die bei der Vereinigung der Partner frei geworden war. Dieser dritte Körper kann irgendein Molekel des Gemisches sein; der Dreierstoß kann auch an der Oberfläche einer Wand zustande kommen. Er ist dort sogar viel häufiger als im Gasgemisch.

Das Gemeinsame in der Entwicklung einer Wärme- und einer Kettenexplosion liegt in der ständigen Zunahme der Zahl der reagierenden Teilchen und der weiteren Übertragung der Reaktionswärme auf das Gemisch. Ein Kennzeichen der Kettenreaktion ist, daß ein besonders ausgezeichnetes Teilchen aus einer sehr großen Anzahl Teilchen einen Vorgang einleiten kann, der lawinenartig anwächst[1]. Wir sahen, daß eins von 40 Billionen Teilchen den Anfang einer Kettenentwicklung machte. Die Wahrscheinlichkeit, daß ein solches Teilchen vorhanden ist, ist nach üblichen menschlichen Maßen kaum vorstellbar gering. Denken wir uns z. B. einen heftigen Gewitterregen, der über ein Gebiet von

[1] Siehe hierüber auch: W. Jost: Verbrennungsvorgänge in Gasen. Angew. Chem. Bd. 51 (1938) S. 687. Ferner W. Jost: Explosions- und Verbrennungsvorgänge in Gasen. Berlin: J. Springer 1939.

2 km² eine Stunde lang niedergeht und eine Regenhöhe von 40 mm bringt. Von der ganzen Wassermasse — es sind 80000 t — ist ein Regentröpfchen von 2 mg Gewicht der gleiche Anteil wie in einem Knallgasgemisch der Anteil der aktivierten Teilchen bei der Zündtemperatur, von denen eins von 4×10^{13} die Explosion einleitet.

c) Wandeinfluß.

„Dreierstöße", bei denen 2 aktivierte Teilchen Energie an ein drittes abgeben, kommen bei Gasgemischen verhältnismäßig selten vor. Die Dreierstöße sind aber vielfach die Voraussetzung für die Bildung des Reaktionsproduktes; denn die bei der Reaktion frei werdende Energie und die kinetische Energie des Zusammenstoßes der beiden Partner genügt, um die sich im Stoß vereinigenden Molekel unmittelbar danach wieder auseinanderzubringen. Die Atome oder Radikale, die sich im Stoß vereinigen möchten, trennen sich wieder, wenn sie nicht im Augenblick des Stoßes einem dritten Körper ihre Energie abgeben können. Es ist einleuchtend, daß Wände, in denen die Molekel viel dichter als in Gasen zusammengepackt sind, eine größere Möglichkeit zu Dreierstößen bieten, als die an der Reaktion nicht teilnehmenden Bestandteile eines Gasgemisches. Wände können den Verbrennungsvorgang außerordentlich beeinflussen. Dieser katalytische Einfluß der Wände findet außer durch erhöhte Möglichkeit von Dreierstößen weitere Erklärung in der höheren Konzentration der an der Wand adsorbierten Gase: Je höher die Konzentration, um so größer ist die Wahrscheinlichkeit eines erfolgreichen Zusammenstoßes und um so größer ist die Umsatzgeschwindigkeit. Weitere physikalische Gründe für die Beschleunigung einer Reaktion durch Wände kommen hinzu. Aber es sprechen auch chemische Gründe mit, warum die Wirksamkeit der Katalysatoren untereinander außerordentlich verschieden sein kann. So z. B. findet in Glas- oder Porzellankolben bei 550° C bereits eine Explosion von Knallgas statt. In einem Silberkolben wird aber selbst bei 700° C die Kettenreaktion praktisch unterdrückt[1]. Auf Einzelheiten dieser chemischen Vorgänge kann nicht eingegangen werden.

Der Vollständigkeit wegen sei lediglich erwähnt, daß die Ausbildung von Kettenverzweigungen durch chemische Zusätze, z. B. durch Stickstoffperoxyd (NO_2), gefördert oder durch bestimmte Mengen von Halogenen (Jod, Brom, Chlorverbindungen) wirksam verhindert werden kann. Es sei an dieser Stelle auch daran erinnert, daß die Fortpflanzung einer Kohlenstaubexplosion in Bergwerken unter Tage durch Gesteinsstaubsperren verhütet wird. Hierbei wird Gesteinsstaub in den Strecken auf „Bühnen" gelagert. Vom Winddruck einer Explosion wird die Bühne von ihrer Unterlage abgehoben und der Staub zu einer Wolke verteilt[2]. Richtige Bauart der Bühnen und Verteilung der Sperren vorausgesetzt, verhindern sie das Weitergreifen von Kohlenstaubexplosionen.

d) Kohlenoxyd- und Kohlenwasserstoffverbrennung.

Die Wasserstoffverbrennung beginnt mit der Bildung von Wasserstoffatomen, die die Kettenexplosion einleiten. Bei Beginn einer Entzündung von Wasserstoff

[1] HINSHELWOOD: Proc. roy. Soc. A Bd. 139 (1933) S. 521.

[2] SCHULTZE-RHONHOF, H.: Explosionsversuche in einem Steinkohlenbergwerk. Berg- u. hüttenm. Jb. Bd. 85 (1937) S. 198. Siehe ferner Referat Glückauf Bd. 75 (1939) S. 712.

spielt die vorhandene Sauerstoffmenge keine wesentliche Rolle. Ist nur einmal so viel Sauerstoff im Gemisch vorhanden, daß die Fortpflanzung der Explosion sichergestellt ist, so beeinflußt der weitere Sauerstoffanteil in der Luft die Entzündung nicht nennenswert. Der überschüssige Sauerstoff wirkt so wie der chemisch inaktive Stickstoff. Um die Kohlenoxydverbrennung in Gang zu setzen, ist zunächst die Bildung von Wasserstoffatomen erforderlich. Ihre Entstehung geschieht entweder in der bereits geschilderten Weise aus Spuren von vorhandenem Wasserstoff, mit denen das Kohlenoxyd verunreinigt ist, oder auch durch Spuren von Wasserdampf. Wasserdampf kann in folgender Weise dissoziieren:

$$H_2O \rightarrow H + OH - 114{,}4 \text{ kcal} .$$

Die Verbrennung des Kohlenoxydes kann nun nach folgendem Schema ablaufen:

$$OH + CO = CO_2 + H$$
$$H + O_2 = OH + O \text{ usw.}$$

mit fortwährender Neubildung des Radikals OH und des O. Spuren von Wasserdampf und von Wasserstoff in Kohlenoxyd beschleunigen die Verbrennung stark. Ganz trockenes reines Kohlenoxyd ist nur schwer zu entzünden. Man muß kräftige elektrische Funken, also große Energien aufwenden, um es zur Reaktion zu bringen. Wahrscheinlich geht hier die Verbrennung über Ozonbildung vor sich: Zunächst dissoziiert der Sauerstoff:

$$O_2 \rightarrow 2\,O - 117{,}3 \text{ kcal} .$$

Dann kann es zu einer Bildung von Ozon in Dreierstößen kommen.

$$O + O_2 + M = O_3 + M$$

Hiernach findet eine Vereinigung des Ozon- und des Kohlenoxydmolekels statt:

$$O_3 + CO = CO_2 + 2\,O .$$

Dieser Vorgang liefert für weitere Reaktionen 2 Sauerstoffatome, die nun ihrerseits wieder über die Bildung von Ozon mit dem Kohlenoxyd reagieren können.

Wasserstoff und Kohlenoxyd sind „verbrennungsreife“ Gase. Sie werden vor ihrer Vereinigung mit dem Sauerstoff nicht zersetzt. Die verwickelter aufgebauten Kohlenwasserstoffe hingegen werden in eingehend untersuchten, aber nicht in allen Fällen restlos geklärten Reaktionen abgebaut, ehe ihre Komponenten sich mit dem Sauerstoff vereinigen. Wir wollen uns hier nur mit einem kurzen Hinweis auf diese Vorgänge begnügen, da sie über den Rahmen dieser Abhandlung hinausfallen[1].

3. Zündtemperatur.

a) Bestimmung der Zündtemperatur.

Die Temperatur, bei der ein Gasgemisch entzündet wird, ist keine eindeutige physikalische Größe. Der im vorangegangenen Abschnitt geschilderte Ablauf des Verbrennungsvorganges und die Einflüsse, denen der Zündvorgang unterworfen sein kann, haben zur Folge, daß die Entzündungstemperatur von Gas- oder Dampf-Luft-Gemischen stark von den Zündbedingungen abhängt, wie im folgenden an Hand einer Erörterung der verschiedenen Einflüsse gezeigt werden soll.

---

[1] LEWIS, B., u. G. v. ELBE: Combustion, Flames and Explosions of Gases. Cambridge: University Press 1938. — W. JOST, zitiert S. 32.

Wir sahen, daß bei normaler Temperatur ein explosibles Gemisch bereits äußerst langsam reagiert. Die Geschwindigkeit nimmt mit steigender Temperatur zu. Es kann nun ein Stadium der Vorverbrennung erreicht werden, in dem die katalytische Wirkung von Gefäßwänden und die Beschaffenheit und Oberfläche des Verbrennungsraumes eine wesentliche Rolle spielen können. Bei der Entzündung von Kohlenwasserstoffen z. B. tritt die Vorverbrennung in geschlossenen Gefäßen weit unterhalb der eigentlichen Zündtemperatur ein[1], so daß bei langsamer Steigerung der Temperatur die Zusammensetzung des Gemisches, noch bevor der Zündpunkt erreicht wird, beträchtlich geändert sein kann. So hat sich im Laufe der Zeit eine Vielzahl von Methoden zur Ermittlung der Zündtemperatur herausgebildet: die praktisch in Betracht kommenden Arten, ein Gemisch durch Temperaturerhöhung zu entzünden, sind die folgenden:

1. Entzündung, unbeeinflußt durch Wände: Das brennbare Gas und Luft oder Sauerstoff werden getrennt erhitzt und im Gasstrom miteinander vermischt, wo es dann strömend verbrennt.

2. Entzündung, beeinflußt durch Wände: Das Gemisch wird in einen Verbrennungsraum bekannter Temperatur gebracht oder es strömt durch erhitzte Verbrennungsrohre. Unter die verschiedenen Methoden dieser Gruppe fällt auch die Entzündung von brennbaren Tropfen: Der Tropfen wird in einen Verbrennungsraum bekannter Temperatur gebracht und verbrennt im Augenblick der Verdampfung in einer Luftatmosphäre, die auch mit Sauerstoff angereichert sein kann. Auf diese Weise wird die niedrigste Zündtemperatur, der Selbstzündpunkt, bestimmt.

3. Entzündung durch Druck, beeinflußt durch Wände: Das Gemisch wird adiabatisch verdichtet und dadurch erhitzt. Die Verdichtung wird bis zum Erreichen des Zündpunktes gesteigert. Da diese Methode zur Beurteilung der Zündmöglichkeit durch elektrische Betriebsmittel kaum von Interesse ist, sehen wir von einer näheren Erörterung ab[2].

Von diesen Verfahren sind verschiedene Varianten ausgebildet worden, je nach den Zwecken, die zu einer Beurteilung der Zündtemperatur veranlaßten.

b) Entzündung, unbeeinflußt durch Wände.

Die erste Methode wurde von Dixon und Coward[3] angegeben. Bunte[4] hat das Verfahren weiter entwickelt: Um die Zündtemperatur eines Gemisches in Abhängigkeit von der Konzentration zu bestimmen, werden die beiden Komponenten erhitzt und dann in einem Quarzkapillarrohr gut miteinander gemischt. Die Abmessungen des Rohres gestatten nicht eine Einleitung des Verbrennungsvorganges. Nach der Mischung strömt das Gemisch in ein weites Rohr und kann sich dort in der Verbrennung vereinigen, wenn die Zündtemperatur erreicht ist. Diese Methode ist zur Kenntnis des Zündvorganges, insbesondere seines chemi-

[1] Berl, E., u. H. Fischer: Untersuchungen an explosiblen Gas- und Dampf-Luft-Gemischen. Z. Elektrochem. Bd. 30 (1924) S. 29.

[2] The ignition of firedamp by compression, Safety Mines Res. Bd. Pap. 1935, Nr. 93.

[3] Dixon, H. B., u. H. F. Coward: Ignition Temperatures of Gases. J. chem. Soc. (1934) S. 1382.

[4] Bunte, K., u. A. Bloch: Die Zündtemperaturen von Gasen u. von Gasgemischen. Gas- u. Wasserfach Bd. 78 (1935) S. 325, 537.

schen und physikalischen Ablaufes, zu einem hohen Grad der Vollkommenheit durchgebildet worden.

Bunte hat nach dieser Methode den Zündpunkt von Wasserstoff, Kohlenoxyd, Methan, Stadtgas und Äthylen bestimmt. Die Zündtemperaturen der Gemische mit Luft sind in Abhängigkeit von der Konzentration in Abb. 14 wiedergegeben. In die Abbildung wurden diejenigen Werte aufgenommen, die die niedrigsten Zündtemperaturen ergaben: Da Zusatz von Wasserdampf bei Kohlenoxyd, Methan und Äthylen die Zündtemperaturen erniedrigt, gelten die für sie angegebenen Werte für feuchte Gemische.

Bunte deutet die Änderung der Zündtemperatur mit zunehmender Konzentration etwa folgendermaßen: Die Geschwindigkeit der Reaktion eines Gases oder Dampfes mit Sauerstoff oder mit Luft nimmt bei konstanter Temperatur mit zunehmender Konzentration zu, erreicht nach den Gesetzen der chemischen Kinetik bei bestimmter Konzentration ein Maximum und fällt dann wieder. Die Reaktionsgeschwindigkeit der in Abb. 14 angegebenen Gemische hat ihr Maximum bei einem Gemisch mit

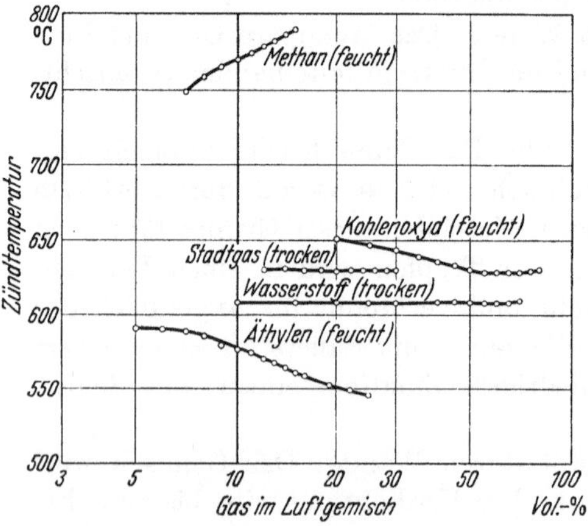

Abb. 14. Zündtemperatur in Abhängigkeit von der Gemischkonzentration, unbeeinflußt von Wänden. Nach Bunte.

66,6% Wasserstoff
66,6% Kohlenoxyd
33,3% Methan
25,0% Äthylen

Hiernach muß erwartet werden, daß bei zunehmendem Anteil des Gases oder Dampfes der Zündpunkt auf ein Minimum beim Gemisch maximaler Reaktionsgeschwindigkeit sinkt und bei weiterer Zunahme des Anteils wieder ansteigt. Wie die Kurven in Abb. 14 zeigen, ist dies bei Kohlenoxyd tatsächlich der Fall. Bei Äthylen liegt der tiefste Zündpunkt bei 25 Vol.-%. Da hier gleichzeitig die obere Zündgrenze erreicht ist, läßt sich nicht beurteilen, ob bei höherer Konzentration die Zündgrenze ansteigen würde. Bei Methangemischen hingegen überwiegt ein anderer Einfluß: die hohe Aktivierungsenergie, die zur Methanspaltung aufgebracht werden muß, erfordert mit zunehmendem Anteil des Methans höhere Energiebeträge. Dies äußert sich in einer Erhöhung der Zündtemperatur. Reiner Wasserstoff zeigt keine Abhängigkeit des Zündpunktes von der Brenngaskonzentration; dies hängt vielleicht mit einer sehr schnellen Kettenverzweigung bei Erreichen der Zündtemperatur zusammen, der gegenüber die Kettenabbrüche durch Dreierstöße, die an sich bei geringer Konzentration häufiger als bei der optimalen Konzentration vorkommen, an Bedeutung zurücktreten.

Die von verschiedenen Autoren ermittelten Zahlenwerte der Zündtemperaturen sind in Tafel 4 zusammengestellt. Die Werte geben die niedrigsten Zündtemperaturen von Gemischen sowohl mit Luft als auch mit Sauerstoff an. Die Unterschiede sind dann sehr erheblich — wie z. B. bei Äthyläther (12) oder bei Äthylenoxyd (14) — wenn der Explosionsbereich bei Sauerstoff wesentlich weiter als bei Luft ist und wenn außerdem bei höheren Konzentrationen die Zündtemperatur kleiner als bei niedriger Konzentration ist, wie dies an Hand von Abb. 14 erläutert worden war. Die von DIXON (1) und der Schule BUNTE (2, 3) ermittelten Werte sind nicht genau miteinander vergleichbar, da beide verschiedene

Zahlentafel 4. Zündtemperaturen bei getrennter Erwärmung von Gas und Sauerstoff.

Nr.	Gas bzw. Dampf	Ermittelt von	Gemisch mit	
			Luft	Sauerstoff
1	Dizan	1	856	811
2	Ammoniak	1	—	700
3	Benzol	1	710	685
		3	695	—
4	Toluol	3	658	—
5	Methan	1	651	556
		2	745	665
6	Kohlenoxyd (1,5% H_2) .	1	651	650
		2	609	588
7	Propylen	1	618	586
8	Wasserstoff	1	585	585
		2	608	—
9	Butan	3	597	—
10	Pentan	1	600	355
		3	530	—
11	Propan	1	—	490
		3	586	—
12	Äthyläther	1	560	235
13	Hexan	3	560	—
14	Äthylenoxyd	1	549	219
15	Zyklohexan	3	547	—
16	Äthylen.	1	543	510
		2	540	485
17	Heptan	3	539	—
18	Äthan	1	520	520
19	Azetylen	1	429	428
20	Schwefelwasserstoff . .	1	364	227
21	Schwefelkohlenstoff . .	1	156	132

Nach: 1. DIXON, H. B., u. H. F. COWARD: Ignition Temperatures of Gases J. chem. Soc. (1934) S. 1382.

Nach: 2. BUNTE, K., u. A. BLOCH: Die Zündtemperaturen von Gasen und von Gasgemischen. Gas- u. Wasserfach Bd. 78 (1935) S. 325, 537.

Nach: 3. BRÜCKNER. H., u. R. SCHÖNEBERGER: Zündtemperaturen von Kohlenwasserstoffen. Brennst.-Chemie Bd. 16 (1935) S. 290.

Apparaturen und Anordnungen benutzten. Recht unterschiedliche Zahlenwerte können z. B. festgestellt werden, wenn die Zeit vom Eintritt des Gemisches in den Verbrennungsraum bis zur Entzündung verschieden lang ist. Denn die Ausbildung einer Explosion erfordert Zeit. Verkürzt man sie, so muß die Temperatur erhöht werden, um die Reaktion durchführen zu können.

c) Entzündung, beeinflußt durch Wände.

Infolge des katalytischen Einflusses von Wänden, die z. B. aus Porzellan, Glas oder Eisen bestehen mögen, ergeben sich meist andere Zündtemperaturen als ohne diese Beeinflussung. Werden die Gemische in Gefäßen oder an heißen Wänden erhitzt, dann liegen die Zündtemperaturen in der Regel niedriger, als wenn sie einzeln erhitzt in einem Gasstrom miteinander vereinigt werden. Die Methoden der Feststellung von Zündtemperaturen sind nicht frei von apparativen Einflüssen und infolgedessen nicht eindeutig. Aber sie bieten für die Feststellung der Zündtemperatur ein erhebliches praktisches Interesse:

1. Von DIXON[1] wurde eine Meßanordnung folgendermaßen getroffen: Ein Gefäß, dessen Innenwand aus Quarzglas besteht, wird durch einen elektrischen Heizdraht auf eine bestimmte Temperatur gebracht und dann evakuiert. Das zu untersuchende Gemisch wird schnell hineingelassen. Seine Temperatur wird durch

Zahlentafel 5. Zündtemperaturen in °C.

Gas- bzw. Dampf-Luft-Gemisch schnell in Gefäß bekannter Temperatur geleitet		Flüssigkeitstropfen in Luft oder Sauerstoff bekannter Temperatur gelassen		
			Luft	Sauerstoff
Methan	675	Azeton	570	—
Kohlenoxyd	610	Benzol	490—520	566—570
Benzol	587	Toluol	520—730	516—640
Wasserstoff	552	Xylol	500—740	610
Äthan	534	Methanol	535	500
Propan	514	Essigsäure	730	492—570
Butan	489	Stearinsäure	660	250
Äthylen	487	Äthanol (Spiritus)	510—670	355—395
Benzin (Borneo)	481	Amylalkohol	—	315
Pentan	476	Pentan	580	300
Äthanol	450	Benzin (Borneo)	380—400	269
Schwefelwasserstoff	346	Äthyläther	347—500	190—200
Azetylen	335	Terpentin	240	—
Äthyläther	178	Paraffin	—	246
Schwefelkohlenstoff	160	Azetaldehyd	—	178

Nach Versuchen von DIXON, MALLARD u. LE CHATELIER, TAFFANEL u. LE FLOCH, MASON u. WHEELER, WOLLERS u. EMKE, HOLM, MOORE, JENTZSCH, ZERBE u. ECKERT, CONSTAM u. SCHLÄPFER. — Versuchswerte mit verschiedenen Geräten ermittelt, daher nicht untereinander vergleichbar. Zum Teil entnommen aus: BONE u. TOWNEND, Flame and Combustion of Gases. London 1927.

Thermoelemente gemessen. In jeder Versuchsreihe wird die Temperatur so weit gesteigert, bis Entzündung eintritt Sie setzt meist nach einigen Sekunden, gelegentlich auch sogar erst nach einigen Minuten ein.

Die auf diese Weise ermittelten Werte der Zündtemperatur entsprechen angenähert dem praktischen Fall, daß ein explosibles Gemisch in ein Gehäuse eindringt, z. B. in die Überwurfglocke einer Leuchte oder in ein geschlossenes Widerstandsgehäuse, und dort erhitzt wird. Einige Versuchswerte sind zusammen nach der unter 3. beschriebenen Methode in Tafel 5 zusammengestellt.

Eine außerordentlich starke Erniedrigung der Zündtemperatur durch die chemischen Vorgänge, die sich vor der eigentlichen Verbrennung abspielen können, zeigen die Untersuchungen von TOWNEND[2] über den Einfluß des Druckes auf die Selbstzündtemperatur von Gemischen einiger Kohlenwasserstoffe

[1] Trans. chem. Soc. Bd. 125 (1924) S. 1869.

[2] TOWNEND, D. T. A., u. Mitarbeiter: Spontaneous Ignition of inflammable Gas mixtures. Proc. roy. Soc., Lond. A Bd. 141 (1933) S. 484; Bd. 143 (1934) S. 168; Bd. 146 (1934) S. 113; Bd. 154 (1936) S. 95; Bd. 158 (1937) S. 415.

der Paraffinreihe mit Luft. Vor der eigentlichen Entzündung bilden sich durch Oxydation Aldehyde, die bei höheren Drücken beständig sein können. Sie können die Zündtemperatur um mehr als 200° sprunghaft herabsetzen. Die in einer Stahlbombe von 190 cm³ Fassungsvermögen aufgenommenen Zündtemperaturen von Hexanluftgemischen zeigen diesen Sprung sogar bei Atmosphärendruck (Abb. 15): Bei einem Gemisch von 5,2 Vol.-%, wenn die Bombe mit weichem Stahl gefüttert war, und bei 6,4 Vol.-%, wenn sie mit Glas ausgekleidet war, liegt die Zündtemperatur in dem niedrigen Temperaturbereich unter 300° C, der im ganzen Konzentrationsbereich bei Drücken über 2 at abs gilt. Die Zündung im niedrigen Temperaturbereich tritt meist erst nach längerer Zeit (z. B. 35 s) ein. An technischen Gemischen, z. B. Benzinen verschiedener Herkunft, ist eine solche sprunghafte Erniedrigung der Selbstzündtemperatur bisher noch nicht festgestellt worden.

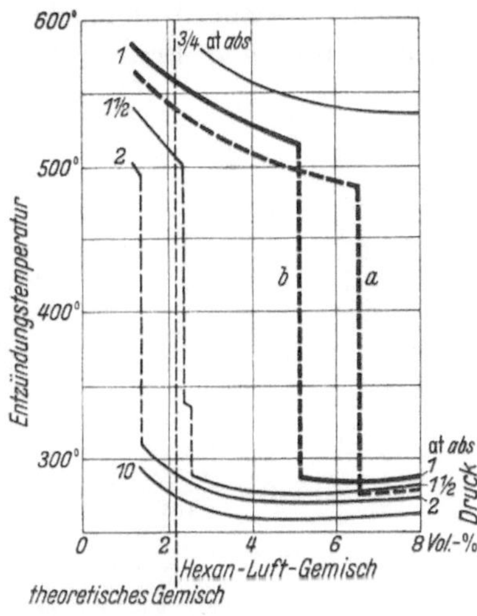

Abb. 15. Zündtemperatur von Hexan-Luft-Gemisch, beeinflußt von Wänden. Zündbombe ausgekleidet mit: a Glas, b Stahl. Nach TOWNEND.

Hingegen stellte M. PRETTRE[1] bei Untersuchungen der Zündvorgänge an Pentan-, Hexan-, Heptan- und Oktan-Luft-Gemischen fest, daß die Oxydation in dem Temperaturgebiet zwischen 250 und 300° C sich bis zu kalten Flammen steigern kann. Wird das Gemisch auf eine Temperatur über 300° C gebracht, so zündet es nicht, die Temperatur muß erst auf über 500° C gesteigert werden, ehe es zur Explosion kommt.

2. Eine Ansammlung von Vorverbrennungsprodukten und die hierdurch bedingte Änderung des Gemisches wird nach einer von der Chemisch-Technischen Reichsanstalt entwickelten Methode dadurch vermindert, daß das Gemisch mit einer Geschwindigkeit von etwa 2 cm/s durch ein 80 cm langes erhitztes Stahlrohr strömt (Abb. 16). Solcher Meßanordnung liegt eine ähnliche Zündbedingung zugrunde, wenn ein explosibles Gemisch z. B. an Heizwiderständen, der erwärmten Oberfläche einer Maschine oder einer Leuchte vorbeistreicht. Zur Festlegung der höchst-

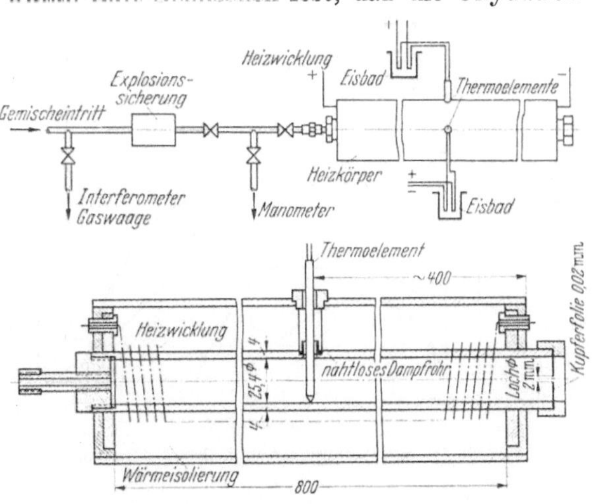

Abb. 16. Ermittlung von Zündtemperaturen nach der Durchströmmethode.

[1] PRETTRE, M.: Recherches expérimentales sur l'oxydation et l'inflammation des mélanges gazeux combustiles. Ann. comb. liqu. Bd. 6 (1931) S. 7.

zulässigen Erwärmung elektrischer Betriebsmittel ist daher diese Methode besonders geeiget[1].

3. Zur raschen Untersuchung der feuerungstechnischen und motorischen Eigenschaften von Brennstoffen wurde ein Gerät geschaffen, das zuerst von MOORE[2] entwickelt, von WOLLERS und EHMKE[3] verbessert und von JENTZSCH[4] zu einer handlichen, leicht bedienbaren Apparatur durchgebildet worden ist. Sein Aufbau ist in Abb. 17 im schematischen Schnitt wiedergegeben. Ein Tropfen des zu prüfenden Stoffes (bei Stauben eine bestimmte kleine Menge), wird in die mittelste der drei Zündkammern des elektrisch beheizten Tiegels gegeben. Das Thermometer in der 4. Kammer zeigt die Temperatur an, die zwischen 20 und 600° geregelt werden kann. Durch feine Kanäle kann der Zündkammer zusätzlich Sauerstoff in bestimmter Menge zugeführt werden.

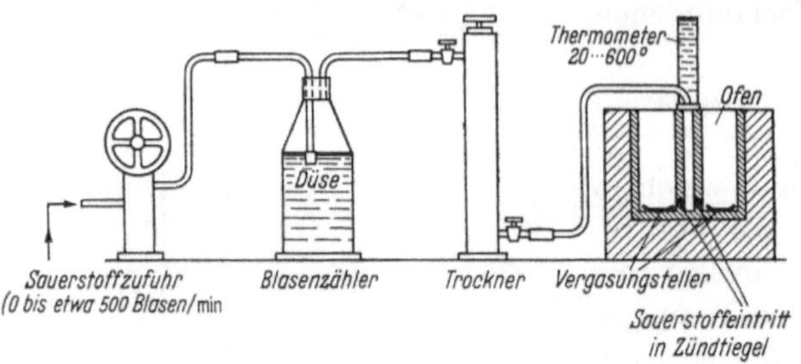

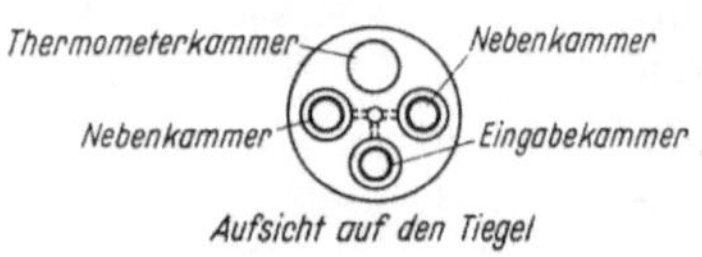

Abb. 17. Zündwertprüfer von JENTZSCH im schematischen Schnitt.

Temperatur und Sauerstoffgehalt der Luft legen die Zündtemperatur fest. Unter „Selbstzündpunkt“ wird die niedrigste Temperatur verstanden, bei der im Sauerstoffgemisch eine Zündung möglich ist; unter „oberem Zündwert“ die niedrigste Temperatur, bei der in Luft, also bei abgestellter Sauerstoffzufuhr noch eine Zündung eintritt. Man sollte erwarten, daß mit zunehmender Sauerstoffzufuhr die Zündtemperatur abnimmt. Dies trifft nur für einige Kohlenwasserstoffe fester Bindung zu (Abb. 18, Beispiel Benzol). Es können nämlich die bei Erhitzung des Tropfens entstehenden Zersetzungsvorgänge das Gemisch in geringem

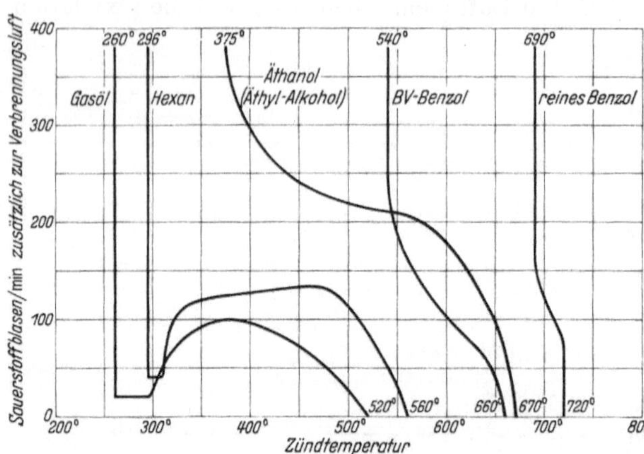

Abb. 18. Selbstzündpunkt und oberer Zündpunkt.

---

[1] Jber. VIII d. Chem.-Techn. Reichsanstalt 1929.
[2] J. Soc. chem. Ind. Bd. 36 (1917) S. 109.
[3] WOLLERS, G., u. V. EHMKE: Der Vergasungsvorgang der Treibmittel usw. Krupp. Mh. Bd. 2 (1921) S. 1.
[4] JENTZSCH, H.: Selbstentzündung von Ölen. Z. VDI Bd. 68 (1924) S. 1150 — Flüssige Brennstoffe. VDI-Verlag 1926 S. 88.

Abstand vom Selbstzündpunkt schwerer entzündlich machen (Abb. 18, Beispiel Hexan und Gasöl)[1].

Wenn auch diese Untersuchungsmethode den Vorgängen in Verbrennungsmaschinen angepaßt ist und ihre Ergebnisse nicht unmittelbar zur Festlegung der höchstzulässigen Temperatur einer elektrischen Maschine oder eines elektrischen Gerätes herangezogen werden können, so sind die Meßergebnisse doch in zweierlei Hinsicht wertvoll:

Erstens wird im Selbstzündpunkt die angenähert niedrigste Zündtemperatur festgestellt, die an sich möglich ist, wenn man von besonderen katalytischen Eigenschaften einiger Stoffe, wie z. B. Platin oder Palladium, absieht. Die Methode ist zwar nicht frei von apparativen Einflüssen. Das Gerät ist aber so einfach, daß es eine gewisse Bedeutung nicht nur zur Beurteilung von Brennstoffen erlangt hat. Die im Sauerstoffstrom ermittelten Zündtemperaturen können auch für die Entzündung von Dämpfen an elektrischen Geräten Näherungswerte ergeben: Durch Verkohlung organischer Staube auf der Oberfläche elektrischer Geräte können Schichten entstehen, die im erhöhten Maße Sauerstoff aufnehmen und dadurch die Zündtemperatur von Gemischen mit Luft auf ähnliche Werte herabsetzen können, wie sie als „Selbstzündpunkt" ermittelt werden.

Zweitens können die im Zündwertprüfer ermittelten Werte die Messungen nach der Durchströmmethode in der Einteilung von Gasen und Dämpfen in Zündgruppen ergänzen: Es ist unwirtschaftlich, die Höchsttemperatur elektrischer Betriebsmittel[2] den Zündtemperaturen jedes Gas- oder Dampf-Luft-Gemisches besonders anzupassen. Die höchste Temperatur derjenigen Stellen elektrischer Geräte, mit denen explosible Gemische gefahrbringend in Berührung kommen können, müssen erheblich niedriger als die niedrigsten Zündtemperaturen des Gemisches sein. Man ordnet die Gas- oder Dampf-Luft-Gemische in Zündgruppen ein[3] und bemißt die höchstzulässigen Temperaturen der elektrischen Betriebsmittel jeweils nach einer Zündgruppe. Die höchstzulässigen Temperaturen, die im Betrieb auftreten dürfen, liegen entsprechend Tafel 6 erheblich unter den für die Zündgruppeneinteilung maßgeblichen niedrigsten Werten:

Zahlentafel 6.

Zündgruppe	Niedrigste Zündtemperatur in °C (z. B. nach dem Durchströmverfahren)	Höchstzulässige Temperatur[4] des elektrischen Betriebsmittels in °C		
		Bei Dauerbelastung		Bei kurzzeitiger Belastung bis 10 s Dauer[5]
		Wärmequelle nicht staubgeschützt	Wärmequelle staubgeschützt	
1	2	3	4	5
A	450 und mehr	200	250	300
B	300 bis 449	155	220	220
C	175 „ 299	115	140	140
D	120 „ 174	80	100	100

[1] Zerbe, C., u. F. Eckert: Selbstentzündungseigenschaften und chemische Konstitution. Angew. Chem. Bd. 45 (1932) S. 593. — Schäfer, D.: Betriebsstoffüberwachung auf Seeschiffen. Schiffbau 1936 Nr. 20. — Mohr, U.: Selbstentzündungs- und motorische Verbrennungsvorgänge. Diss. Kiel 1936.

[2] Siehe S. 113. [3] Beispiele S. 114.

[4] Die höchstzulässigen Erwärmungen liegen um 35° niedriger.

[5] Zugleich auch höchstzulässige Temperatur nichtisolierter Wicklungen (Käfigläufer) von Motoren beim Anlauf (s. S. 134).

Ergibt nun eine ergänzende Messung im Zündwertprüfer, daß der Selbstzündpunkt im Sauerstoffstrom in bedrohlicher Nähe der höchstzulässigen Temperatur liegt — unter bedrohlicher Nähe wird man je nach Art des Gerätes verschiedene Werte festlegen können, in vielen praktischen Fällen kann man darunter eine Annäherung bis auf 50° verstehen — dann wird man zweckmäßig das untersuchte Gemisch der nächsten Zündgruppe mit der niedrigeren Zündtemperatur zuordnen. Im Anhang sind die Selbstzündpunkte und der obere Zündwert von Kohlenwasserstoffen und technischen Gemischen sowie die Selbstzündpunkte von Stauben zusammengestellt.

d) Zündverzug und Zündung durch Glühfunken.

Die Zündtemperatur ist um so höher, je kürzer die Einwirkungszeit ist. Beispielsweise zeigt Tafel 7 Vergleichswerte der Zündtemperatur bei kürzerer und längerer Einwirkungszeit der Gemischkomponenten untereinander.

Zahlentafel 7. Einfluß der Einwirkungsdauer auf die Zündtemperatur.

Gas oder Dampf	Zündverzug s	Zündtemperatur in °C des Gemisches mit Sauerstoff	Luft
Wasserstoff	0,5	625	630
	15	575	572
Kohlenoxyd	0,5	665	725
	10	624	685
Methan	0,6	666	740
	10	602	657
Schwefelkohlenstoff	0,5	132	156
	10	107	120

Nach DIXON u. COWARD: Trans. chem. Soc. Bd. 95 (1909) S. 514 und DIXON: Colliery Guard Bd. 68 (1923) S. 1 — Rec. Trav. Chim. Pays-Bas Bd. 44 (1925) S. 305.

Die Zündtemperatur der verbrennungsreifen Gase, Wasserstoff und Kohlenoxyd, liegt bei einem Verzug von 0,5 s um etwa 6—8% höher als bei einer Verzugsdauer von 10 bzw. 15 s. Bei den in mehreren Stufen zerfallenden Kohlenwasserstoffverbindungen liegen die entsprechenden Werte um 10—30% höher. Die zum Einleiten einer Explosion erforderliche Zeit („Induktionszeit“) ist von SACHSSE[1] für Methan-Sauerstoff-Gemische für sehr kurze Zeiten berechnet worden (Abb. 19). Wirkt die Temperatur nur kurze Zeit ein, so ist die Zahl der zur Reaktion führenden Zusammenstöße kleiner als bei langer Dauer. Um die gleiche Stoßzahl auch bei kurzer Dauer zu erzielen, muß die Temperatur entsprechend dem in Abschnitt II, 2a erläuterten Exponentialgesetz[2] erhöht werden. Die hohen, in Abb. 19 wiedergegebenen Zündtemperaturen von etwa 1400° C sind keineswegs hypothetische Werte. Bewegt sich z. B. eine Flamme im Methan-Sauerstoff-Gemisch vorwärts, dann ist die Verweildauer der Reaktionszone so kurz — Größenordnung 10^{-4} bis 10^{-5} s — daß man in der Flammenfront erst bei solchen hohen Temperaturen den chemischen Umsatz erwarten kann.

Auch unter anderen Bedingungen, bei denen der Zündverzug eine wesentliche Rolle spielt, kann ein Methan-Luft-Gemisch sich erst bei recht hohen Temperaturen entzünden: Erhitzt man z. B. Gemische durch dünne Drähte, dann streicht das erwärmte Gemisch infolge von Konvektion an dem Draht vorbei, die

[1] SACHSSE, H.: Induktionszeit und Zündtemperatur von Methan-Sauerstoff-Gemischen. Z. phys. Chem. Abt. B Bd. 33 (1936) S. 229.

[2] Seite 30.

Verweildauer ist verhältnismäßig kurz. Die Zündtemperatur ist höher, als wenn eine größere Menge des Gemisches erwärmt wird. Hierzu kommt noch, daß die Temperatur mit zunehmender Entfernung vom Draht stark abnimmt, die Menge des erhitzten Gemisches also verhältnismäßig klein ist. Ähnlich liegen die Verhältnisse bei der Entzündung eines Gemisches durch glühende Teilchen, die z. B. als Folge von Reibungsvorgängen von Eisen gegen Schmirgelscheiben durch ein Gemisch fliegen können. Läßt man kleine glühende Kugeln durch ein explosibles Gemisch fallen, so sind zur Zündung um so höhere Temperaturen notwendig, je kleiner der Durchmesser der Kugel ist. So z. B. haben glühende Eisenteilchen, die von Schmirgelscheiben abfliegen, einen Durchmesser von etwa 0,1 mm. Eine Zündung kommt dann zustande, wenn in der um den glühenden Körper anliegenden Gasschicht bei ihrer Verbrennung mehr Wärme entwickelt wird, als durch Wärmeleitung in der gleichen Zeit an die umgebende Schicht abgegeben wird. Je kleiner eine Kugel ist, um so stärker ist der Temperaturgradient und um so mehr Wärme wird abgeleitet. SILVER[1] untersuchte die Bedingungen, unter denen Schlagwetter durch kleine glühende Teilchen gezündet werden können, die z. B. durch Schläge einer Keilhaue gegen Schwefelkieseinlagerungen oder durch Schrämmaschinen wie eine Feuergarbe entstehen können[2]. Zum Vergleich untersuchte er auch andere explosible Gase und Dämpfe: Platin- und Quarzkugeln wurden auf bestimmte Temperatur erhitzt und mit einer Geschwindigkeit von etwa 4 m/s durch explosible Gemische geworfen. Das Ergebnis der Untersuchungen ist in Abb. 20 wiedergegeben. Bei Methan-Luft-Gemischen mußten die Platinkugeln von 6,5 mm Durchmesser auf helle Weißglut (1200° C) gebracht werden, um das Gemisch zu entzünden. Bei kleineren Kugeln war eine Entzündung nicht möglich. Die gestrichelte Linie gibt den errechneten Verlauf für Methan-Luft-Gemische an, der sich aus

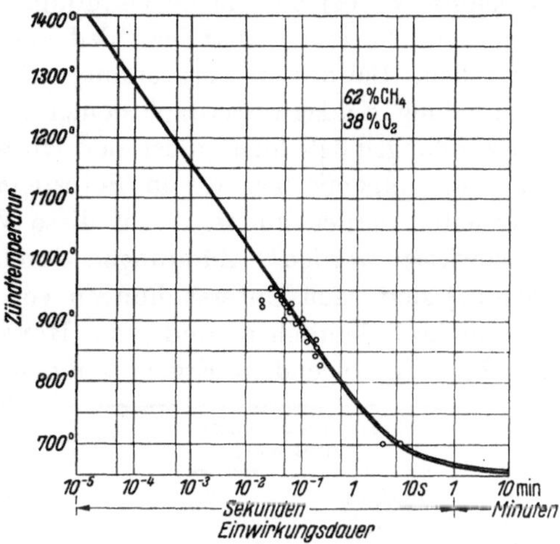

Abb. 19. Zündtemperatur von Methan-Sauerstoff-Gemisch, abhängig von der Einwirkungsdauer. Nach SACHSSE.

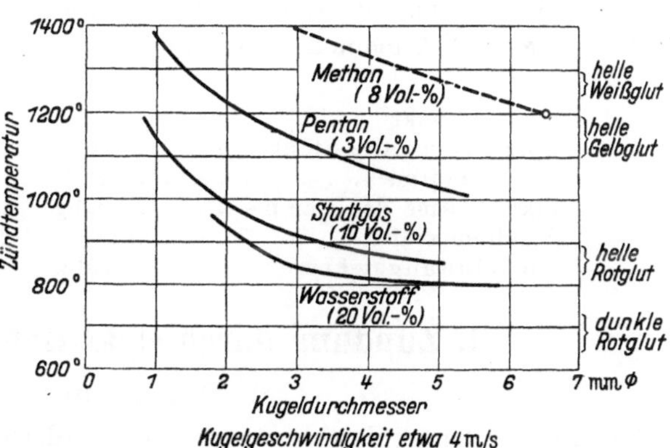

Abb. 20. Entzündung von Gas-Luft-Gemischen durch glühende Kugeln. Nach SILVER.

[1] SILVER, R. S.: Ignition of gasious mixtures by hot particles. Phil. Mag. Bd. 23 (1937) S. 633.

[2] ALLSOP, G., u. R. W. WHEELER: Colliery Guard. 1939 Nr. 4071.

einem Vergleich mit den anderen untersuchten Gasen und Dämpfen ergibt. Das praktische Ergebnis dieser Untersuchung ist, daß Schlagwetter durch eine Feuergarbe nicht gezündet werden können. Deswegen ist aber doch eine Arbeitsweise, bei der solche Glühfunken entstehen können, nicht ungefährlich. Denn durch die aufeinanderschleifenden Teile kann feiner Schwefelkiesstaub entstehen. Bei dessen Verbrennung können also über den Umweg der Staubentzündung Schlagwetterexplosionen eingeleitet werden. Zur Beurteilung der Entzündungsmöglichkeiten ist der Hinweis wichtig, daß Zündungen von Gas- oder Dampfgemischen durch Selbstentzündung von dünnen Staubschichten eingeleitet werden können. Auf diese Vorgänge war bereits in Abschnitt **1, 6** hingewiesen worden[1]. Zündungen durch Reibfunken (Stahl gegen Karborundscheibe) sind nach Untersuchungen von BURGESS und WHEELER[2] an Gas- und Dampf-Luft-Gemischen und von BEYERSDORFER und BRAUN[3] an Staubgemischen mit folgendem Ergebnis möglich:

Gas- bzw. Dampf-Luft-Gemisch	Zündung	Staub-Luft-Gemisch	Zündung
Methan	nein	Zucker	nein
Benzol	nein	Dextrin	nein
Pentan	nein	Stärke	nein
Äthylalkohol	nein		
Azeton	nein	Schwefel	ja
Äther	nein		
Schwefelkohlenstoff	ja		

Schwefel läßt sich sogar durch eine schwach dunkelrote Feuergarbe entzünden, die bei Reibung einer Schmirgelscheibe mit Glas entsteht. Diese Fähigkeit des Schwefelstaubes wird verständlich, wenn man diejenigen Wärmemengen betrachtet, die zur Erwärmung auf Zündtemperatur aufgebracht werden müssen, und sie mit den gleichen Wärmemengen für andere Staube vergleicht[4]:

		Schwefel	Zucker
Schmelzpunkt		115°	160°
Spez. Wärme des Staubes	cal/g	0,175	0,35
Schmelzwärme	cal/g	10	670
Spez. Wärme der Dämpfe	cal/g	0,27	0,4
Zündtemperatur		215°	410°
Entzündungswärme	cal/g	**57**	**826**

4. Zündung durch elektrische Funken.

a) Allgemeines.

Die zum Zünden explosibler Gemische erforderliche elektrische Energie kann sehr geringfügig sein. Selbst die kleinen Funken, die beim Unterbrechen von elektrischen Stromkreisen von 220 V z. B. an Relaiskontakten auftreten, können

[1] Seite 26.

[2] BURGESS, M. J., u. R. V. WHEELER: The ignition of firedamp by the heat of impact of metal against rock. Saf. in Mines Res. Board 1929 Nr. 54.

[3] BEYERSDORFER, P., u. L. BRAUN: Zur Auslösung von Schwefelstaubexplosionen durch Funkenzündung. Z. techn. Phys. Bd. 9 (1928) S. 14.

[4] BEYERSDORFER, P., u. L. BRAUN: Über den Begriff Feuergefährlichkeit. Z. techn. Phys. Bd. 9 (1928) S. 17.

Gemische zünden. Infolgedessen sind im allgemeinen Geräte mit funkengebenden Teilen ohne besondere Kapselungen, wie z. B. ohne Einbau in druckfeste Gehäuse oder unter Öl, in explosionsgefährdeten Betrieben nicht zulässig. Unter bestimmten elektrischen Verhältnissen ist es aber nicht möglich, Gemische zu zünden. Diese nichtzündenden elektrischen Funken haben praktisch erhebliche Bedeutung, z. B. für den Bau von Meßgeräten und Registrierinstrumenten[1]. Eine druckfeste Kapselung solcher Geräte würde, abgesehen von einer gewissen Umständlichkeit in der Konstruktion, die laufende Betriebsbeobachtung unerwünscht erschweren. Durch Anwendung von Kleinspannungen und durch Beschränkung auf kleine Ströme hat man infolgedessen Geräte geschaffen, deren Funken nicht zünden.

Die zur Zündung von explosiblen Gemischen erforderlichen Ströme und Spannungen gestatten eine vergleichende Beurteilung der Explosionsgefährlichkeit von Gas- und Dampf-Luft-Gemischen zusammen mit anderen Untersuchungen ihrer Explosionseigenschaften. Es soll daher so weit auf die Zündung durch elektrische Funken eingegangen werden, als sie im Zusammenhang mit elektrischen Geräten Bedeutung hat. In Deutschland sind wenige Arbeiten dieses Gebietes in der Öffentlichkeit erschienen. In England hingegen sind im Laufe der letzten 25 Jahre zahlreiche Untersuchungen veröffentlicht worden. Der Grund, warum man sich in England so stark mit diesen Fragen befaßt hat, mag darin liegen, daß in englischen Gruben verhängnisvolle Schlagwetterexplosionen als Folge von Kurzschlüssen blank verlegter, mit 15 V Spannung betriebener Fernmeldeleitungen entstehen konnten. War man bis dahin der Auffassung, Kleinspannungen könnten Explosionen nicht einleiten, so zeigten bald die Untersuchungen, daß auch Kleinspannungen gefährlich sein können.

b) Zündenergie.

Die zum Zünden erforderliche elektrische Energie ist je nach den Versuchsbedingungen außerordentlich verschieden. Welche niedrigsten Energiebeträge zum Zünden explosibler Gemische erforderlich sind, kann nicht mit Sicherheit angegeben werden. Ist es doch umstritten, ob allein die Wärmeenergie eines Funkens für die Zündung maßgeblich ist. Die folgenden Zahlen sollen zeigen, um welche Größenordnung der Energie es sich bei der Zündung explosibler Gemische handeln kann und wie die einzelnen Gase und Dämpfe in ihrer Zündbarkeit durch elektrische Funken voneinander abweichen. Die in Tafel 8 zusammengestellten Werte wurden durch Entladung eines auf 100 V aufgeladenen Kondensators über Platinelektroden gefunden[2].

Auch bei Hochspannungsentladungen sind Energiebeträge ähnlicher Größenordnung ermittelt worden. So z. B. führte SLOANE[3] Untersuchungen über die Zündung von Stadtgas-Luft-Gemischen durch Koronaentladung bei 6000 V Spannung durch. Die Zündenergie bei nichtstationärer Koronaentladung betrug

---

[1] HUMANN, H.: Elektrische registrierende Einrichtungen und Instrumente in explosionsgefährdeten Räumen. ETZ Bd. 59 (1938) S. 1135.

[2] THORNTON, W. M.: The ignition of gases by condenser discharge sparks. Proc. roy. Soc., Lond. A Bd. 91 (1915) S. 17.

[3] SLOANE, R. W.: The ignition of gaseous mixtures by the corona discharge. Phil. Mag. Bd. 19 (1935) S. 998.

Zahlentafel 8.

Luftgemisch mit	Gemisch, das kleinste Zündenergie erfordert Vol%	Kondensatorenergie zum Zünden Ws	Kondensatorladung μCoul
Methan	6—11	$32{,}5 \cdot 10^{-3}$	650
Äthan	7— 8	$5{,}0 \cdot 10^{-3}$	100
Propan	5— 5,6	$5{,}0 \cdot 10^{-3}$	100
Butan	3,8	$5{,}0 \cdot 10^{-3}$	100
Kohlenoxyd[1]	37—55	$8{,}0 \cdot 10^{-3}$	160
Schwefelwasserstoff	8— 9	$7{,}0 \cdot 10^{-3}$	135
Wasserstoff	20—28	$0{,}25 \cdot 10^{-3}$	50

3×10^{-3} Ws. Die hierbei in die elektrische Entladung abgegebene Elektrizitätsmenge betrug 0,16—0,19 μCoul. Bei einer stationären Entladung von 3—6 mm Länge und einer Spannung zwischen den Elektroden von 2500 V trat Zündung bei 0,3 mA Entladestrom ein.

Genaue und stets reproduzierbare Zahlenwerte lassen sich nur für genau festgelegte Versuchsanordnungen angeben. Vermitteln daher die oben angegebenen Werte schon kein genaues Bild der Energiebeträge, die im Kondensatorfunken in Wärme umgesetzt werden, so kann bei Unterbrechung elektrischer Stromkreise die Funkenzündung durch eine große Zahl von Umständen beeinflußt werden.

c) Zündstrom.

Die Zündung durch elektrische Funken kann von folgenden Größen abhängig sein: Höhe der treibenden Spannung einer Entladung; zeitlicher Verlauf des Stromes, ob kapazitiv, induktiv oder ohmisch, ob Gleichstrom, Wechselstrom, Hochfrequenz; zeitliche Folge mehrerer Entladungen; Größe, Form, Werkstoff oder Oberflächenbeschaffenheit der Elektroden; ferner alle Faktoren, die die Art und Dauer der elektrischen Entladung beeinflussen; die Geschwindigkeit, mit der sich die Elektroden voneinander trennen; schließlich die chemischen Eigenschaften des Gemisches; die Konzentration, ob Mischung mit Luft oder mit Sauerstoff.

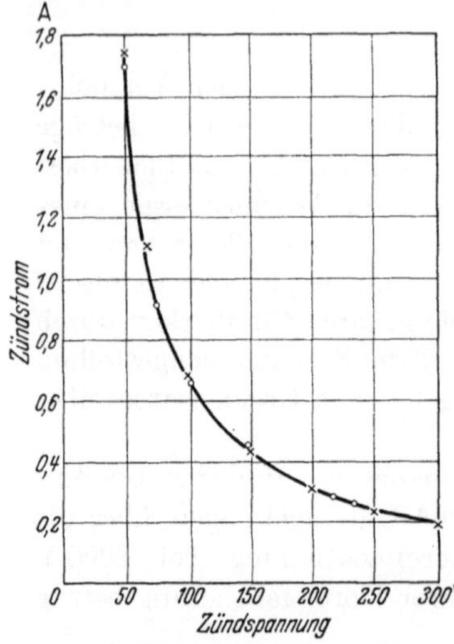

Abb. 21. Zündung von 6 Vol.-% Ätherdampf-Luft-Gemisch durch Gleichstrom in ohmschem Stromkreis. Nach THORNTON.

In rein ohmschen Stromkreisen ergibt sich für die Zündung eines am leichtesten zu entzündenden 6 Vol.-% Äther-Luft-Gemisches (Abb. 21) ein hyperbolischer Zusammenhang zwischen Spannung und Zündstromstärke[2]. Er läßt sich durch die Gleichung ausdrücken:

$$J_z = \frac{45}{U - 19}.$$

Würden die Zündbedingungen, besonders die thermischen Vorgänge an den Elektroden, im

[1] feucht, ungefähr 1,3 Vol.-% Wasserdampf.

[2] THORNTON, W. M.: The electrical ignition of mixtures of ether vapour, air and oxygen. J. E. E. Journ. Bd. 83 (1938) S. 145.

ganzen Spannungsbereich stets die gleichen sein wie im untersuchten Spannungsbereich von 50—300 V, dann würde eine Zündung bei Spannungen unter 19 V nicht möglich sein, wenn auch der Zündstrom noch so groß ist. Da diese Voraussetzung für die Funkenerscheinungen bei Trennung von Kontakten nicht zutrifft, sondern bei größeren Strömen kräftige thermische Wirkungen auch bei Spannungen, die kleiner als die Lichtbogenspannung von etwa 19 V sind, auftreten, ist aber eine Zündung auch bei kleineren Spannungen als 19 V durchaus möglich; die von THORNTON angegebene Gleichung gilt also nicht für Spannungen unter 50 V.

Bevor wir jedoch auf die Zündmöglichkeit durch Kleinspannungen in ohmschen Stromkreisen eingehen, sei der Einfluß von Induktivitäten betrachtet: Eine Induktivität im elektrischen Stromkreis hat bei einer Stromunterbrechung zur Folge, daß die „Lebensdauer" des Funkens verlängert wird. Denn die in einer Drosselspule aufgespeicherte magnetische Energie muß sich über den Funken ausgleichen. Wenn die Unterbrechungskontakte sich verhältnismäßig schnell voneinander entfernen, wächst die Spannung an der Funkenstrecke an, um den Stromdurchgang zu erzwingen. Sie kann bei kleinen treibenden Spannungen mehr als den 30fachen Nennbetrag erreichen. Die Folge dieser höheren Spannungen an den Elektroden sind größerere Funken und längere Funkendauer. Daß unter solchen Umständen der Einfluß der aufgedrückten Spannung gering, vielleicht sogar kaum nachweisbar werden kann, ist nicht verwunderlich. So z. B. betrug bei Versuchen von WHEELER[1] in 8 Vol.-% Methan-Luft-Gemischen bei einer Induktivität von 95 mH in Gleichstromkreisen die Zündstromstärke 0,25—0,18 A bei Spannungen zwischen 10 und 90 V. Für kleinere Induktivitäten ermittelte THORNTON[2] in Äther-Sauerstoff-Gemischen von 14,3 Vol.-%, die sich am leichtesten zünden ließen, die in Abb. 22 wiedergegebenen Zusammenhänge. Der Stromkreis hatte eine Eigeninduktivität L' von etwa 0,35 mH. Dieser wurden die auf der Abszisse wiedergegebenen Induktivitäten L'' zugefügt. Für verschiedene Spannungen wurden jeweils die Ströme durch Veränderung Ohmscher Widerstände ermittelt, bei denen Zündung eintrat. Die Kurven zeigen, daß die Zündstromstärken keineswegs umgekehrt proportional $(L' + L'')^2$ anwachsen, wie es der Fall sein müßte, wenn für die Zündung eine konstante induktive Energie $L\frac{J_z^2}{2}$ maßgebend wäre. Die Zündstromstärke J_z ist vielmehr umgekehrt proportional der Induktivität L gemäß folgender Beziehung:

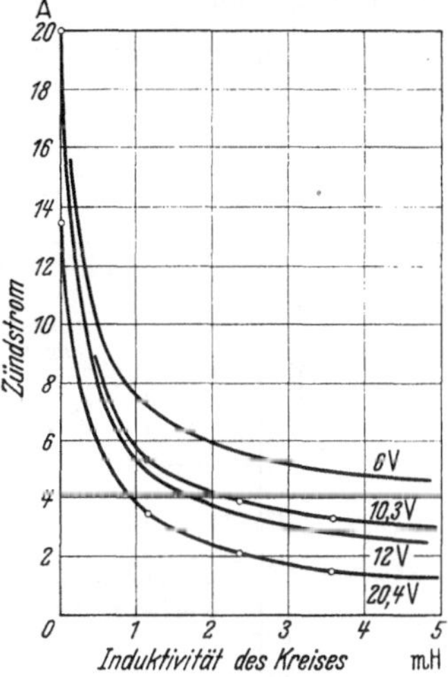

Abb. 22. Zündung von 14,3 Vol.-% Ätherdampf - Sauerstoff - Gemisch durch Gleichstrom in induktivem Stromkreis. Nach THORNTON.

$$J_z = \frac{A}{L} + B,$$

[1] WHEELER, R. V.: The electric ignition of firedamp alternating and continuous current compared. Safety Mines Res. Board Pap. 1926 Nr. 20.

[2] Journ. E. E. J. Bd. 83 (1938) S. 145.

wobei A eine Konstante ist und einen Wert von 0,004—0,005 für Äther-Sauerstoff-Gemische hat und B ein Stromwert bedeutet, der je nach der Spannung verschieden ist. Für 20,4 V ist $B = 0{,}6$ A, für 10,3 V 2,0 A. Der Folgerung von THORNTON, daß bei einer Spannung von z. B. 10,3 V Ströme von weniger als 2 A nicht zünden, möge auch die Induktivität außerordentlich groß werden, können wir allerdings nicht beipflichten. Die Untersuchungen wurden nur bis zu Induktivitäten von 4,8 mH ausgeführt. Eine Extrapolation der Versuchswerte auf wesentlich größere Beträge kann aber zu falschen Ergebnissen führen. Denn in der Fernmeldetechnik und auch in Relaiskreisen der Starkstromtechnik werden Induktivitäten bis zu 2 H verwendet. Nach Untersuchungen von WHEELER können aber bei 2 H Induktivität Methan-Luft-Gemische noch durch einen Strom von 10 mA gezündet werden.

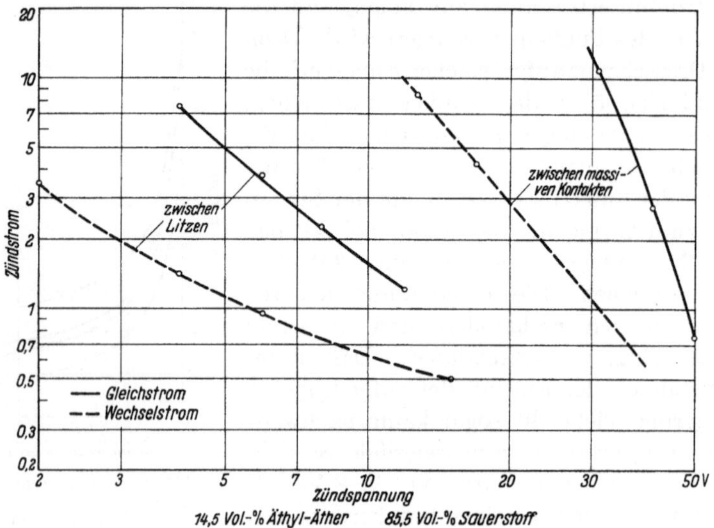

Abb. 23. Zündung von 14,5 Vol.-% Ätherdampf-Sauerstoff-Gemisch durch Funken zwischen massivem Kontakt und zwischen Litzen.

Bei Kleinspannungen ist vielfach eine Gesetzmäßigkeit zwischen Zündstromstärke und Induktivität festgestellt worden, wonach das Produkt $L \cdot J_z$ (Dimension Spannung $\times$ Zeit) praktisch konstant ist. Je höher also die Induktivität, um so niedriger ist die Zündstromstärke.

Bei den beschriebenen Versuchen fand die Funkentrennung zwischen massiven Kontakten aus Kupfer, Eisen oder Platin statt. Der Werkstoff der Kontakte hat einen zum Teil nicht unerheblichen Einfluß auf die Zündstromstärke, weil bei Werkstoffen niedriger Schmelz- und Siedetemperatur die Funkendauer eine längere ist. Der Schmelzvorgang an den Elektroden und die an der Stromübergangsstelle entwickelte Wärme kann die Zündung beeinflussen[1]. Dieser thermische Einfluß an den Elektroden und die Vorgänge in der Gasentladung überlagern sich meist. Je nach den Zündbedingungen wird der eine oder der andere Einfluß überwiegen. Niedrige Zündstromstärken erhält man, wenn man Schmelz-

[1] THORNTON, W. M.: The reaction between gas and pole in the electrical ignition of gaseous mixtures. Proc. roy. Soc., Lond. A Bd. 92 (1916) S. 9.

vorgänge an den Elektroden begünstigt, z. B. indem als Elektroden feine Litzendrähte benutzt werden, über deren Enden der Strom als „Spratzfunken“ geleitet wird. Abb. 23 zeigt einen Vergleich der Zündstromstärken bei Unterbrechungsfunken zwischen massiven Kontakten und bei Spratzfunken zwischen kupfernen Litzendrähten. Die für Gleichstrom angegebenen Werte sind in praktisch induktionsfreiem Stromkreis ermittelt worden. Die Wechselstromwerte können nicht mit den Gleichstromwerten unmittelbar verglichen werden. Denn sie sind durch die Transformatorinduktivität beeinflußt. Sie liegen deswegen unter den Werten für Gleichspannung, während unter gleichen Verhältnissen ein Wechselstromfunke erheblich kleiner als ein Gleichstromfunke ist, die Zündstromstärke bei Wechselstrom infolgedessen größer als bei Gleichstrom ist.

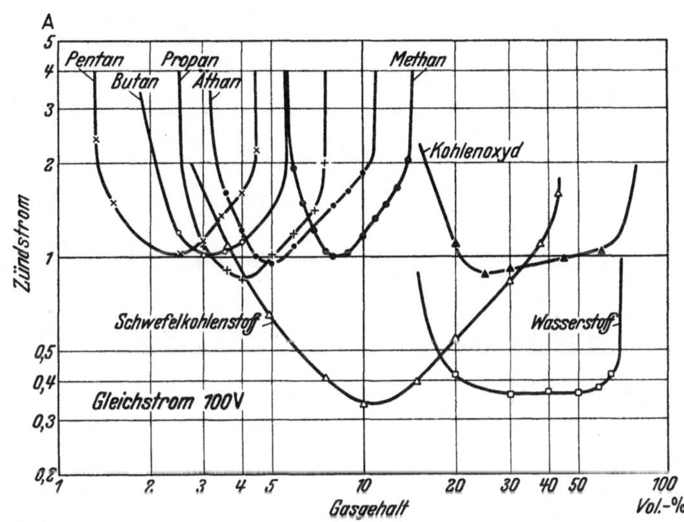

Abb. 24. Zündstromstärke verschiedener Gas- und Dampf-Luftgemische in Abhängigkeit von der Konzentration. Eisenelektroden. Gleichspannung 100 V. Induktionsfreier Stromkreis.

d) Zündung verschiedener Gas- und Dampf-Luft-Gemische.

Die elektrische Zündung verschiedener Gemische durch Kleinspannung bis etwa 20 V ist noch nicht so systematisch untersucht worden, daß mit Sicherheit das am leichtesten entzündbare Gemisch angegeben werden kann. Nach Versuchen von Thornton[1], die bei 100 V Gleichspannung mit Eisenelektroden durchgeführt wurden, ergeben sich die in der Tafel 9 zusammengestellten Werte (Abb. 24). Hiernach und nach den Untersuchungen der Zündung durch Glühfunken sind Wasserstoff- und Schwefelkohlenstoff-Luft-Gemische von den praktisch in Betracht kommenden Gemischen bei Kleinspannungen am leichtesten zu zünden. Bei Kohlen-

Zahlentafel 9.

Gas- bzw. Dampf-Luft-Gemisch	Zündstromstärke in A	Gemisch der kleinsten Zündstromstärke Vol.-%
Methan	1,0	8
Äthan	0,97	5
Propan	0,86	4
Butan	1,03	3
Pentan	1,0	2,5
Benzol	0,9	5
Methylalkohol	0,95	10
Äthylalkohol	1,4	5
Äthyläther	(0,66)[2]	5,9
Kohlenoxyd	0,9	25
Wasserstoff	0,37	30—55
Schwefelkohlenstoff	0,34	10

[1] Thornton, W. M.: The electrical ignition of gaseous mixtures. Proc. roy. Soc., Lond. A Bd. 90 (1914) S. 272. [2] Nicht in der gleichen Versuchsreihe untersucht, 1938 veröffentlicht.

wasserstoffen kann die Zündstromstärke im Sauerstoffgemisch erheblich niedriger als im Luftgemisch liegen (Abb. 25). Man macht hiervon bei der Untersuchung der Entzündbarkeit von Gas- oder Dampf-Luft-Gemischen durch Funken in elektrischen Geräten Gebrauch, indem man die Untersuchung mit Sauerstoffgemischen durchführt und dadurch eine zusätzliche Sicherheit, Zündungen durch Funken zu vermeiden, in die experimentelle Untersuchung mit einschließt.

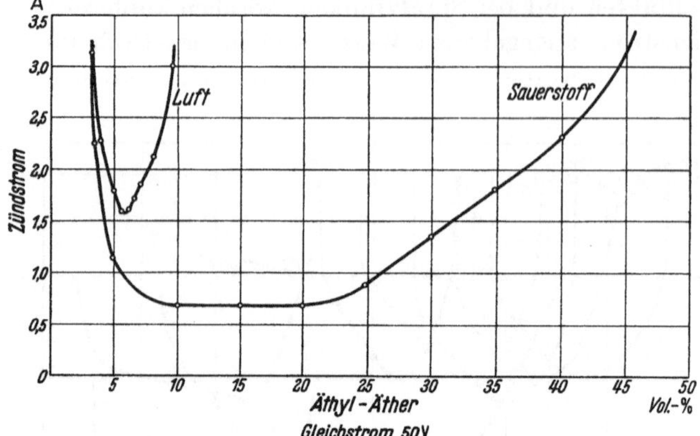

Abb. 25. Zündstromstärke in Abhängigkeit von der Konzentration von Ätherdampf-Gemischen mit Luft und mit Sauerstoff.

e) Zündvorgang.

Die Entstehung einer Zündung durch den elektrischen Funken ist noch umstritten. Zur Deutung des Vorganges sind zwei Theorien aufgestellt worden, die „thermische" und die „elektrische". Wir wollen kurz zur Abrundung dieses Gebietes hierauf eingehen.

Die thermische Theorie geht davon aus, daß dem Gasgemisch eine bestimmte Wärmemenge zur Zündung zugeleitet werden muß. Diese Annahme kann nicht durch unmittelbare Messung erhärtet werden. Aber es kann die Wärmemenge bestimmt werden, die dem Gas durch den Zündvorgang zugeleitet wird. Nach theoretischen und praktischen Untersuchungen von MORGAN[1] ist die erforderliche Wärme in weiten Grenzen mit den Bedingungen veränderlich, die an das Zündmittel gestellt werden. So z. B. nimmt bei konstanter Schlagweite und Gasmischung die zum Zünden erforderliche Funkenenergie mit dem Krümmungsradius der Funkenstrecke-Oberfläche zu. Die thermische Theorie ist in der Lage, zu zeigen, daß dies mit den Wärmeableitbedingungen zusammenhängt. Auch kann man zeigen, daß Kondensatorentladungen wirksamer als Unterbrechungslichtbögen eines induktiven Stromkreises sein müssen. In einer schwachen Gasmischung, die nicht explosibel ist, ist nach MORGAN die Menge umgesetzter Molekel bei Vorhandensein von elektrischen Funken proportional der Wärmeenergie der Funkenstrecke, wenn die Schlagweite konstant gehalten wird, und in einem weiten Bereich der Schlagweite proportional, wenn die Energie der Funkenentladung konstant bleibt. Diese Ergebnisse kann man mit der Wärmetheorie erklären. Obwohl die thermische Theorie alle bekannten Tatsachen über die Zündung elektrischer Funken nach MORGAN erklären kann, so kann sie nichts über den Mechanismus der Zündung aussagen. Sie stellt nur fest, daß eine gewisse Kleinstmenge des Volumens auf Zündtemperatur gebracht werden muß, damit von dieser Stelle aus die Verbrennung starten kann.

Thermische Energie bedeutet kinetische Energie der Molekel in ungeordneter Hin- und Herbewegung (translatorische Bewegung) sowie in Dreh- und Schwing-

[1] MORGAN, I. D.: J. chem. Soc. Bd. 94 (1919) — Phil. Mag. Bd. 41 (1921) S. 462; Bd. 45 (1923) S. 968; Bd. 49 (1925) S. 323 — Fuel Bd. 11 (1932) S. 452.

bewegung der Molekel bzw. Atome im Molekel. Es kann aber nicht angenommen werden, daß die mittlere innere Energie der Molekel nur durch Wärmeübertragung, also durch Vergrößerung ihrer mittleren kinetischen Energie, bewertet werden kann. Der elektrische Funke regt die Molekel an, er ionisiert sie und spaltet sie. Der innere Energieinhalt der Molekel wird dadurch vergrößert, daß Elektronen von einer den Atomkern umgebenden Schale auf eine andere Bahn geworfen werden (Anregung), von dem Atomverband gelöst werden (Ionisation) oder daß der Molekelverband in Atomgruppen oder Einzelatome aufgelöst wird (Dissoziation). Die elektrische Theorie nimmt nun die Entstehung einer genügenden Anzahl derartig elektrisch aktivierter Molekel an, die sich durch Kettenreaktion in der bereits beschriebenen Weise vervielfachen. Die ionisierende Wirkung ist der Stromstärke proportional, die thermische Wirkung nimmt aber quadratisch mit der Stromstärke zu. THORNTON deutet deswegen seine Versuche, bei denen die Zündfähigkeit linear mit dem Strom steigt, nach der elektrischen Theorie. Weitere zahlreiche Versuche über den chemischen Umsatz in der Glimmentladung und über den Zusammenhang zwischen Zündstromstärke und Druck von FINCH[1] und Mitarbeitern zeigen, daß der für die Einleitung einer Entzündung maßgebliche Umsatz von der Ionenkonzentration im Raum, also von einer elektrischen Größe, bestimmt wird.

Das gesamte heute vorliegende Beobachtungsmaterial kann den Vorgang noch nicht endgültig klären. Man darf wohl annehmen, daß sowohl thermische als auch elektrische Vorgänge eine Rolle spielen und daß die Molekel nicht nur kinetisch, sondern auch elektrisch durch Anregung und Ionisation aktiviert werden.

f) Nichtzündende Funken.

Fassen wir abschließend die Erscheinungen der elektrischen Funkenzündung zusammen und unterstützen wir unsere Kenntnisse durch die bereits beschriebenen Versuche der Zündung mittels Glühfunken, so ergibt sich folgende Beurteilung der Zündfähigkeit von Funken:

1. Funken, die bei 110 V oder höheren Spannungen entstehen können, wird man im allgemeinen als zündfähig ansehen müssen. Durch hochohmige Widerstände kann aber sowohl die Stromstärke auf zwar niedrige, aber meßtechnisch noch wertvolle Beträge begrenzt, als auch der Einfluß von Induktivitäten so weit gemildert werden, daß Zündungen auch der explosibelsten Gemische nicht möglich sind.

2. Der Sicherheitsgrad, der der Konstruktion elektrischer Geräte mit nichtzündenden Funken zugrunde gelegt werden muß, verlangt eine sichere Bemessung des Stromkreises, also von Funkenstrecken, Widerständen, Induktivitäten, Kondensatoren und Gleichrichtern. Man kann deswegen den Stromkreis so bemessen, daß bei einer erhöhten, über der höchstmöglichen Betriebsspannung liegenden Versuchsspannung — z. B. 1,5—2,0fache höchste Betriebsspannung — eine Zündung der am leichtesten zu zündenden Gemische nicht möglich ist. Die Untersuchung muß hierbei mit allen möglichen Trenngeschwindigkeiten der Elektroden, mit durch Fremdschichten verunreinigten Elektrodenoberflächen und in Sonder-

[1] FINCH, G. I., u. Mitarbeiter: Gaseous combustion in electric discharges. Proc. roy. Soc., Lond. A Bd. 111 (1926) S. 257; Bd. 116 (1927) S. 529; Bd. 124 (1929) S. 303; Bd. 129 (1930) S. 314, 656; Bd. 134 (1932) S. 343.

fällen mit Elektroden, bestehend aus feinen Litzendrähten, bei denen Glüherscheinungen auftreten können, durchgeführt werden.

3. Zu den am leichtesten zu zündenden Gemischen gehören Wasserstoff-Luft-Gemische. Gase und Dämpfe wie Methan, Benzin, Benzol und die Kohlenwasserstoffe ihrer Bestandteile, ferner Alkohole und Äther sind im allgemeinen erheblich schwerer, also z. B. mittels höherer Spannungen und größerer Stromstärken zu zünden.

4. Die Verwendung von Kleinspannungen schließt in Ohmschen Stromkreisen die Möglichkeit von Zündungen weitgehend aus. Bei Spannungen, die unter der Lichtbogenspannung liegen, also z. B. 12 V und weniger, können zwischen Elektroden aus Silber, die sicher und in eindeutiger Schaltbewegung geführt sind, Ströme von einigen Ampere in rein Ohmschen Kreisen ohne Gefahr einer Zündung unterbrochen werden. Bei Kontakten, die häufig Gleichströme zu unterbrechen haben, ist die Oberflächenveränderung durch Werkstoffwanderung zu berücksichtigen. An den hierdurch entstehenden Spitzen können unter Umständen Glüherscheinungen auftreten, die zu einer Herabsetzung der zulässigen Funkenstromstärke führen. Zur Feststellung solcher Erscheinungen sind Dauerversuche dann erforderlich, wenn starke Veränderungen der Kontaktoberfläche zu erwarten sind: bei den hier in Betracht kommenden Spannungen und Strömen nach einigen Millionen Schaltungen. Mit Kontakten aus Büscheln von Haardrähten, mit denen man solche Oberflächenveränderungen übertrieben nachzuahmen vermag, kann die Zündstromstärke um mehr als eine Größenordnung herabgesetzt werden. Bei wenigen Volt Spannung kann man Wasserstoff-Luft-Gemische auf diese Weise mit Strömen von weniger als 0,5 A zünden. Mit massiven Kontakten ist dies jedoch nicht möglich. Eisen als Kontaktwerkstoff ist jedoch zu vermeiden, weil glühende Teilchen sich von seiner Oberfläche bei leicht schiebender Kontaktbewegung loslösen können.

Bei den von Hand betätigten Ein- und Auskontakten elektrischer Glühbirnen von Taschenlampen zünden in rein Ohmschen Stromkreisen Stromstärken von 1,5 A bei 4,5 V Spannung kein explosibles Gemisch[1]. (Gewöhnliche Handlampen können aber trotzdem Explosionen herbeiführen, weil bei einem Bruch der Lampe der glühende Faden durchaus in der Lage ist, explosible Gemische zu zünden!)

5. In Stromkreisen mit Induktivitäten kann eine Zündung durch Herabsetzung der Spannung und durch Beschränkung des Stromes auf kleine Beträge allein nicht mit Sicherheit vermieden werden. Es ist eine genaue Festlegung der höchstzulässigen Selbstinduktion notwendig. Der Einfluß von Kapazitäten erfordert ebenfalls eine besondere Untersuchung. Aus diesem Grunde kann im allgemeinen ein Grenzwert der Stromstärke nichtzündender Funken nicht angegeben werden. Eine Stromstärke von 20 mA bei 6 V Spannung in einem Stromkreis mit bis zu 100 mH Induktivität und ohne zusätzliche Kapazität gilt als ungefährlich.

Bei 4,5 V und einer Stromstärke von 1 A kann ein explosibles Gemisch durch den Unterbrechungsfunken einer elektrischen Klingel, deren Induktivität etwa 35 mH beträgt, gezündet werden. Je größer die Induktivität ist, um so weniger spielt die Höhe der Kleinspannung eine Rolle. Die Stromkreise müssen infolgedessen so gestaltet sein, daß eine willkürliche Zuschaltung von Kondensatoren oder

[1] KLEBE: Die Verwendung elektrischer Taschenlampen und ähnlicher Handleuchten in explosionsgefährdeten Räumen. Arbeitsschutz Bd. 3 (1938) S. 271.

Drosselspulen, insbesondere durch Anschluß von Leitungen oder Abzweigen im Betrieb nicht möglich ist.

Beachtet man diese Punkte, dann lassen sich handliche Geräte mit nichtzündenden Funken bauen, die in der Betriebsüberwachung chemischer Fabrikationen Bedeutung erlangt haben.

5. Der chemische Umsatz.

a) Die Umsatzgleichung.

Der Gesamtvorgang einer Verbrennung wird durch eine Gleichung des chemischen Umsatzes angegeben. Sie sei an einigen Beispielen erläutert, ohne auf nähere Einzelheiten der meist sehr verwickelten Reaktion einzugehen. Es seien lediglich die Anfangs- und die Endprodukte betrachtet. Die Verbrennung von Methan (Grubengas) geht nach der Umsatzgleichung vor sich:

$$\left.\begin{array}{ll} CH_4 + 2\,O_2 = CO_2 + 2\,H_2O + 191{,}3\ \text{kcal} & \text{(Umsatzgleichung)} \\ 16 + 2 \cdot 32 = 44 + 2 \cdot 18 & \text{(Massengleichung)} \end{array}\right\} \quad (1)$$

1 Mol Methan, das ist die Menge in Gramm, die dem Molekulargewicht des Methans entspricht, d. h. 16 g Methan verbrennen mit 2 Mol oder $2 \times 32 = 64$ g Sauerstoff zu 1 Mol = 44 g Kohlendioxyd und 2 Mol oder $2 \times 18 = 36$ g Wasserdampf. Die chemische Umsatzgleichung ist eine Gewichtsgleichung der Molekulargewichte. Die Gewichtszahlen der Massengleichung auf der linken und auf der rechten Seite müssen stets einander gleich sein, da bei dem Umsatz niemals Masse verloren wird. Bei diesem Vorgang wird eine Wärmemenge von 191,3 kcal frei, die auf das entstehende Wasser in Dampfform bezogen ist. Diese Wärmemenge wird von den Reaktionsprodukten aufgenommen: sie erhöhen ihre innere Energie. Dies äußert sich in einer Erhitzung der Reaktionsprodukte. Die Temperatur der bei dem Umsatz gebildeten Mengen Kohlendioxyd und Wasserdampf steigt so hoch an, bis diese die frei gewordene Wärmemenge aufgenommen haben.

In unserem Beispiel reagieren Gase miteinander. Deswegen können wir auch sogleich die Volumenverhältnisse übersehen. Bei gleichen Drücken und gleichen Temperaturen sind die Volumina für gleiche Mol-Zahlen gleich, d. h. also 16 g Methan haben das gleiche Volumen wie 32 g Sauerstoff oder 44 g Kohlendioxyd, auf gleichen Druck, z. B. 760 mm Hg, und gleiche Temperatur, z. B. 0° C, bezogen. Das Volumen von einem Mol bei 760 mm Hg und 0° C beträgt 22,4 l. Ein Normalkubikmeter (Nm^3) ist das $\frac{1000}{22{,}4} = 44{,}64$fache eines Mols.

Nach (1) verbrennen 1 Volumeneinheit Methan mit 2 Volumeneinheiten Sauerstoff zu 1 Volumeneinheit Kohlendioxyd und 2 Volumeneinheiten Wasserdampf. Nicht immer bleiben bei Verbrennungen die Volumina gleich, wie das Beispiel der Verbrennung von Hexan, einem Hauptbestandteil des Benzins, zeigen soll:

$$\left.\begin{array}{ll} 2\,C_6H_{14} + 19\,O_2 = 12\,CO_2 + 14\,H_2O + 2 \cdot 928{,}2\ \text{kcal/Mol} & \text{(Umsatzgleichung)} \\ 172 + 608 = 528 + 252 & \text{(Massengleichung)} \\ 2 + 19 \rightarrow 12 + 14 & \text{(Volumengleichung).} \end{array}\right\} \quad (2)$$

Hiernach verbrennen Hexan und Sauerstoff im Gesamtgewicht von 780 g. Aus 21 Volumeneinheiten des explosiblen Dampf-Sauerstoff-Gemisches entstehen 26 Volumeneinheiten der Reaktionsprodukte. Das Volumen nimmt also um

24% zu. Die Verbrennungswärme*) des Hexans beträgt je Mol 928,2 kcal. Die Verbrennungswärme eines Normalkubikmeters dieses explosibelsten Hexandampf-Sauerstoff-Gemisches beträgt hiernach $\frac{2 \cdot 928{,}2}{21} \cdot 44{,}64 = 3946$ kcal.

Betrachten wir Gemische mit Luft, statt mit Sauerstoff, so treten zu jeder Volumeneinheit Sauerstoff noch $\frac{0{,}79}{0{,}21} = 3{,}76$ Volumeneinheiten Stickstoff dazu, da der Anteil des Sauerstoffes in Luft 21 Vol.-% beträgt. An der Verbrennung nimmt der Stickstoff nicht teil. Er ist lediglich ein Ballast und wird bei dem Verbrennungsvorgang mit erhitzt; er mildert den Explosionsvorgang.

b) Volumenveränderung und stöchiometrisches Gemisch von organischen Verbindungen.

Der Luftbedarf zur vollständigen Verbrennung eines Kohlenwasserstoffes, wie z. B. des bereits erwähnten Methans oder Hexandampfes, ist einfach zu übersehen: Der Kohlenstoff C verbrennt, wenn es zu einer vollkommenen Verbrennung kommt, zu Kohlendioxyd (CO_2), der Wasserstoff H_2 zu Wasserdampf (H_2O). Enthält also der Kohlenwasserstoff nach der allgemeinen chemischen Formel C_mH_n m Atome Kohlenstoff, so sind zu deren Verbrennung m-Moleküle Sauerstoff erforderlich. Zu n-Atomen Wasserstoff sind $^n/_4$ Moleküle Sauerstoff erforderlich. Sind in der organischen Verbindung noch o Atome Sauerstoff enthalten, wie z. B. bei den Alkoholdämpfen, so vermindert sich der zur Verbindung erforderliche Bedarf an Sauerstoff um den Betrag $\frac{o}{2}$. 1 Mol einer organischen Verbindung $C_mH_nO_o$ erfordert also $\left(m + \frac{n}{4} - \frac{o}{2}\right)$ Mol Sauerstoff. Der gesamte Umsatz bei vollständiger Verbrennung in Luft lautet demnach

$$\left.\begin{aligned} C_mH_nO_o + \left(m + \frac{n}{4} - \frac{o}{2}\right) O_2 + 3{,}76\left(m + \frac{n}{4} - \frac{o}{2}\right) N_2 \\ = m\,CO_2 + \frac{n}{2} H_2O + 3{,}76\left(m + \frac{n}{4} - \frac{o}{2}\right) N_2 \,. \end{aligned}\right\} \tag{3}$$

Die Volumenveränderung μ ist das Verhältnis der Volumina der rechten Seite zu den Volumina der linken Seite. Bei der Verbrennung im Luftgemisch wird:

$$\mu_L = \frac{4{,}76\,m + 1{,}44\,n - 1{,}88\,o}{1 + 4{,}76\left(m + \frac{n}{4} - \frac{o}{2}\right)} \,. \tag{4}$$

Die Volumenveränderung bei Verbrennung im Sauerstoffgemisch:

$$\mu_{O_2} = \frac{m + \frac{n}{2}}{1 + m + \frac{n}{4} - \frac{o}{2}} \,. \tag{4a}$$

Die Gleichungen (4) und (4a) geben die Volumenveränderungen bei vollständiger Verbrennung wieder. Man nennt solche Gemische „theoretische" oder „stöchiometrische" Gemische. Das stöchiometrische Gemisch gibt den Anteil des Dampfes der Verbindung in Volumenprozent zum Gesamtvolumen des Gemisches an und ist nach (3) für das Luftgemisch:

*) Verbrennungswärme, bezogen auf Reaktionsprodukte in Dampfform = Unterer Heizwert, siehe S. 56.

$$v_{\mathrm{st}\,L} = \frac{1}{1 + 4.76\left(m + \frac{n}{4} - \frac{o}{2}\right)} \tag{5}$$

und für das Sauerstoffgemisch:

$$v_{\mathrm{st}\,O_2} = \frac{1}{1 + m + \frac{n}{4} - \frac{o}{2}}\,. \tag{5a}$$

Hiernach können wir nun sofort angeben, welche Volumenveränderung bei der vollständigen Verbrennung eines Kohlenwasserstoffes stattfindet und wie das Gemisch zur vollständigen Verbrennung zusammengesetzt sein muß. So z. B. beträgt die Volumenveränderung bei der vollständigen Verbrennung von chemisch reinem Benzoldampf (C_6H_6) in Luft, da $m = 6$, $n = 6$ und $o = 0$ ist, $\mu_L = 1{,}0136$, d. h. das Volumen nimmt um 1,36% zu. Das theoretische Gemisch beträgt bei der Verbrennung mit Luft $v_{\mathrm{st}\,L} = 0{,}0272$, d. h. 2,72 Vol.-% Benzoldampf und 97,28 Vol.-% Luft zusammengemischt, verbrennen vollständig. Das stöchiometrische Benzol-Sauerstoff-Gemisch beträgt 11,8 Vol.-%, die Volumenzunahme 5,9 Vol.-%.

Für Äthyl-Äther-Dampf $(C_2H_5)_2O$ ($m = 4$, $n = 10$, $o = 1$) ist die Volumenveränderung bei Verbrennung in Luft 6,77 Vol.-%, in Sauerstoff 28,5 Vol.-%. Im stöchiometrischen Gemisch mit Luft sind 3,38 Vol.-%, mit Sauerstoff 14,3 Vol.-% Äthyl-Äther-Dampf vorhanden.

c) Gewichts- und Volumenverhältnisse.

Das Molekulargewicht der Verbindung $C_mH_nO_o$ ist gleich der Summe der Atomgewichte seiner einzelnen Bestandteile. Das Atomgewicht von Kohlenstoff beträgt 12, von Wasserstoff 1, von Sauerstoff 16. Das Molekulargewicht beträgt demnach

$$M = 12\,m + n + 16\,o\,. \tag{6}$$

Da das Volumen von 1 Mol 22,4 l beträgt, ist das Volumen von 1 kg

$$v = \frac{22{,}4}{M} \cdot 10^3\,. \qquad \text{(Dimension: } m^3\text{)} \tag{7}$$

Das Molekulargewicht von Äther beträgt gemäß (6): 74, das Volumen von 1 kg Ätherdampf, bezogen auf 760 mm Druck und 0° C, daher $\frac{1 \cdot 10^3 \cdot 22{,}4}{74} = 0{,}302\ \mathrm{m}^3$. Das Volumen des zur vollständigen Verbrennung von 1 kg Äther erforderlichen Luftgemisches beträgt daher $\frac{0{,}302}{0{,}034} = 8{,}9\ \mathrm{m}^3$. Wird 1 kg Äther verschüttet, dann nimmt das explosibelste Gemisch von 3,38 Vol.-% einen Raum von 8,9 m³ ein, bezogen auf einen Luftdruck von 760 mm und eine Temperatur von 0° C.

Gemische, die stärker mit Luft verdünnt, aber noch explosibel sind, nehmen das 10000—20000fache des Volumens der Flüssigkeit, aus der sie entstanden sind, ein.

d) Verbrennungswärmen und Bildungswärmen.

Als Verbrennungswärme bezeichnen wir diejenige Wärmemenge, die sich während der Verbrennung den Produkten, also z. B. dem Kohlendioxyd, dem Wasserdampf und dem Stickstoff, mitteilt. Diese Wärmemenge müßte man den

Verbrennungsprodukten zuführen, wenn man sie auf den gleichen Temperaturbetrag, wie er bei der Verbrennung erreicht wird, erhitzen will. Da das Wasser bei dem Verbrennungsvorgang meist in Dampfform entweicht, die Verdampfungswärme des Wassers also nicht nutzbar gemacht wird, ist es üblich, als Verbrennungswärme den unteren Heizwert zu wählen. Als Wärmetönung bezeichnet man die gesamte Wärmeenergie, die bei dem chemischen Umsatz frei wird. Die Wärmetönung entspricht dem oberen Heizwert. Oberer und unterer Heizwert oder Wärmetönung und Verbrennungswärme unterscheiden sich nur bei den Stoffen mit Wasserstoffmolekeln. Die Wärmetönung von Methan wird zu 212,8 kcal/Mol angegeben. Die Wärmemenge, die notwendig ist, Wasser von 20° C oder 0° C in Wasserdampf von 20° C oder 0° C zu verwandeln, beträgt je Mol Wasserdampf (18 g),

$$10{,}550 \text{ kcal bei } 20^\circ \text{ C } (293^\circ \text{ K})$$
$$10{,}745 \text{ kcal bei } 0^\circ \text{ C } (273^\circ \text{ K})\,.$$

Die Verbrennungswärme des Methans ist demnach $212{,}8 - 2 \cdot 10{,}745 = 191{,}310$ kcal, bezogen auf 0° C.

Die Verbrennungswärme der aus Kohlenstoff- und Wasserstoffatomen zusammengesetzten Kohlenwasserstoffe läßt sich nicht aus der Verbrennungswärme von Kohlenstoff und Wasserstoff berechnen. Denn die bei dem Umsatz freiwerdende Energie erhöht oder erniedrigt sich noch um denjenigen Betrag, der durch die Lösung der gegenseitigen Bindung der Kohlenstoff- und Wasserstoffatome entweder frei oder gebunden wird. Ein Beispiel soll dies erläutern. Wir vergleichen die Energiebilanz der Verbrennung von Methan mit der Bilanz der Verbrennung von Kohlenstoff und Wasserstoff.

$$(CH_4)_{\text{Gas}} + (2\,O_2)_{\text{Gas}} = (CO_2)_{\text{Gas}} + (2\,H_2O)_{\text{Dampf}} + 191{,}31 \text{ kcal} \tag{8a}$$
$$(C)_{\text{fest}} + (O_2)_{\text{Gas}} = (CO_2)_{\text{Gas}} + 94{,}46 \text{ kcal} \tag{8b}$$
$$(2\,H_2)_{\text{Gas}} + (O_2)_{\text{Gas}} = (2\,H_2O)_{\text{Dampf}} + 115{,}14 \text{ kcal.} \tag{8c}$$

Aus (8a) einerseits und (8b) sowie (8c) andererseits folgt:

$$(C)_{\text{fest}} + (2\,H_2)_{\text{Gas}} = (CH_4)_{\text{Gas}} + 18{,}29 \text{ kcal.}$$

Bei der Methan**bildung** sind also 18,29 kcal/Mol frei geworden, die nun bei dem umgekehrten Vorgang, nämlich bei der Verbrennung, wieder aufgewendet werden müssen. Sie gehen also der Verbrennungswärme des Methans verloren. Man nennt solche Verbindungen *exotherme* Verbindungen. Bei ihrer *Bildung* wird Energie abgegeben. Bei der Bildung *endothermer* Verbindungen wird hingegen Energie aufgewandt. Diesen steht also bei der Verbrennung dieser zusätzliche Energiebetrag zur Verfügung.

Bei der Verbrennung teilt sich die größtmögliche Verbrennungswärme eines Gas- oder Dampf-Luft-Gemisches den Verbrennungsprodukten mit, wenn das Gas oder der Dampf vollständig verbrennt. Die *Verbrennungswärme des stöchiometrischen Gemisches* ist also ein Maß für die bei der Explosion freiwerdende Energie. Sie wäre für alle Kohlenwasserstoff-Luft-Gemische gleich, wenn nicht die verschieden hohen Bildungswärmen recht erhebliche Unterschiede bedingen würden. Sie ist daher bei der endothermen Kohlenwasserstoffverbindung *Azetylen* größer als bei dem exothermen *Methan*. Beträgt die Verbrennungswärme eines Mols q_v kcal, dann ist die Verbrennungswärme eines Normalkubikmeters des stöchiometrischen Luftgemisches $v_{st\,L}$:

$$q_{st} = 44{,}64 \cdot q_v \cdot v_{st\,L} \tag{9}$$

Als eine Faustregel, die ihre Begründung in der thermischen Deutung des Explosionsvorganges findet, kann man feststellen: Die Explosion der Gas- oder Dampf-Luft-Gemische organischer Verbindungen verläuft um so heftiger, je kleiner anteilsmäßig die Bildungswärme an der Verbrennungswärme und je größer der Sauerstoffanteil in der Verbindung ist. In Zahlentafel 10 sind die Verbrennungswärmen einiger Gase und Dämpfe anorganischer und organischer Verbindungen zusammengestellt, geordnet nach der Verbrennungswärme des stöchiometrischen Gemisches. Im Anhang (Zahlentafel 2) sind in die Explosions-

Zahlentafel 10.

Gas bzw. Dampf	Chem. Formel	Verbrennungswärme (Unterer Heizwert) kcal/Mol	Bildungswärme kcal/Mol	Luftgemisch			p_e = gemessener Explosionsdruck atü
				Stöch. Gemisch Vol.-%	Verbr. Wärme d. stöch. Gemisches kcal/Nm³	μ = Volumenverhältnis nach zu vor Verbrennung	
Stickstoff-Wasserstoff-Säure	N_3H	90,4	−61,6	29,6	1190	1,34	
Dizyan	C_2N_2	262,8	−73,9	9,50	1115	1,00	10,68
Azetylen	C_2H_2	302,2	−55,8	7,75	1090	0,962	9,0 9,13
Äthylenoxyd	C_2H_4O	290,9	+13,0	7,75	1006	1,038	—
Äthylen	C_2H_4	318,5	−14,6	6,54	931	1,00	8,4
Methylbromid	CH_3Br	168	+12,7	12,3[1]	922	1,065	—
Äthyläther	$(C_2H_5)_2O$	606,9	+58,5	3,38	915	1,07	8,0
Benzol	C_6H_6	750,7	−11,4	2,72	913	1,014	8,0 (9,1)[2]
Hexan	C_6H_{14}	928,2	+41,6	2,16	895	1,054	7,8 (8,87)
Azetaldehyd	$CH_3 \cdot CHO$	258,0	+45,9	7,75	894	1,03	—
Kohlenoxyd	CO	67,6	+26,8	29,6	894	0,848	6,48 (7,22)
Äthylalkohol	C_2H_5OH	305,0	+57,0	6,54	891	1,065	über 5,5
Azeton	$CH_3 \cdot CO \cdot CH_3$	394,1	+61,8	4,97	880	1,05	
Äthan	C_2H_6	340,4	+21,1	5,66	860	1,032	8,04
Methanol	CH_3OH	149,3	+60,2	12,3	820	1,059	6,6
Methan	CH_4	191,3	+18,3	9,50	811	1,00	7,23 (8,06)
Wasserstoff	H_2	57,6	—	29,6	760	0,848	6,7 7,2
Schwefelkohlenstoff	CS_2	258,7	−25,4	6,54	756	0,929	7,17
Ammoniak	NH_3	74,9	+11,4	21,9	733	1,055	4,6
Schwefelwasserstoff	H_2S	125,2[3]	+ 2,7	12,3[3]	688	0,905	4,6
		148,7[4]		9,50[4]	630	0,939	

Quellen: Verbrennungswärmen: LANDOLT-BÖRNSTEIN. — LEWIS, B., u. G. v. ELBE: Combustion, Flames and Explosions of Gases. Cambridge 1938. — THOMSEN: Thermochemistry, zusammengestellt von W. M. THORNTON: Phil. Mag. Bd. 33 (1917) S. 196. — Bildungswärmen: LANDOLT-BÖRNSTEIN, sowie aus den Verbrennungswärmen errechnet. — Explosionsdruck: ETZ Bd. 59 (1938) S. 1116. — BONE, W. A., u. D. T. A. TOWNEND: Flame and Combustion in Gases. London 1927.

[1] Verbrennung zu: HBr, CO_2, H_2O.

[2] Klammerwerte ( ): erhöhter Anfangsdruck.

[3] Verbrennung zu SO_2.

[4] Verbrennung zu SO_3.

eigenschaften einer größeren Anzahl von Verbindungen ebenfalls ihre Verbrennungswärmen aufgenommen. Sie geben eine Bestätigung der Faustregel. So z. B. kann der Sauerstoffanteil in organischen Nitro- und Nitritverbindungen (Sprengstoffe!) dank seiner Bindung an Stickstoff erheblich größer als bei den Gasen und Dämpfen sein, die technisch in den explosionsgefährdeten Betrieben von Interesse sind und die wir hier vorzugsweise behandeln. Als Beispiel betrachten wir 3 Extreme:

	Äthylnitrat	Äthylchlorid	Essigsäure
Chem. Bruttoformel	$C_2H_5O_3N$	C_2H_5Cl	$C_2H_4O_2$
Verbrennungswärme kcal je Mol	298	305	188
Bildungswärme in % der Verbrennungswärme	+16,6	−0,34	+61,7
Stöchiometrisches Gemisch Vol.-%	10,7	6,54	9,5
Verbrennungswärme des stöchiometrischen Gemisches kcal je Nm³	1420	890	797

Die Dämpfe von Äthylnitrat explodieren in Gemischen mit Luft außerordentlich heftig. Die Explosion der Luftgemische von Äthylchloriddampf verläuft sehr viel weniger stürmisch[1]. Die Dämpfe von Essigsäure sind kaum noch explosibel, da gemäß Abb. 4 die Temperatur des stöchiometrischen Gemisches etwa 56° betragen muß und die Verbrennungswärme je m³ entsprechend dem Verhältnis der absoluten Temperaturen $\frac{273}{273+56}$ sich bei 56° auf 660 kcal verringert.

Die Verbrennungswärme der stöchiometrischen Luftgemische liegt bei den technisch in Betracht kommenden Dämpfen zwischen rund 700 und 1100 kcal/Nm³. Bei den meisten Gasen und Dämpfen sind die Abweichungen von einem mittleren Wert 900 kcal/Nm³ nur unerheblich.

Endotherme Verbindungen mit stark negativer Bildungswärme sind nicht immer beständig. Auch Azetylen neigt zum Zerfall, d. h. ohne Gegenwart von Sauerstoff kann Azetylen in Kohlenstoff und Wasserstoff zerfallen. Dies tritt nach Untersuchungen von RIMARSKI[2] bei 510° C und einem absoluten Druck von 2,05 kg/cm² bereits ein. Bei diesem Selbstzerfall wird, wie durch Messungen bestätigt wurde, die Bildungswärme von 54,260 kcal/Mol frei, eine Wärmemenge, die höher ist als die Verbrennungswärme des explosibelsten 7,75 Vol.-% Azetylen-Luft-Gemisches. Der Selbstzerfall kann unter heftigen äußeren Explosionserscheinungen vor sich gehen. Bekannt ist dies z. B. bei der in Zahlentafel 10 angegebenen Stickstoff-Wasserstoff-Säure. Sie ist eine Flüssigkeit mit einem Kochpunkt von 37° C, hat aber keine technische Bedeutung und ist hier nur als Beispiel eines Dampfes von außerordentlicher Unbeständigkeit mit aufgeführt. Stickstoff-Wasserstoff-Säure zerfällt leicht. Der Selbstzerfall geht dann mit ungeheurer Wucht vor sich, da die in der Flüssigkeit auf kleinstem Raum zusammengeballte Energie praktisch gleichzeitig frei wird.

---

[1] Siehe S. 153.

[2] RIMARSKI, W., u. M. KONSCHAK: Experimentelle Untersuchungen zur Frage des Druckes in Hochdruck-Azetylenanlagen. Autogene Metallbearb. Bd. 27 (1934) S. 209. — RIMARSKI, W., u. L. METZ: Explosive Eigenschaften des festen Azetylens. Autogene Metallbearb. Bd. 26 (1933) S. 341.

6. Die Explosionsgrenzen.

a) Allgemeines.

Ein Gas-Luft-Gemisch kann nach der Zündung selbständig weiterbrennen und hierbei verpuffen oder explodieren, wenn die bei dem Verbrennungsvorgang freiwerdende Wärme dem explosiblen Gemisch schneller zugeleitet, als durch Wärmeverluste fortgeleitet wird. Die freiwerdende Verbrennungswärme muß fortlaufend die Temperatur des Reaktionsgemisches erhöhen. Eine wesentliche Rolle spielt hierbei die bei der Verbrennung freiwerdende Wärmemenge, die Wärmeaufnahmefähigkeit und die Wärmeleitung des Gemisches. Bei Überfluß von Luft im Gemisch wird eine Grenze erreicht, bei der das Gemisch nicht mehr explosionsfähig ist. Dies ist die untere Explosionsgrenze. Bei Überfluß des brennbaren Gases, also bei einem zu kleinen Anteil des Sauerstoffes, genügt ebenfalls die bei der Verbrennung zur Verfügung stehende Wärme nicht mehr, um eine Zündung weiterzuleiten. Es ist dann die obere Explosionsgrenze erreicht.

Die äußersten Grenzen der Explosionsfähigkeit können durch Versuchsbedingungen stark beeinflußt werden[1]. Bei kräftigem Zündfunken liegen die Explosionsgrenzen weiter als bei schwachem Funken. In größeren Gefäßen oder weiten Rohren sind die Explosionsgrenzen ebenfalls weiter als in kleinen Gefäßen oder engen Rohren. Kann sich das Gemisch in einem senkrechten Rohr von unten nach oben fortpflanzen, so wird die Flammenbewegung von der Wärmebewegung unterstützt. Der Explosionsbereich ist dann größer, als wenn die Flamme sich von oben nach unten entgegengesetzt der Wärmebewegung fortpflanzt. In Zahlentafel 11 sind Beispiele für die Explosionsgrenzen verschiedener Gase und Dämpfe für Aufwärts- und Abwärtsbewegung der Flamme zusammengestellt. Die Versuche führte WHITE in 7,5 cm weiten Rohren durch, eine Weite, bei der Einflüsse der Wand auf die Explosionsgrenzen kaum noch nachweisbar sind.

Zahlentafel 11. Untere und obere Explosionsgrenzen in Vol.-% von Gemischen mit Luft nach WHITE (Versuche in Rohr von 7,5 cm Durchm.).

Gas bzw. Dampf	Chem. Formel	Untere Explosionsgrenze bei Bewegung der Flamme			Obere Explosionsgrenze bei Bewegung der Flamme		
		Aufwärts	Abwärts	Horizontal	Aufwärts	Abwärts	Horizontal
Methan	CH_4	5,35	5,95	5,4	14,9	13,4	14,0
Pentan	C_5H_{12}	1,42	1,48	1,44	8,0	4,64	7,45
Benzol	C_6H_6	1,41	1,46	—	7,45	5,55	—
Methanol	CH_3OH	7,05	7,45	—	36,5	26,5	—
Äthyläther	$(C_2H_5)_2O$	1,71	1,85	—	48,0	6,4	—
Azeton	$(CH_3)_2CO$	2,89[2]	2,93	—	13,0	8,6	—
Azetylen	C_2H_2	2,60	2,78	2,68	80,5	71	78,5
Schwefelkohlenstoff	CS_2	1,06	1,91	—	50,0	35,0	—
Kohlenoxyd	CO	12,8	15,3	13,6	75	70,5	—
Wasserstoff	H_2	4,15	8,8	6,5	75	74,5	—

[1] BERL, E., u. H. FISCHER: Untersuchungen an explosiblen Gas- und Dampf-Luft-Gemischen. Z. Elektrochem. Bd. 30 (1924) S. 29. (Zusammenstellung von 90 Arbeiten!)

[2] Untere Explosionsgrenze:
2,55 Vol.-% bei 20° C } nach G. W. JONES, E. S. HARRIS, W. E. MILLER: Explosive pro-
2,17 „ „ 175° C } perties of acetone-air mixtures. U. S. Bureau of Mines. Techn. Pap. 544 (1933).

Berechnet man aus der Verbrennungswärme des Wasserstoff-Luft-Gemisches die Flammentemperatur, so erhält man für ein 4,15 Vol.-%-Gemisch einen unwahrscheinlich niedrigen Betrag, der erheblich unter der Zündtemperatur liegt, die man nach anderen Methoden feststellt. Der Grund hierfür ist nach Untersuchungen von GOLDMANN[1] der folgende: Das in senkrechtem Rohr gezündete 4,15 Vol.-%-Wasserstoff-Luft-Gemisch wird durch die entwickelte Wärme nach oben als Wirbel, der sich in kleine leuchtende Kugeln auflöst, getrieben. In die Flammenfront diffundiert neuer Wasserstoff hinein, und zwar dank der größeren Beweglichkeit seiner Molekel schneller als andere Gase. Dadurch erhöht sich die tatsächliche Konzentration des Gemisches in der Flammenfront auf Kosten der Konzentration im umgebenden Gemisch. Dementsprechend findet auch keine vollständige Verbrennung des Wasserstoffes in dem Rohr statt. Die eigentliche „Verpuffung" des Gemisches ist erst bei 9 Vol.-% Wasserstoffgehalt möglich. Ähnlich kann der Vorgang an der oberen Explosionsgrenze bei den Dämpfen schwerer Kohlenwasserstoffe sein. Diesen gegenüber ist der Sauerstoff der Luft leichter beweglich. Bei aufwärts bewegender Flamme kann durch schnelleres Hineindiffundieren des Sauerstoffes aus dem umgebenden Gemisch eine Verbrennung eines Teilvolumens leichter stattfinden.

Zur Beurteilung der Zündgrenzen wird man die in senkrechtem Rohr bei Bewegung der Flamme von unten nach oben ermittelten Werte einsetzen. Verpuffungen, die durch Wärme und Druck Schaden anrichten können, sind aber meistens erst innerhalb der Konzentrationsgrenzen möglich, die den bei Flammenbewegung von oben nach unten ermittelten Werten entsprechen.

Bei den im Anhang angegebenen Grenzen des Zündbereiches von Gas- und Dampf-Luft-Gemischen sind im allgemeinen die äußersten Werte angegeben, mit denen in der Praxis zu rechnen ist.

b) Verbrennungswärme der Zündgrenzgemische.

Aus der Verbrennungswärme der Zündgrenzgemische und aus den hieraus berechenbaren Flammentemperaturen kann man wertvolle Schlüsse über die in der Flammenfront wirksamen Temperaturen und daraus über die Möglichkeit, die Fortpflanzung von Flammen durch Wärmeentzug aufzuhalten, schließen.

Die untere Explosionsgrenze von Gas- oder Dampfgemischen ist von dem Anteil des Sauerstoffs in der Luft weitgehend unabhängig (s. z. B. Abb. 28, S. 67). Dies ist an sich nicht verwunderlich. Ist erst einmal das Gemisch gezündet, dann ist es ziemlich gleichgültig, ob der überschüssige Sauerstoff durch Stickstoff ersetzt wird; denn Sauerstoff und Stickstoff haben sehr ähnliche spezifische Wärmen, so daß die Übertragung der Verbrennungswärme auf beide Gasarten zu gleichen Verbrennungstemperaturen führt.

Beträgt die Verbrennungswärme eines stöchiometrischen Gemisches q_{st} kcal/Nm³, dann ist die Verbrennungswärme q_u einer Gemischzusammensetzung entsprechend der unteren Explosionsgrenze v_u in Vol.-%:

$$q_u = q_{st} \cdot \frac{v_u}{v_{st}}. \qquad (10)$$

Die obere Explosionsgrenze ist von dem Sauerstoffanteil der Luft stark abhängig; denn sie ist durch einen Überschuß des Gases oder Dampfes, also den

[1] Z. phys. Chem. Abt. B Bd. 5 (1929) S. 307.

Sauerstoffmangel verursacht. Verbrennt das Gas vollkommen, wie z. B. Wasserstoff zu Wasserdampf oder Kohlenoxyd zu Kohlendioxyd, dann ist die Verbrennungswärme des Gemisches der oberen Explosionsgrenze v_o Vol.-%:

$$q_o = q_{st} \cdot \frac{1 - v_o}{1 - v_{st}} . \tag{11}$$

Die Formel gilt nur für vollkommene Verbrennung des Gases.

Kohlenwasserstoffe verbrennen bei Sauerstoffmangel nur unvollkommen. Im allgemeinen geht dann der Vorgang so vor sich, daß der Kohlenwasserstoff zunächst sich zu Kohlenoxyd und Wasserstoff verbindet; steht dann noch Sauerstoff zur Verfügung, dann verbrennt der Wasserstoff zu Wasserdampf und schließlich das Kohlenoxyd zu Kohlendioxyd. Die Kohlenstoffatome verbinden sich mit dem Sauerstoff demnach zunächst nach der Umsatzgleichung:

$$C + \tfrac{1}{2} O_2 = CO + 26{,}6 \text{ kcal} \tag{12}$$

und erst an letzter Stelle zu Kohlendioxyd nach der Gleichung:

$$CO + \tfrac{1}{2} O_2 = CO_2 + 67{,}6 \text{ kcal} . \tag{12a}$$

Zunächst steht also eine wesentlich kleinere Wärmemenge als bei der vollständigen Verbrennung zur Verfügung. Außerdem vermehrt sich die Mol-Zahl, also das Volumen bei der Verbrennung. Es sei dies an der unvollständigen Verbrennung von Methan mit Sauerstoff, zu gleichen Teilen im Gemisch vorhanden, gezeigt.

$$CH_4 + O_2 = CO + H_2O + H_2 + 66{,}65 \text{ kcal} . \tag{13}$$

D. h. ein 50 Vol.-%-Methan-Sauerstoff-Gemisch verbrennt zu gleichen Teilen zu Kohlenoxyd, Wasserdampf und Wasserstoff. Das Volumen vermehrt sich hierbei von 2 Raumeinheiten auf 3 Raumeinheiten, nimmt also um 50% zu.

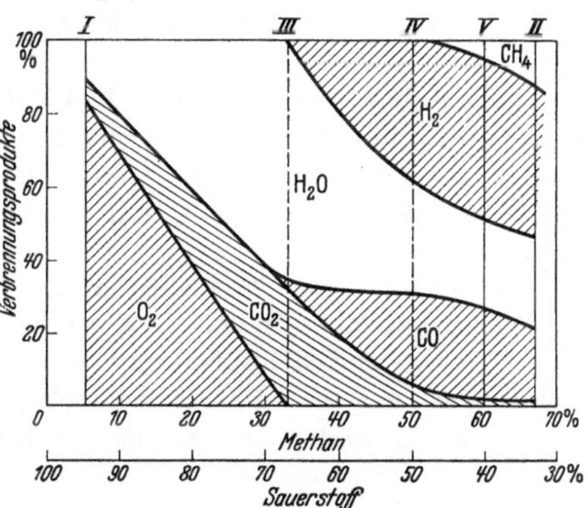

Abb. 26. Zusammensetzung der flüchtigen Verbrennungsprodukte von Methan-Sauerstoff-Gemischen in Abhängigkeit von der Gemisch-Zusammensetzung.
I Untere Explosionsgrenze } (Vorkompression
II Obere Explosionsgrenze } 12,6 atü)
III Stöchiometrisches Gemisch
IV Theoretische Zusammensetzung für Verbrennung zu Kohlenoxyd, Wasserdampf und Wasserstoff zu gleichen Teilen.
V Theoretische Zusammensetzung für Verbrennung zu Kohlenoxyd und Wasserstoff. Beginn der Rußabscheidung.

Bei der unvollkommenen Verbrennung der Kohlenwasserstoffe tritt Kohlenoxyd in solchen Mengen auf, daß die Verbrennungsprodukte giftig sind, oftmals sogar in so großem Volumenanteil, daß sie bei Zutritt von Sauerstoff auch noch explosibel sind. Schlagwetterexplosionen und insbesondere die als deren Folge eingeleiteten Grubenbrände können deswegen besonders gefährlich sein; denn die Verbrennungsgase können vom Ursprungsherd forttreiben und noch an entferntem Ort schwere Vergiftungen herbeiführen. Abb. 26 zeigt ein Schema der gas- und dampfförmigen Verbrennungsprodukte von Methan[1]. Bei volumengleicher Verbrennung von Methan mit Sauerstoff tritt abweichend von Gleichung 13 außer

[1] Für Verbrennungsprodukte von mehr als 50% Methan wurden Versuchsunterlagen von BONE (zitiert S. 57) herangezogen (s. Zahlentafel 10).

Wasserstoff, Kohlenoxyd und Wasserdampf noch etwas Kohlendioxyd auf. (Die Gründe hierfür liegen in den von uns vernachlässigten Flammenvorgängen, die das Gleichgewicht der Verbrennungsprodukte etwas verschieben. Auf solche Vorgänge wird später bei Behandlung der Dissoziationserscheinungen näher eingegangen.)

Die obere Explosionsgrenze fällt bei Kohlenwasserstoffen meist in roher Annäherung mit der Grenze zusammen, bei der der Kohlenwasserstoff zu Wasserstoff und Kohlenoxyd verbrennt, wie folgende Zahlentafel 12 zeigt:

Zahlentafel 12.

Gas bzw. Dampf	Obere Explosionsgrenze Vol.-%	Theoret. Gemisch für Verbrennung zu CO Vol.-%		Verbrennungswärme dieser Gemische kcal/Nm³	
		a	b	a	b
Methan	13,4 —14,9	**17,4**	29,6	**510**	111
Hexan	6,5 — 8,0	4,24	**6,54**	606	**348**
Benzol	5,55— 7,45	5,30	**6,54**	615	**500**
Äthylen	14—34	14,0	**17,4**	780	**528**
Azetylen	71—80,5	14,4	17,4	890	850

a) Verbrennung zu CO, sowie zu gleichen Teilen zu H_2 und H_2O.
b) „ „ CO und H_2.

Bei dieser Konzentration ist dann die Verbrennungswärme des Gemisches so niedrig, daß eine Fortpflanzung der Flamme nicht möglich ist. Eine Ausnahme macht aber Azetylen als endotherme Verbindung: bei Azetylen scheidet sich bei Konzentrationen, die oberhalb 17,4 Vol.-% als Grenze der Verbrennung zu Kohlenoxyd und Wasserstoff liegen, Kohle als fein verteilter Ruß aus. Die Verbrennungswärme genügt zur Weiterleitung der Explosion. Die obere Explosionsgrenze ist mit 70—80 Vol.-% nur dank der negativen Bildungswärme so weit gesteckt.

Als Beispiel einer verwickelten unvollständigen Verbrennung sei Schwefelkohlenstoff genannt. In den Verbrennungsprodukten befindet sich außer Kohlendioxyd (CO_2) und Schwefeldioxyd (SO_2) noch Kohlenoxyd (CO), Kohlenoxysulfid (COS), und es bleibt Schwefelkohlenstoff unverbrannt erhalten. Es ist hier aber nicht die Stelle, um auf diese Verhältnisse näher einzugehen, die bewußt stark vereinfacht und unter Bevorzugung der Deutung dieser Vorgänge als Wärmeexplosion dargestellt wurden.

c) Untere Explosionsgrenze von Gasgemischen.

Für Gasgemische gilt nach dem Gesetz von Le Chatelier: Setzt sich das Gemisch aus $n_1, n_2, n_3 \ldots n_n$ Volumenbestandteilen von Gasen mit den unteren Explosionsgrenzen von $v_{u1}, v_{u2}, v_{u3} \ldots v_{un}$ zusammen, so ist die untere Explosionsgrenze des Gemisches v_{uG} in Vol.-%:

$$v_{uG} = \frac{100}{\frac{n_1}{v_{u1}} + \frac{n_2}{v_{u2}} + \frac{n_3}{v_{u3}} + \ldots \frac{n_n}{v_{un}}}. \tag{14}$$

Sind n' unbrennbare Bestandteile in dem Gemisch enthalten, so gilt für diese als untere Explosionsgrenze $v'_u = 100$ Vol.-%. Die Gültigkeit dieses Gesetzes hat sich vielfach bestätigt. Sinngemäß ist es auch auf die Zusammensetzung des stöchiometrischen Gemisches zu übertragen. Für Brenngase erhalten wir danach die in Zahlentafel 13 berechneten unteren Explosionsgrenzen und stöchiometrischen Gemische. Als untere Explosionsgrenze sind die Mittelwerte der Grenzen verwendet, die sich unter Benutzung der Zahlenwerte von Zahlentafel 11 für Bewegung der Flamme von unten nach oben und von oben nach unten ergeben.

Zahlentafel 13.

Gemisch		Bestandteile in Vol.-%:						Unterer Heizwert kcal/Nm³	Untere Explosionsgrenze Vol.-%	Stöchiometrisches Gemisch Vol.-%
		H_2	CO	CH_4	C_mH_n	CO_2	N_2			
Schwachgase[1]	Gichtgas	4	28	—	—	8	60	955	29,9	56,5
	Mondgas	25	12	4	—	16	43	1390	16,3	49,5
Destillationsgase[1]	Koksofengas	50	8	29	4	2	7	4700	6,6	17,5
	Stadtgas 1	53	14	17	2	2	12	3550	7,5	22,2
	Stadtgas 2	51	8	32	4	2	3	4880	6,3	16,6

Die Werte werden durch Untersuchungen von H. PASSAUER[2] gut bestätigt.

Die untere Explosionsgrenze von Dämpfen aus Flüssigkeitsgemischen läßt sich ebenfalls nach dem Gesetz von LE CHATELIER berechnen, wenn die Einzelbestandteile des Dampfes bekannt sind. Wir hatten bereits gesehen (Abschn. 1, 3c) daß es im allgemeinen nicht möglich ist, aus dem Gewichtsanteil und den Dampfdrücken der Flüssigkeiten genau die Zusammensetzung des Dampfes anzugeben. Da dies aber meist in erster Annäherung gemäß Gleichung (2) und (3), S. 15 möglich ist, genügen oft die so gewonnenen Richtwerte. Die untere Explosionsgrenze von Dampfgemischen ist jedenfalls nie tiefer als die tiefste eines Einzelbestandteiles. Dies zeigen auch Versuche mit Mischungen von Äthanol (Äthyl-Alkohol) mit Benzol oder Azeton oder Äthylazetat oder Toluol, ferner Äthylazetat mit Toluol, sowie Gemische von Äthylazetat, Äthanol und Toluol[3].

d) Flammentemperatur.

Die bei der Verbrennung frei werdende Wärme wird von den Verbrennungsgasen aufgenommen. Ihre Temperatur läßt sich bestimmen, wenn die spez. Wärme der Verbrennungsgase bekannt ist. Beträgt die Verbrennungswärme des Gemisches q_N kcal/Nm³ und C_p die spez. Wärme in cal/°C Mol der verbrannten Gase bei unverändertem Druck, so wird die Flammentemperatur

$$t_f = t_a + \frac{22{,}4\, q_N}{C_p}, \tag{15}$$

wobei t_a die Anfangstemperatur ist, bei der die Verbrennung vorgenommen wurde. Die Rechnung wäre ganz einfach durchzuführen, wenn die spez. Wärme C_p des Gemisches genau bekannt wäre. Die spez. Wärme ist aber, wenn wir von den Edelgasen absehen, keine Konstante, sondern nimmt mit der Temperatur zu. Die

[1] DIN 1340.

[2] Feuerungstechn. 1929 S. 27 — Gas- u. Wasserfach Bd. 73 (1930) S. 312.

[3] JONES: U. S. Bureau of Mines, Techn. Pap. Nr. 450 (1929) — U. S. Bureau of Mines, Rep. Invest. Nr. 3172 (1932) u. Nr. 3337 (1937).

innere Wärmeenergie, die die Gasgemische aufnehmen, nimmt also stärker als proportional der absoluten Temperatur zu. Dies hat seinen Grund in den Bewegungsvorgängen der Molekel: Zufuhr von Wärme hat eine Zunahme der Geschwindigkeit der Molekel untereinander zur Folge. Würde sich die Geschwindigkeit der Molekel lediglich in ihrer Hin- und Herbewegung steigern, so würde die Energie proportional der absoluten Temperatur ansteigen. Die spez. Wärme wäre konstant, also von der Temperatur unabhängig. Tatsächlich ist dies bei den 1atomigen Gasen, den Edelgasen, der Fall. Bei den 2atomigen Gasen, wie z. B. bei Stickstoff oder Sauerstoff, und bei den 3atomigen, wie z. B. bei Kohlendioxyd und Wasserdampf, kommt zu der Zunahme der Molekelgeschwindigkeit noch eine Zunahme der kreisenden Bewegung der Molekel (Rotationsgeschwindigkeit) und der Schwingungsbewegung der einzelnen Atome im Molekel hinzu. Bei 2atomigen Gasen setzt diese zusätzliche Schwingungsbewegung erst bei höheren Temperaturen als bei 3atomigen Gasen ein; infolgedessen nimmt die spez. Wärme mit der Temperatur erst bei höheren Temperaturen als bei 3atomigen Gasen allmählich zu. Bei den 3atomigen Gasen ist die Schwingungsenergie der Atome im Molekel bereits bei Raumtemperaturen merklich. Infolgedessen sind die spez. Wärmen der 3atomigen Gase größer als bei den 2atomigen.

Rechnet man mit einer mittleren spez. Wärme $[C_p]_1^{t_2}$ des Verbrennungsgases in dem Temperaturintervall zwischen t_1 und t_2 °C, so setzt sich die mittlere spez. Wärme eines Gemisches von v_1 Vol.-% Stickstoff, v_2 Vol.-% Wasserdampf und v_3 Vol.-% Kohlendioxyd aus ihren Volumenanteilen zusammen:

$$[C_p]_{t_1}^{t_2} = v_1 [C_p]_{t_1 N_2}^{t_2} + v_2 [C_p]_{t_1 H_2O}^{t_2} + v_3 [C_p]_{t_1 CO_2}^{t_2} . \qquad (16)$$

Die Temperatur der Flamme ist demnach:

$$t_f = t_a + \frac{22{,}4\, q_N}{[C_p]_{t_a}^{t_f}} \qquad (15a)$$

in dem Temperaturintervall t_a und t_f.

Um die mittlere spez. Wärme der Verbrennungsprodukte angeben zu können, muß gemäß (16) die Zusammensetzung der Verbrennungsprodukte bekannt sein. In Zahlentafel 14 sind für einige Gase und Dämpfe die Zusammensetzungen der Verbrennungsprodukte bei Verbrennung des stöchiometrischen Gemisches und bei Verbrennung des Zündgrenzgemisches (untere Zündgrenze) angegeben.

Zahlentafel 14. Zusammensetzung der Verbrennungsprodukte in Vol.-%.

Gas bzw. Dampf	Stöchiometrisches Gemisch			Zündgrenzgemisch		
	CO_2	H_2O	N_2	CO_2	H_2O	$N_2 + O_2$
Methan . . . . . . CH_4	9,5	19,0	71,5	5,4	10,8	85,8
Äthan . . . . . . C_2H_6	11,0	16,5	72,5	6,05	9,1	84,85
Hexan . . . . . . C_6H_{14}	12,3	14,3	73,4	7,28	8,5	84,22
Äthylen . . . . . C_2H_4	13,1	13,1	73,8	6,4	6,4	87,2
Azetylen . . . . . C_2H_2	16,2	8,1	75,7	5,45	2,72	91,83
Benzol . . . . . . C_6H_6	16,2	8,1	75,7	8,52	4,26	87,22
Wasserstoff . . . . H_2	—	34,7	65,3	—	9,2	90,8
Kohlenoxyd . . . . CO	34,7	—	65,3	14,6	—	86,4

Man kann nun für eine gegebene Verbrennungswärme q_N des Gemisches die Flammentemperatur bei bekannter mittlerer spez. Wärme der Verbrennungsprodukte bestimmen. In Abb. 27 sind diese Zusammenhänge für verschiedene Anteile der Verbrennungsprodukte CO_2 und H_2O graphisch dargestellt. Zahlenwerte sind in Zahlentafel 15 wiedergegeben. Um die Flammentemperatur bei unterer Explosionsgrenze angenähert bestimmen zu können,

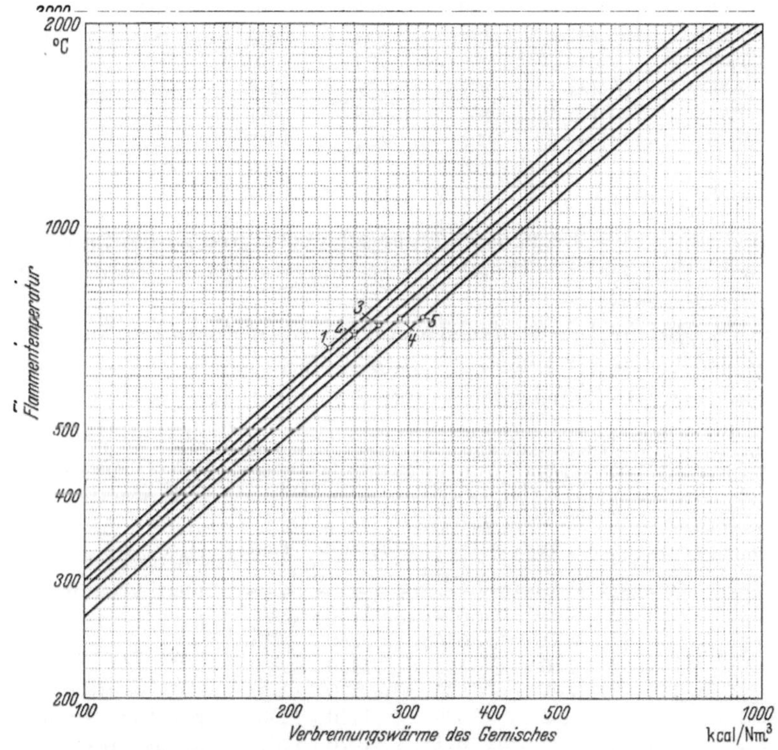

Abb. 27. Flammentemperatur in Abhängigkeit von der Verbrennungswärme des Gemisches.

Kurve	1	2	3	4	5
N_2: %	100	90	80	70	65
CO_2: %	–	5	10	15	–
H_2O: %	–	5	10	15	35

ist die spez. Wärme C_p für Stickstoff und Sauerstoff gleichgesetzt worden. Die Einzelzahlenwerte sind den Zusammenstellungen von JUSTI[1] entnommen. Bei Temperaturen über 1500° C ist auch eine unvollständige Verbrennung bzw. Dissoziation der unter Atmosphärendruck stehenden Gemische berücksichtigt worden (vgl. Abschnitt II, 7b). Ihr Einfluß bewirkt, daß die mittlere spez. Wärme scheinbar zunimmt. Denn die Flammentemperatur erreicht nicht diejenigen Beträge, die ohne Berücksichtigung der Dissoziation ermittelt werden, weil die Verbrennungswärme nicht mit ihrem vollen Betrag bei diesen Temperaturen wirksam ist.

[1] JUSTI, E.: Spezifische Wärme, Enthalpie, Entropie und Dissoziation technischer Gase. Berlin: Julius Springer 1938.

Zahlentafel 15. Flammentemperaturen und Verbrennungswärmen bei Atmosphärendruck und 0° C für Verbrennungsprodukte verschiedener Zusammensetzung.

Temperatur °C	Verbrennungswärme kcal/Nm³					
	N_2: 100% CO_2: — H_2O: —	90% 5% 5%	80% 10% 10%	70% 15% 15%	65% 35% —	65% — 35%
300	96	99	103	107	103	115
500	167	174	181	189	181	205
800	283	296	311	323	311	349
1000	363	381	398	416	400	447
1200	445	467	490	512	497	549
1500	568	599	632	663	647	705
1750	678	725	767	809	789	856
2000	776	859	923	984	951	1038

Wir sind nun in der Lage, die Flammentemperaturen zu bestimmen, die sich aus der nach (10), S. 60 ermittelten Verbrennungswärme der Zündgrenzgemische gemäß Abb. 27 ergeben.

Die in Zahlentafel 16 zusammengestellten Werte führen zu dem Ergebnis:

1. Die niedrigsten Flammentemperaturen sind erheblich höher als die Zündtemperaturen (z. B. Zahlentafel 4 und 5). Selbst wenn man berücksichtigt, daß die Zündtemperatur schwacher Gemische, z. B. wie die Erläuterungen zu Abb. 14 zeigten, im allgemeinen höher liegt, so ist doch zur Fortleitung einer Flamme eine um mehrere hundert Grad höhere Temperatur als zur Zündung notwendig.

Zahlentafel 16.

Gas bzw. Dampf	Verbrennungswärme in kcal/Nm³ des Zündgrenzgemisches bei Flammenbewegung		Niedrigste Flammentemperatur, hieraus errechnet
	Aufwärts	Abwärts	°C
Methan	462	512	1170 / 1310
Pentan	494	515	1250 / 1315
Benzol	480	496	1210 / 1245
Methanol	508	536	1270 / 1315
Äthyläther	462	500	1170 / 1250
Azeton	508	514	1270 / 1280
Azetylen	352	377	950 / 990
Schwefelkohlenstoff	116	210	345 / 583
Kohlenoxyd	387	463	1010 / 1200
Wasserstoff	108	228	(325) / 630

2. Eine Ausnahme macht Wasserstoff. Zündtemperatur und niedrigste Flammentemperatur sind praktisch nahezu gleich hoch. Das zeigt, daß der Verbrennungsvorgang schnell erfolgt, wenn die Zündtemperatur erreicht ist[1].

3. Die niedrigsten Flammentemperaturen der meisten Kohlenwasserstoffe betragen rund 1200° C. Dies gilt selbst für Dämpfe, die bei Temperaturen von rund 200° C zerfallen und verbrennen können, wie z. B. Äthyläther. Verglichen mit Wasserstoff, wird es demnach verhältnismäßig leicht sein, die Fortleitung einer Flamme in diesen Kohlenwasserstoff-Luft-Gemischen durch Abkühlung zu verhindern.

4. Die niedrigste Flammentemperatur von Schwefelkohlenstoff, dessen niedrigste Zündtemperatur 120—150° C beträgt, liegt zwar beträchtlich über seiner Zündtemperatur, ist aber der tiefste bekannte Wert der bisher untersuchten Gase und Dämpfe.

[1] Siehe Bemerkungen S. 60.

e) Verhütung von Explosionen durch Zusatz inerter Gase.

Die untere Explosionsgrenze ist, wie bereits gezeigt wurde, weitgehend von dem Sauerstoffanteil der Luft unabhängig. Vermindert man den Sauerstoffanteil dadurch, daß man der Luft nichtbrennbare, inerte Gase zusetzt, wie z. B. Stickstoff, so bleibt die untere Explosionsgrenze zunächst praktisch unverändert. Bei weiterer Verdünnung des Sauerstoffanteiles kann sie etwas höhere Werte annehmen, weil die spez. Wärme und Wärmeleitfähigkeit des Gemisches verändert werden können. Schließlich wird ein Punkt erreicht, bei dem die obere und untere Explosionsgrenze zusammenfallen: Das Gemisch ist dann infolge Sauerstoffmangels nicht mehr explosionsfähig (Abb. 28). Diese Grenze läßt sich ohne Schwierigkeit berechnen. Wir wollen dies durchführen:

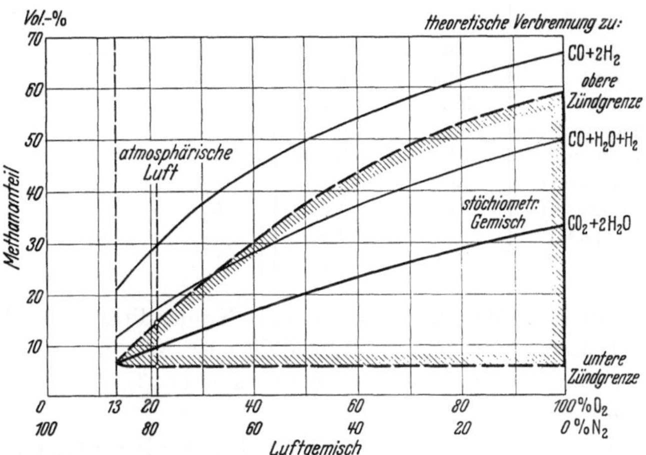

Abb. 28. Explosionsgrenzen von Methan bei Atmosphärendruck in Abhängigkeit von der Zusammensetzung der Stickstoff-Sauerstoff-Gemische.

Das stöchiometrische Gemisch der vollständigen Verbrennung hatten wir bereits in Gleichung (5) bestimmt. In etwas abgeänderter Schreibweise beträgt es:

$$v_{st} = \frac{1}{1 + \left(1 + \frac{N_2}{O_2}\right)\left(m + \frac{n}{4} - \frac{o}{2}\right)}. \tag{17}$$

Hierbei ist N_2 der Stickstoffanteil und O_2 der Sauerstoffanteil in Vol.-% in dem Brenngemisch, ein Verhältnis, das für Luft bekanntlich 3,76 beträgt. Danach ist das Verhältnis des Stickstoffes zum Sauerstoff

$$\frac{N_2}{O_2} = \frac{\frac{1}{v_{st}} - 1}{m + \frac{n}{4} - \frac{o}{2}} - 1. \tag{17a}$$

Hieraus läßt sich nun unmittelbar diejenige Stickstoffmenge N_2' ableiten, bei der die Explosion nicht mehr eintritt, wenn wir das stöchiometrische Gemisch mit der unteren Explosionsgrenze zusammenfallen lassen. Es ist demnach:

$$\frac{N_2'}{O_2} = \frac{\frac{1}{v_u} - 1}{m + \frac{n}{4} - \frac{o}{2}} - 1. \tag{18}$$

Ist außer der unteren Explosionsgrenze v_u auch das stöchiometrische Gemisch bei Verbrennung in Luft normaler Zusammensetzung bekannt, dann wird

$$\frac{N_2'}{O_2} = 4{,}76\left(\frac{\frac{1}{v_u} - 1}{\frac{1}{v_{st}} - 1}\right) - 1. \tag{18a}$$

Zahlentafel 17. Zusatz inerter Gase zur Verhütung von Explosionen. (Anteile in Vol.-%.)

Gas bzw. Dampf	Nach (18a) berechnet		Experimentell Anteil O_2 im Gemisch mit Verdünnungsgas	
	$\frac{N_2'}{O_2}$	Anteil O_2 im Gemisch	Stickstoff	Kohlendioxyd
Methan . . .	8,0	10,5	12,1	14,6
Hexan . . .	8,25	10,7	11,9	14,5
Äthylen . .	9,8	9,0	10,0	11,7
Benzol . . .	8,4	10,4	—	—
Azetylen . .	16	5,7	—	—
Kohlenoxyd .	13,2	6,1	5,6	5,9
Wasserstoff .	22	4,0	5,0	5,9
Stadtgas 1 .	12	7,1	12,0	14,4
Stadtgas 2 .	10,8	8,7		

Die in Zahlentafel 17 zusammengestellten Werte einiger Gase und Dämpfe geben den errechneten Anteil des Sauerstoffes an, bei dem eine Explosion nicht mehr stattfindet. Vergleichen wir diese Werte mit experimentell gefundenen, so sehen wir, daß die berechneten Werte niedriger liegen als die experimentell festgestellten[1]. Wir sehen auch, daß Kohlendioxyd als Verdünnungsmittel etwas wirksamer als Stickstoff ist, weil die spez. Wärme von Kohlendioxyd etwas größer und die Wärmeleitfähigkeit etwas kleiner als die von Stickstoff sind.

7. Der Explosionsdruck.

a) Berechnung und Messung des Explosionsdruckes.

Bei einer Erhitzung eines Gasgemisches in einem geschlossenen Raum, also bei konstantem Volumen, verhält sich der Druck des erhitzten Gases p_e zum Anfangsdruck des Gemisches vor der Erhitzung p_a wie die absoluten Temperaturen nach der Erwärmung T_e zur Anfangstemperatur T_a:

$$\frac{p_e}{p_a} = \frac{T_e}{T_a}. \tag{19}$$

Ist eine Volumenänderung μ, die infolge des Verbrennungsvorganges stattgefunden haben kann, zu berücksichtigen, dann wird der Explosionsdruck:

$$p_e = p_a \cdot \mu \cdot \frac{T_e}{T_a}. \tag{19a}$$

Die Explosionstemperatur T_e, das ist die Temperatur der Flammengase, ist aus der Verbrennungswärme des Gemisches je Nm^3 q_N kcal und der spez. Wärme C_v cal/°C Mol zu ermitteln:

$$q_N = 44{,}6 \cdot [C_v]_a^e \cdot (T_e - T_a) \cdot 10^{-3}. \tag{20}$$

Der Zahlenfaktor $44{,}6 = \frac{1000}{22{,}4}$ berücksichtigt, daß die spez. Wärme C_v, die zwischen den Temperaturen T_a und T_e wirksam ist und für 1 Mol = 22,4 l gilt, auf 1 Nm^3 bezogen wird. Aus den Gleichungen (19a) und (20) folgt:

$$p_e = p_a \cdot \mu \cdot \left(1 + \frac{q_N}{0{,}0446\,[C_v]_a^e \cdot T_a}\right). \tag{21}$$

Beträgt der Anfangsdruck 760 mm (1,033 kg/cm²) und die Anfangstemperatur $t_a = 20°$ C ($T_a = 293°$ K) und drücken wir den Explosionsdruck als Überdruck $p_ü$ in kg/cm² aus, so wird

$$p_ü = \frac{1{,}033 \cdot 10^2}{293 \cdot 4{,}46} \cdot \frac{\mu \cdot q_N}{[C_v]_a^e} + 1{,}033\,(\mu - 1). \tag{22}$$

[1] Jones: Zitiert S. 63.

Da das zweite Glied gegen das erste meist vernachlässigt werden kann, ergibt sich in erster Annäherung der Explosionsüberdruck zu

$$p_{ü} \sim 0{,}079 \cdot \frac{q_N \cdot \mu}{[C_v]_a^e} \,. \tag{22a}$$

Der Überdruck ist also der bei der Verbrennung frei werdenden Wärme des Gemisches und der Volumenänderung direkt proportional und der mittleren spez. Wärme der Verbrennungsprodukte umgekehrt proportional. Er ist gemäß Gleichung (21) der absoluten Anfangstemperatur umgekehrt proportional. Bezogen auf eine Anfangstemperatur von 20° C ist der Explosionsdruck z. B. bei −10° C um 11,5% höher, bei 45° C Anfangstemperatur um 8% niedriger als bei 20° C.

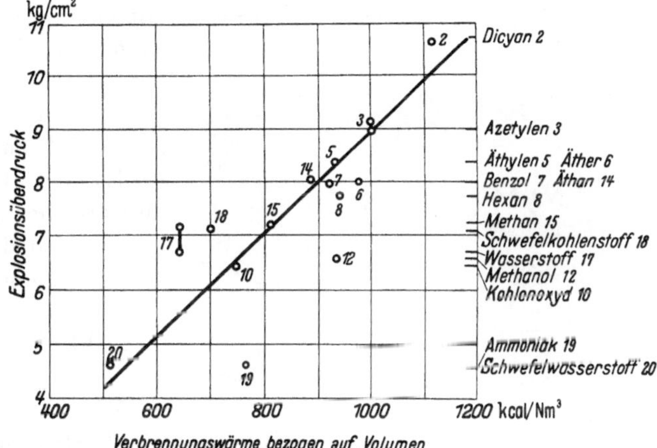

Abb. 29. Höchste Explosionsüberdrücke in Abhängigkeit von der auf das Volumen der Verbrennungsprodukte bezogenen Verbrennungswärme.

Um eine allgemeine Übersicht über die Explosionsüberdrücke zu gewinnen, sind in Abb. 29 die höchsten Explosionsüberdrücke der in Zahlentafel 10 zusammengestellten Gase und Dämpfe, bezogen auf einen Anfangsdruck von 760 mm, wiedergegeben. Die Drücke wurden in kugelförmigen und zylindrischen Gehäusen von einigen Litern Inhalt gemessen. Sie sind in Abhängigkeit von der Verbrennungswärme eines Normalkubikmeters des stöchiometrischen Gemisches dargestellt und auf das Volumen der Verbrennungsprodukte bezogen. Die Volumenveränderung ist also im Abszissenmaßstab berücksichtigt worden. Aus dieser Zusammenstellung kann der zu erwartende Explosionsüberdruck jedes Gas- oder Dampf-Luft-Gemisches, dessen Verbrennungswärme bekannt ist, angenähert abgegriffen werden. Voraussetzung für die Ermittlung des im Innern eines Gehäuses auftretenden tatsächlichen Explosionsdruckes ist die einwandfreie Messung des Druckes[1]. Es ist bekannt und seit Jahren wiederholt im Schrifttum behandelt worden, daß Eigenschwingungen des Druckmessers, fehlerhafter Einbau, Möglichkeit von Vorkompressionen im Druckmeßraum und ähnliches Fehlerquellen ergeben können, die dann zu falschen Folgerungen führen können. Meßfehler haben verschiedentlich zu irrigen Angaben des Explosionsdruckes im Schrifttum geführt, so z. B. Explosionsdrücke von Wasserstoff bis 12 at oder Azetylen bis 16 at. In Abb. 30a u. b ist der zeitliche Verlauf einer Explosion von Wasserstoff-Luft-Gemischen bei fehlerhafter Messung dargestellt. Das erste Druckdiagramm *a* ist mit einem Federindikator bei der Explosion eines 28 Vol.-%-Wasserstoff-Luft-Gemisches in einem 6 Liter-Gehäuse aufgenommen worden[2]. Ob die schnell abklingende Druck-

[1] Fricke, K., u. K. Nabert: ETZ Bd. 59 (1938) S. 1113.

[2] Schliephake, O., A. v. Nagel u. J. Schemel: Z. angew. Chem. Bd. 45 (1930) S. 302.

welle von 11,5 atü Höchstwert wirklich in dem Gehäuse aufgetreten war oder ob sie sich nur im Anschlußstutzen des Indikators entwickeln oder gar in der Indikatorkonstruktion ihre Ursache haben konnte, ist seinerzeit nicht geklärt worden. Versuche von MASKOW über Druckmessungen nach der piezoelektrischen Methode zeigen, daß in einem Anschlußstutzen von etwa 7,5 cm Länge sich Druckschwingungen von 11,5 at Höhe ausbilden können (*b*). Bei diesen Messungen war ein 29 Vol.-%-Wasserstoff-Luft-Gemisch in einem 5 Liter-Gehäuse zur Entzündung gebracht worden. Der Anschlußraum wurde dann geändert, die Meßeinrichtung unmittelbar mit der Wand abschließend eingebaut. Es trat keine Druckschwingung auf, und der höchste Explosionsdruck bei der Wasserstoff-Luft-Explosion ergab sich zu 6,4 at (c).

Es sind zahlreiche Meßmethoden zur Messung des Explosionsdruckes entwickelt worden, die hier nicht näher erörtert werden können[1].

a

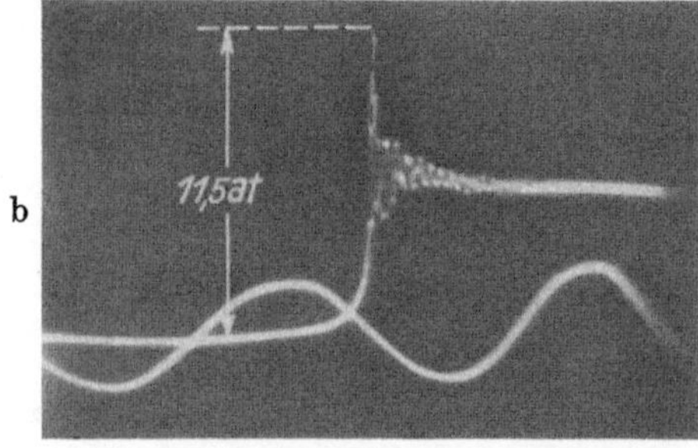

b

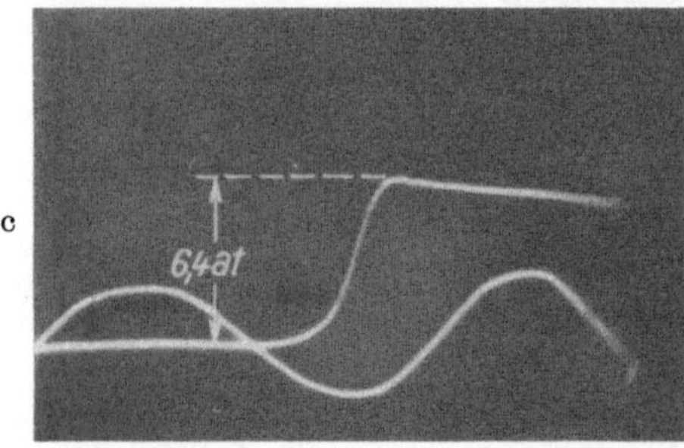

c

Abb. 30. Aufzeichnung von Druckmessern bei der Explosion von 28–29 Vol.-% Wasserstoff-Luft-Gemischen: mit Federindikator in 6 l-Gehäuse (a); mit Quarz und Verstärker: in 5 l-Gehäuse (Eichfrequenz 100 Hz, Halbwellendauer 5 ms); Druckschwingung in der Meßanordnung (b); tatsächlicher Druckverlauf im Versuchsgehäuse (c).

b) Berücksichtigung der Dissoziation.

Wir hatten bisher angenommen, daß die Verbrennungswärme des Gemisches sich im Augenblick, wo die höchste Temperatur erreicht ist, gänzlich den Verbrennungsgasen mitgeteilt hat. Verbrennt man ein Kohlenwasserstoffgemisch bei konstantem Volumen, dann ist jedoch bei Temperaturen über 1800° C und dem entsprechenden Druck die Verbrennung unvollständig. Der Kohlenwasserstoff verbrennt bei stöchiometrischer Zusammensetzung nicht mehr ausschließlich zu Kohlendioxyd (CO_2) und Wasserdampf (H_2O). Bei hohen Temperaturen bleiben Kohlenoxyd- (CO), Wasserstoff- (H_2) und Sauerstoff- (O_2) Molekel nebeneinander bestehen, die sich erst bei Abkühlung des Gemisches auf tiefere Temperaturen vereinigen. Ihre Verbrennungswärme geht also in der Gesamtbilanz nicht verloren, sie steht aber bei den hohen Temperaturen nicht zur Verfügung. Sie wird also nicht vollständig ausgenutzt. Hierdurch erreichen weder die Temperatur noch der

[1] 76 Druckmeßeinrichtungen werden beschrieben von H. F. COWARD u. M. D. HERSEY: Accuracy of manometry of explosions. Bur. of Mines R. I. 3274 (1935). Pittsburg USA. Ferner: DE JUHASZ, K. u. J. GEIGER: Der Indikator. Berlin. J. Springer. 1938.

Explosionsdruck die Höhe, die ohne Berücksichtigung dieser „unvollständigen“ Verbrennung entstehen würde. Außerdem kann sich bei hohen Temperaturen ein Teil der Molekel aufspalten. Der Wasserdampf beispielsweise zerfällt in Wasserstoff (H_2), Sauerstoff (O_2) und Hydroxyl (OH), das Wasserstoffmolekel in Wasserstoffatome, das Sauerstoffmolekel in Sauerstoffatome. Stickstoff und Sauerstoff können miteinander in Verbindung treten. Bei noch höheren Temperaturen, die z. B. bei Verbrennung in Sauerstoff auftreten, können noch weitere Zersetzungsvorgänge stattfinden. Diese Vorgänge bedeuten, daß ein Teil der Verbrennungswärme zur Zersetzung benötigt und den Verbrennungsgasen bei diesen Temperaturen nicht mitgeteilt wird.

Die Gesetzmäßigkeiten dieser „Dissoziation“ genannten Erscheinung sollen an einem Beispiel erläutert werden. Es soll der Explosionsdruck eines 9,5 Vol-%-Methan-Luft-Gemisches (Schlagwetter) berechnet werden. Die vollständige Verbrennung erfolgt, wie wir bereits gesehen hatten, nach der Beziehung

$$CH_4 + 2\,O_2 + 7{,}52\,N_2 = CO_2 + 2\,H_2O + 7{,}52\,N_2 + 191{,}3\ \text{kcal}.$$

Es treten die folgenden unvollständigen Verbrennungen bzw. Zersetzungen ein.

1. Der Umsatz

$$CO + {}^1/_2\,O_2 \rightleftharpoons CO_2 + 67{,}6\ \text{kcal}$$

kann, wie die Pfeile andeuten, in beiden Richtungen erfolgen. Bei einer bestimmten Konzentration oder, was dasselbe ist, bei einem bestimmten Teildruck der Reaktionspartner herrscht zwischen Kohlendioxyd und Kohlenoxyd | Sauerstoff Gleichgewicht. Dieser Gleichgewichtszustand und der Anteil der Kohlendioxydmolekel, die nicht vollständig im Augenblick des höchsten Explosionsdruckes verbrannt sind, sind zu bestimmen. Im Gleichgewichtszustand ist das Verhältnis aus den Produkten der Teildrücke aller Reaktionsteilnehmer der Ausgangsstoffe und den Produkten der Teildrücke der entstehenden Stoffe unveränderlich. Das Verhältnis beider ist nur von der Temperatur abhängig. Wenn p_{CO_2} der Teildruck des Kohlendioxyds, p_{CO} der Teildruck des Kohlenoxyds und p_{O_2} der Teildruck des Sauerstoffes ist, dann ist das Verhältnis der Produkte konstant.

$$\frac{p_{CO} \cdot (p_{O_2})^{\frac{1}{2}}}{p_{CO_2}} = K_{p1} \tag{23}$$

[$(p_{O_2})^{1/2}$, weil nur $^1/_2$ Mol O_2 in das Gleichgewicht eingeht]. Die Konstante K_{p1} ist durch Versuche und durch Rechnungen bestimmt worden[1]. Zunächst sei der Anteil Kohlendioxyd, der zerfallen ist, berechnet. Sind von anfänglich vorhandenen m_{a1} Mol Kohlendioxyd α Mol zerfallen, so beträgt die Anzahl Mole der nebeneinander bestehenden Gase:

$$\begin{aligned} &\text{Kohlendioxyd } CO_2 \quad m_{e\,CO_2} = (1 - \alpha_1) \cdot m_{a1}\,,\\ &\text{Kohlenoxyd } CO \quad m_{e\,CO} = \alpha_1 \cdot m_{a1}\,,\\ &\text{Sauerstoff } O_2 \quad m_{e\,O_2} = \frac{\alpha_1}{2} \cdot m_{a1}\,. \end{aligned}$$

Die Gesamtzahl der Mole ist also von m_{a1} auf

$$m_{e1} = \left(1 + \frac{\alpha_1}{2}\right) m_{a1}\ \text{Mol} \tag{24}$$

[1] Neuere Werte siehe E. JUSTI: Zitiert S. 65.

gestiegen, das Volumen hat sich vermehrt. Beträgt der Druck des Gasgemisches p_e, so verhält sich der Teildruck des n-ten Einzelbestandteiles des Gemisches p_{en} zum Gesamtdruck p_e wie die jeweilige Mol-Zahl m_{en} dieses Gemisches zu der gesamten Mol-Zahl. Es ist also

$$p_{en} : p_e = m_{en} : \sum m_e . \tag{25}$$

Die Teildrücke sind dann für m_{a1} Mol anfänglich vorhandenes Kohlendioxyd:

$$p_{eCO_2} = p_e \cdot \frac{m_{a1}}{\sum m_e} (1 - \alpha_1) , \tag{26}$$

$$p_{eCO} = p_e \cdot \frac{m_{a1}}{\sum m_e} \cdot \alpha_1 , \tag{26a}$$

$$p_{eO_2} = p_e \cdot \frac{m_{a1}}{\sum m_e} \cdot \frac{\alpha_1}{2} . \tag{26b}$$

Aus den Gleichungen (23) und (26) bis (26b) wird dann:

$$K_{p1} = \frac{\alpha_1^{\frac{3}{2}}}{1 - \alpha_1} \left(\frac{p_e \cdot m_{a1}}{2 \cdot \sum m_e} \right)^{\frac{1}{2}} . \tag{27}$$

Da wir es bei der Explosion von Gas-Luft-Gemischen stets mit kleinen Dissoziationsgraden zu tun haben, also α immer wesentlich kleiner ist als 1, wird $(1 - \alpha_1) \sim 1$. Wir erhalten dann aus (27) den Dissoziationsgrad:

$$\alpha_1 = \sqrt[3]{\frac{2 \cdot K_{p1}^2 \sum m_e}{p_e \cdot m_{a1}}} = \sqrt[3]{\frac{2 \cdot K_{p1}^2}{m_{a1}} \cdot A} \tag{28}$$

mit

$$A = \frac{\sum m_e}{p_e} . \tag{28a}$$

Der Dissoziationsgrad von Kohlendioxyd nimmt also mit der dritten Wurzel des Explosionsdruckes bzw. des Druckes, unter dem das Gemisch steht, ab. Die Dissoziation ist infolgedessen bei Flammen unter Atmosphärendruck größer als bei den Explosionsflammen in geschlossenen Gehäusen, die unter dem Explosionsdruck stehen.

Wird der Dissoziationsgrad α' für $\frac{A}{m_{a1}} = 1$ einer Zahlentafel oder einer Kurve (Abb. 31) entnommen, so muß dieser Wert α' auf den tatsächlichen Dissoziationsgrad α umgerechnet werden:

$$\alpha = \alpha' \cdot \sqrt[3]{\frac{A}{m_{a1}}} . \tag{28b}$$

2. Zur Bestimmung der Summe aller Mole, die bei dem Druck p_e vorhanden sind, müssen alle Dissoziationsvorgänge, die eine Rolle spielen, bekannt sein. In der gleichen Weise wie die Dissoziation von Kohlendioxyd lassen sich auch die jeweiligen Dissoziationsgrade aus den Gleichgewichtskonstanten berechnen. Die Ergebnisse sind in Zahlentafel 18 zusammengestellt. Wasserdampf zerfällt nach 2 Reaktionen (2 und 3), die, solange der Dissoziationsgrad klein ist, beide voneinander unabhängig sind. Die Dissoziationsgrade der Vorgänge 1—3 nehmen mit der dritten Wurzel, die der Vorgänge 4 und 5 mit der quadratischen Wurzel des Explosionsdruckes ab. Der Vorgang 6 ist unabhängig von dem Druck, weil bei ihm keine Volumenänderung stattfindet. Da nach (19a) der Explosionsdruck p_e

$$p_e = p_a \cdot \frac{T_e}{T_a} \cdot \frac{\sum m_e}{\sum m_a} \tag{19b}$$

Zahlentafel 18.

Nr.	Dissoziationsvorgang	Dissoz.-Wärme je Mol in kcal	Gleichgewichtskonstante K_p	Dissoziationsgrad α	Molveränderung je Mol	Mol der Dissoziationsprodukte m_d 1	2
1	$CO + \frac{1}{2} O_2 \rightleftharpoons CO_2$	67,6	$\frac{p_{CO} \cdot p_{O_2}^{\frac{1}{2}}}{p_{CO_2}}$	$\alpha_1 = \sqrt[3]{2 K_{p_1}^2 \frac{A}{m_{a\,CO_2}}}$	$1 + \frac{\alpha_1}{2}$	$\alpha_1 CO$	$\frac{\alpha_1}{2} O_2$
2	$OH + \frac{1}{2} H_2 \rightleftharpoons H_2O$	63,0	$\frac{p_{OH} \cdot p_{H_2}^{\frac{1}{2}}}{p_{H_2O}}$	$\alpha_2 = \sqrt[3]{2 K_{p_2}^2 \frac{A}{m_{a\,H_2O}}}$	$1 + \frac{\alpha_2}{2}$	$\alpha_2 OH$	$\frac{\alpha_2}{2} H_2$
3	$H_2 + \frac{1}{2} O_2 \rightleftharpoons H_2O$	57,6	$\frac{p_{H_2} \cdot p_{O_2}^{\frac{1}{2}}}{p_{H_2O}}$	$\alpha_3 = \sqrt[3]{2 K_{p_3}^2 \frac{A}{m_{a\,H_2O}}}$	$1 + \frac{\alpha_3}{2}$	$\alpha_3 H_2$	$\frac{\alpha_3}{2} O_2$
4	$2 H \rightleftharpoons H_2$	102,6	$\frac{p_H^2}{p_{H_2}}$	$\alpha_4 = \sqrt{K_{p_4} \frac{A}{4\, m_{a\,H_2}}}$	$1 + \alpha_4$	$2 \alpha_4 H$	—
5	$2 O \rightleftharpoons O_2$	117,4	$\frac{p_O^2}{p_{O_2}}$	$\alpha_5 = \sqrt{K_{p_5} \frac{A}{4\, m_{a\,O_2}}}$	$1 + \alpha_5$	$2 \alpha_5 O$	—
6	$NO \rightleftharpoons \frac{1}{2} N_2 + \frac{1}{2} O_2$	22,1	$\frac{p_{NO}}{(p_{N_2} \cdot p_{O_2})^{\frac{1}{2}}}$	$2 K_{p_6}$	1	$\alpha_0 NO$	

ist, so wird

$$A = \frac{\sum m_e}{p_e} = \frac{\sum m_a}{p_a} \cdot \frac{T_a}{T_e} . \tag{28c}$$

Die zahlenmäßige Auswertung geht nun so vor sich, daß zunächst die Explosionstemperatur T_e geschätzt werden muß. Hieraus kann gemäß (28c) A berechnet werden. Der Dissoziationsgrad des $n$ten Einzelbestandteiles α'_n wird dann aus Abb. 31 für $\frac{A}{m_{a\,n}} = 1$ entnommen, dann durch den gemäß (28c) berechneten Zahlenwert $\frac{A}{m_{a\,n}}$ auf α gemäß (28b) umgerechnet. Der Wärmeaufwand, der sich aus dem Dissoziationsgrad α und der an sich bekannten Dissoziationswärme ergibt, wird von der Verbrennungswärme abgezogen. Die restliche zur Verfügung stehende Verbrennungswärme des Methan-Luft-Gemisches muß nun, wenn die Explosionstemperatur richtig geschätzt war, gleich der mittleren spez. Wärme der Verbrennungsprodukte mal der Explosionstemperatur sein. Um dies zu zeigen, führen wir das Beispiel der Methanverbrennung weiter durch.

Wir schätzen $T_e = 2400°$ K. Der Anfangsdruck sei 760 mm Hg: $p_a = 1{,}033$. Als Anfangstemperatur sei 0° C, $T_a = 273°$ K gewählt, da die Zahlenwerte der mittleren spez. Wärme meist von 0° C ausgehen. Dann wird entsprechend (28c):

$$\frac{A}{m_{a\,n}} = \frac{\sum m_e}{p_e \cdot m_{a\,n}} = \frac{\sum m_a}{p_a} \cdot \frac{T_a}{T_e} \cdot \frac{1}{m_{a\,n}} .$$

Die Zahlenwerte sind:

$$\frac{A}{m_{a\,n}} = \frac{1 + 2 + 7{,}52}{1{,}033} \cdot \frac{273}{2400} \cdot \frac{1}{m_{a\,n}} = \frac{1{,}158}{m_{a\,n}} .$$

Für Kohlendioxyd $m_{a\,1} = 1$ wird $\sqrt[3]{\frac{A}{m_{a\,1}}} = 1{,}050$, für Wasserdampf $m_{a\,2} = 2$ wird der Zahlenfaktor 0,833.

Wir erhalten nach diesem Rechnungsgang Zahlenwerte, die in der Zahlentafel 19 zusammengestellt sind.

Die Mol-Zahl Wasserstoff, die zu einem Zerfall zu Wasserstoffatomen nach dem Vorgang Zeile 4 der Zahlentafel 18 zur Verfügung stehen, ergibt sich aus der

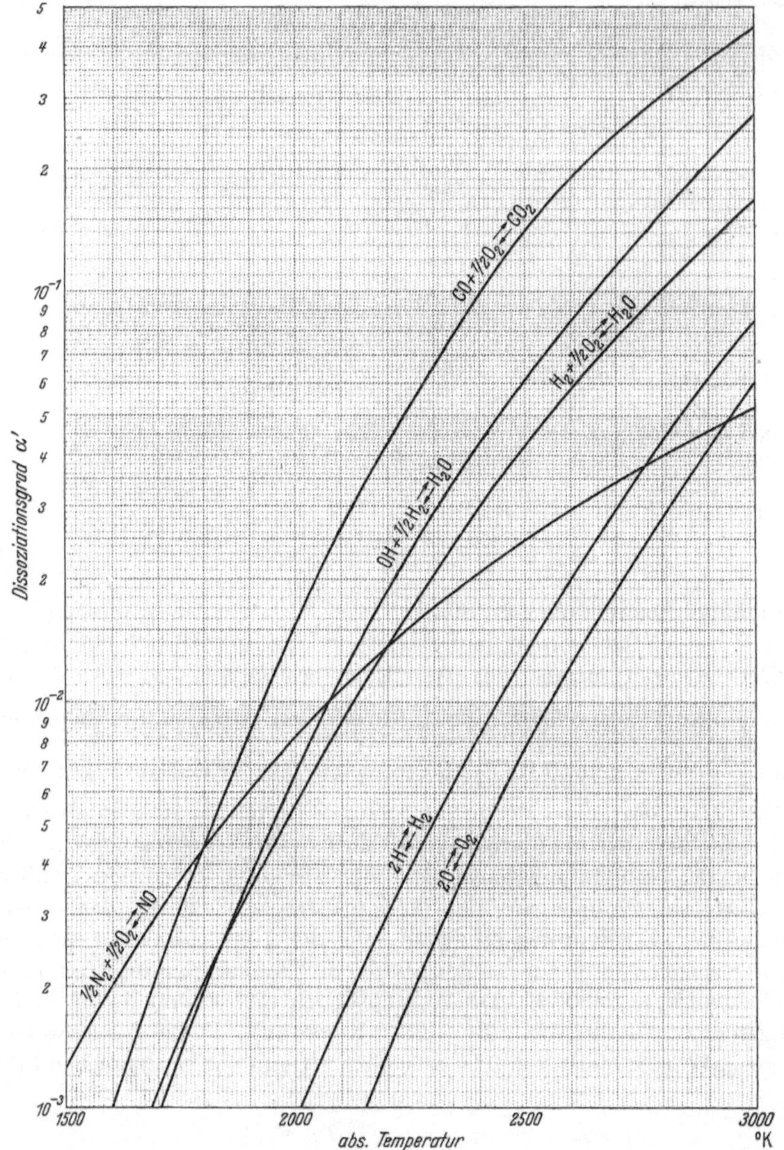

Abb. 31. Dissoziationsgrad α' für $\frac{\sum m_e}{m_a \cdot p_e} = 1$ in Abhängigkeit von der absoluten Temperatur.

Anzahl der dissoziierten Wasserdampfmolekel $m_{a\,H_2} = \alpha_2 + 2\,\alpha_3$ gemäß den Reaktionen der Zeile 2 und 3, da $m_{a\,H_2O} = 2$ gemäß der Verbrennungsgleichung ist. Die Mol-Zahl Sauerstoff $m_{a\,O_2} = {}^1/_2\,\alpha_1 + \alpha_3$ nach dem Vorgang Zeile 5 aus den Reaktionen 1 ($m_{a\,CO_2} = 1$) und 3 ($m_{a\,H_2O} = 2$). Zur Bildung von NO stehen die aus 1 und 3 bestimmte Sauerstoff-Mol-Zahl und eine gleiche

Zahlentafel 19.

Nr.	Disso-ziation von	Molzahl m_a	Dissoziations-grad α' aus Abb. 31	Umrech-nungs-faktor auf α	Dissoziations-grad α	Anzahl der dissoziierten Mole m_d	Disso-ziations-wärme q_d in kcal
1	CO_2	1,0	$9{,}7 \cdot 10^{-2}$	1,050	$10{,}21 \cdot 10^{-2}$	$10{,}21 \cdot 10^{-2}$ CO_2	6,81
2	H_2O	2,0	$4{,}35 \cdot 10^{-2}$	0,833	$3{,}63 \cdot 10^{-2}$	$7{,}26 \cdot 10^{-2}$ H_2O	4,57
3	H_2O	2,0	$3{,}08 \cdot 10^{-2}$	0,833	$2{,}56 \cdot 10^{-2}$	$5{,}12 \cdot 10^{-2}$ H_2O	2,93
4	H_2	$8{,}75 \cdot 10^{-2}$	$8{,}8 \cdot 10^{-3}$	3,64	$3{,}2 \cdot 10^{-2}$	$2{,}8 \cdot 10^{-3}$ H_2	0,29
5	O_2	$7{,}66 \cdot 10^{-2}$	$4{,}75 \cdot 10^{-3}$	3,89	$1{,}85 \cdot 10^{-2}$	$1{,}42 \cdot 10^{-3}$ O_2	0,17
6	NO	$15{,}33 \cdot 10^{-2}$	$2{,}1 \cdot 10^{-2}$	1,0	$2{,}1 \cdot 10^{-2}$	$3{,}21 \cdot 10^{-3}$ NO	0,07
							$\sum q_d$: 14,84 kcal

Anzahl Stickstoff-Mole aus dem Stickstoff der Luft zur Verfügung:

$m_{NO} = \alpha_1 + 2\,\alpha_3$. Siehe Zahlentafel 20 Spalte 1.

Wir sehen aus Zahlentafel 20, daß bei 2400° K die Dissoziation von Wasserstoff, Sauerstoff und NO (Zeile 4—9) nur eine untergeordnete Rolle in der Wärmebilanz

Zahlentafel 20.

Nr.	Reaktionsprodukte Molzahl I	Mol $m_e \cdot 10^2$ II	Mittlere spez. Wärme $(C_v)_0^{2127}$ III	$m_e (C_v)_0^{2127} \cdot 10^2$ IV
1	$m_{e\,CO_2} = m_{a\,CO_2}(1 - \alpha_1)$	89,79	12,47	1120
2	$m_{e\,CO} = m_{a\,CO_2}\,\alpha_1$	10,21	6,80	69,4
3	$m_{e\,H_2O} = m_{a\,H_2O}(1 - \alpha_2 - \alpha_3)$	187,62	10,60	1955
4	$m_{e\,O_2} = \left(m_{a\,CO_2} \cdot \frac{\alpha_1}{2} + m_{a\,H_2O} \cdot \frac{\alpha_3}{2}\right)(1 - \alpha_5 - \alpha_6)$	7,36	7,26	53,5
5	$m_{e\,OH} = m_{a\,H_2O}\,\alpha_2$	3,63	6,57	23,7
6	$m_{e\,H_2} = m_{a\,H_2O}\left(\frac{\alpha_2}{2} + \alpha_3\right)(1 - \alpha_4)$	8,35	6,48	54,1
7	$m_{e\,H} = 2\,m_{e\,H_2} \cdot \alpha_4$	0,56	2,94	1,6
8	$m_{e\,O} = 2\,m_{e\,O_2} \cdot \alpha_5$	0,28	2,94	0,8
9	$m_{e\,NO} = 2\,m_{e\,O_2} \cdot \alpha_6$	0,32	6,89	2,2
10	$m_{e\,N_2} = m_{a\,N_2} - m_{e\,NO}$	752,0	6,74	5068
		$\sum m_e = 1060{,}12 \cdot 10^{-2}$		$\sum[m_e (C_v)_0^{2127}] = 8348{,}3 \cdot 10^{-2}$

spielt und vernachlässigt werden kann. Bei Temperaturen über 2800° K, wie sie z. B. bei Explosionen von Benzol, Hexan oder Azetylen-Luft-Gemischen erwartet werden können und insbesondere bei Explosionen mit Sauerstoffgemischen, ist aber ihr Einfluß nicht mehr vernachlässigbar.

Wir können nunmehr die Gesamtzahl der Reaktionsprodukte, die während einer Temperatur von 2400° K nebeneinander bestehen, berechnen und erhalten die in Zahlentafel 20, Spalte II zusammengestellten Mole der Reaktionsprodukte bei Verbrennung von 1 Mol Methan. Aus der Molzahl und der bekannten spez. Wärme C_v ergibt sich in Spalte IV die aufgenommene Wärme. Hieraus wird die mittlere spez. Wärme bei konstantem Volumen:

$$C_{vm} = \frac{\sum[m_e\,(C_v)]}{\sum m_e} = \frac{83{,}48}{10{,}60} = 7{,}875\,.$$

Die Verbrennungswärme des Gemisches beträgt $q_v = 191{,}3$ kcal. Hiervon ist die zur Dissoziation gemäß Zahlentafel 19 erforderliche Wärmemenge $\sum q_d$ von 14,8 kcal abzuziehen. Bei einer Molzahl $\sum m_e = 10{,}6$ muß nun die Explosionstemperatur t_e sein

$$t_e = \frac{q_v - \sum q_d}{\sum m_e \cdot C_{vm}} = \frac{176{,}5 \cdot 10^3}{10{,}6 \cdot 7{,}875} = 2114 \text{ (in } ^\circ\text{C)}.$$

Hieraus ergibt sich eine Explosionstemperatur von 2387° K. Mit unserer Annahme einer Verbrennungstemperatur von 2400° K stimmt das Ergebnis ganz gut überein. Wir müßten sonst eine neue Explosionstemperatur schätzen, die Rechnung erneut durchführen und, wenn die Ergebnisse nicht übereinstimmen, die Berechnung ein drittes Mal durchführen.

$\sum m_e$ betrug 10,60 Mol, so daß das Druckverhältnis gemäß Gleichung (19a) bzw. (19b) beträgt:

$$\frac{p_e}{p_a} = \frac{2387 \cdot 10{,}60}{273 \cdot 10{,}52} = 8{,}81\,.$$

Wird der Explosionsversuch bei 760 mm Hg ausgeführt, so ist $p_a = 1{,}033$, und der Überdruck wird

$$p_{ü} = 1{,}033 \cdot 8{,}81 - 1 = 8{,}10 \text{ atü}\,.$$

Diese Rechnungen wurden mit Absicht genau durchgeführt, weil besonders bei noch höheren Temperaturen alle angeführten Dissoziationen berücksichtigt werden müssen. (Wenn man allerdings beabsichtigt, die Explosionsdrücke auf etwa 1% genau zu errechnen, dann müßte auch der Argongehalt der Luft, der zu 1,2 Vol.-% des Stickstoffes in der Luft enthalten ist, berücksichtigt werden.)

c) Druckverluste.

Der errechnete Explosionsüberdruck des 9,5 Vol.-%-Methan-Luft-Gemisches sei mit experimentell ermittelten Werten verglichen. WHEELER[1] hat in zwei kugelförmigen, innen polierten druckfesten Gehäusen von 4 und 16 l Inhalt bei genau zentrischer Zündung eines 9,5 Vol.-%-Methan-Luft-Gemisches ein Druckverhältnis $p_e : p_a = 7{,}85$ bei 15° C Raumtemperatur festgestellt. Bezogen auf 760 mm Hg und 0° C betrug für dieses Gemisch der Explosionsdruck $p_e = 8{,}54$ kg/cm², der Überdruck $p_{ü} = 7{,}54$ atü. Die gemessenen Werte bleiben also um 7% hinter den errechneten zurück. Die Ursache dieses Druckverlustes ist nicht vollkommen sicher erkannt. B. LEWIS und G. VON ELBE[2] haben eine größere Anzahl von Explosionsvorgängen berechnet und die berechneten Explosionsdrücke mit experimentell aufgenommenen verglichen. Aus ihren Untersuchungen ergibt sich folgendes Bild: Bei Wasserstoff-Sauerstoff-Explosionen war die Übereinstimmung zwischen Rechnung und Experiment sehr gut. Die berechneten Werte weichen in 14 Versuchen mit Argon als Verdünnungsmittel nur um + 0,07% von den experimentellen Werten ab. Bei 11 Versuchen mit Wasserstoffüberschuß betrug die mittlere Abweichung −0,61%. Ähnlich gut war die Übereinstimmung bei Stickstoff als Verdünnungsmittel. Die berechneten Temperaturen lagen zwischen 1653 und 2627° K. Weniger gut war die Übereinstimmung zwischen Rechnung und Experiment von trockenen und feuchten Kohlenoxyd-

[1] Trans. chem. Soc. Bd. 113 (1918) S. 840.

[2] Combustion, Flames and Explosions of Gases. Cambridge 1938.

Luft-Gemischen; die experimentellen Werte blieben bis 6,6% hinter den berechneten zurück. LEWIS und von ELBE machen hierfür die Wärmeverluste verantwortlich. Sie dürfen bei allen Explosionsvorgängen, die nicht so rasch wie die Wasserstoffexplosion verlaufen, nie außer acht gelassen werden. Sie machen sich um so stärker bemerkbar, je langsamer der Verlauf der Explosion ist.

Über die Größe der Wärmeverluste liegen eine Reihe von Untersuchungen vor, von denen folgende von W. T. DAVID[1] genannt sei. DAVID führte seine Untersuchungen in einem zylindrischen Gefäß von 21,2 l Inhalt aus, dessen Innendurchmesser gleich der Höhe war. Er bestimmte die Strahlungs- und Wärmeleitungsverluste in Stadtgas-Luft-Gemischen. Wenn auch die Methode einige Mängel

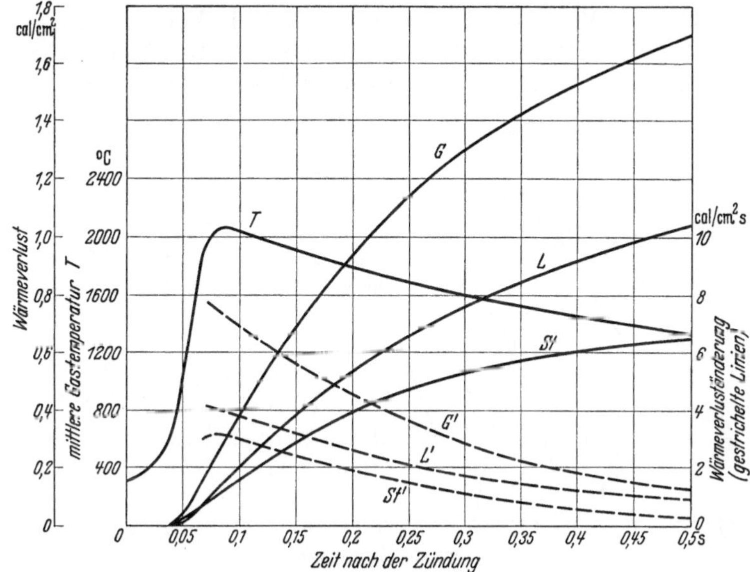

Abb. 32. Temperaturverlauf und Wärmeverluste bei Explosion eines 12,4 Vol.-%-Stadtgas-Luft-Gemisches im 21,2 l-Gefäß nach W. T. DAVID.

T = Temperatur,

St = Strahlungs-, L = Leitungs-, G = Gesamt- } Verluste in cal/cm².

St' = Strahlungs-, L' = Leitungs-, G' = Gesamt- } Verluständerungen in cal/cm²s.

aufweist, so kann doch Abb. 32 einen Überblick über den zeitlichen Verlauf der Explosionstemperatur sowie der Strahlungs- und Leitungsverluste eines 12,4 Vol.-%-Stadtgas-Luft-Gemisches vermitteln. Im Augenblick der maximalen Temperatur, also bei maximalem Explosionsdruck, betrugen die Leitungsverluste 5,5%, die Strahlungsverluste 4,5%, zusammen also 10% der Verbrennungswärme des Gemisches. Aus weiteren Versuchen DAVIDs ergibt sich, daß die bis zum Erreichen des Explosionsdruckes auftretenden Verluste eines Gemisches bei niedriger Explosionstemperatur, also z. B. nahe der unteren Explosionsgrenze, sehr viel größer sein können als bei höherer, also nahe dem stöchiometrischen Gemisch! Denn bis zum Erreichen des vollen Explosionsdruckes vergeht im ersten Falle eine längere Zeit als im zweiten. So z. B. betrug der Wärmeverlust eines 9,7 Vol.-%-Stadtgas-Luft-Gemisches im Augenblick des höchsten Explosionsdruckes

[1] Phil. Mag. Bd. 40 (1920) S. 318.

18% der Verbrennungswärme. Bei dem 12,4 Vol.-%-Gemisch, bei dem der maximale Explosionsdruck in weniger als der halben Zeit erreicht war, betrug der Verlust nur 10%. Überträgt man diese Versuchsergebnisse auf unsere Rechnung, so können die Wärmeverluste durchaus für den Unterschied zwischen Rechnung und Experiment verantwortlich gemacht werden.

Der höchste Explosionsdruck fällt nicht genau mit dem stöchiometrischen Gemisch zusammen. Die Dissoziation hat zur Folge, daß die Verbrennungswärme bei stöchiometrischer Zusammensetzung nicht zur vollen Temperaturentwicklung kommen kann. Es ist hierzu ein Gas- oder Dampfüberschuß notwendig. Deswegen liegt der höchste Druck bei einem etwas größeren Anteil des explosiblen Gases, als dem stöchiometrischen Gemisch entspricht (s. Abb. 33). So z. B. ergibt nach WHEELER ein Methan-Luft-Gemisch von 10,15 Vol.-%, also mit einem 7% größeren Methananteil als das stöchiometrische Gemisch, ein maximales Druckverhältnis $p_e : p_a = 7{,}97$ gegen 7,85 des 9,5 Vol.-%-Gemisches.

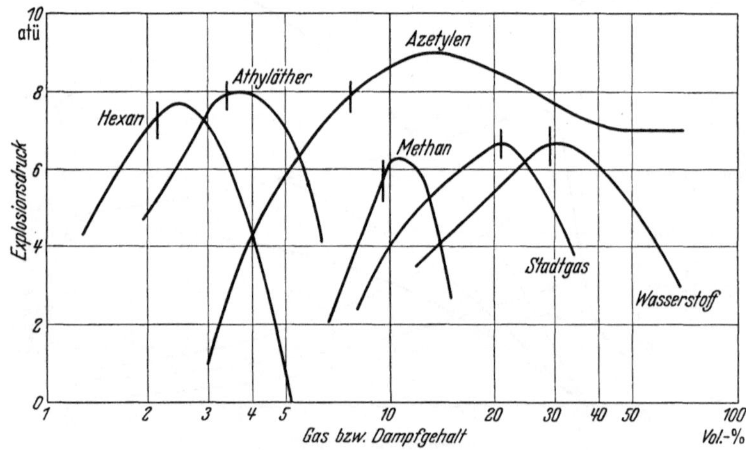

Abb. 33. Explosionsdruck verschiedener Gas- und Dampf-Luft-Gemische in Abhängigkeit von der Konzentration. 5 l-Gehäuse (Durchmesser = Höhe). Senkrechter Strich = Stöchiometrisches Gemisch. (Logarithmischen Abszissenmaßstab beachten!)

Bei höheren Temperaturen und dementsprechend stärkerer Dissoziation, als wir sie bei Methan-Luft-Gemischen kennen lernten, ist die Verschiebung des Druckmaximums eine größere. So z. B. hat W. LINDNER[1] in einem kugelförmigen Gefäß die Explosion von Benzol-Luft-Gemischen untersucht. Hieraus lassen sich folgende Werte ableiten:

Gemisch	Vol.-%	Druck-verhältnis	Überdruck bei 760 mm Hg Anfangsdruck atü	Explosions-temperatur °C
Stöchiometrisch	2,72	9,45	8,73	2450
Höchsten Druckes	3,49	9,75	9,07	2530

Das Gemisch des maximalen Explosionsdruckes ist um 28% mehr mit Benzoldampf angereichert als das Gemisch der vollständigen Verbrennung.

[1] LINDNER, W.: Entzündung und Verbrennung von Gas- und Brennstoff-Dampf-Gemischen, S. 47. VDI-Verlag 1931.

Versucht man also, den maximalen Explosionsdruck eines Gemisches bekannter Verbrennungswärme rechnerisch zu bestimmen, so müssen **Dissoziation** und **Verluste** berücksichtigt werden. Strahlungs- und Leitungsverluste der sich ausbreitenden Flamme können von der Gehäusegestalt stark beeinflußt sein, weil die druckfesten Gehäuse für elektrische Betriebsmittel von der Kugel- oder Zylinderform meist stark abweichen. Berührt die Flamme die Wand, bevor der ganze zur Verfügung stehende Verbrennungsraum von der Flamme erfüllt ist, so machen sich die Verluste noch stärker bemerkbar, als sie in Kugelgehäusen gemessen werden. In den üblichen dicht verschlossenen, druckfesten Gehäusen elektrischer Geräte sind die höchsten Explosionsdrücke meist mindestens 1—2 at niedriger als in kugelförmigen Gehäusen. Nur bei sehr schnell verbrennenden Gas-Luft-Gemischen, wie Wasserstoff und Azetylen, sind die Unterschiede zwischen verschiedenen Gehäuseformen kleiner.

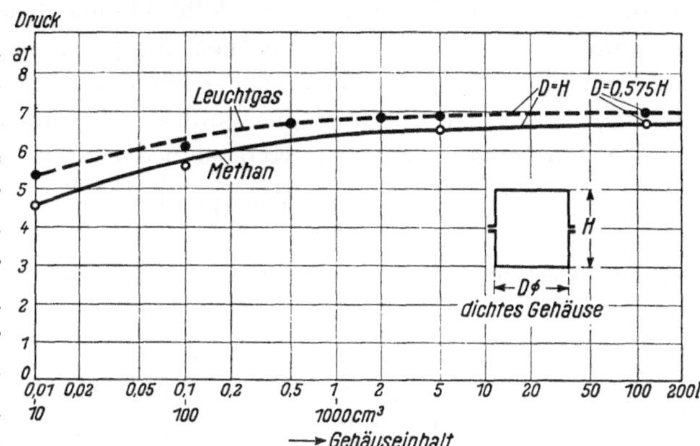

Abb. 34. Explosionsdruck von Stadtgas (Leuchtgas-) und Methan-Luft-Gemischen in Abhängigkeit von der Gehäusegröße.

Der Einfluß der Gehäusegröße auf den Explosionsdruck ist bei zylindrischen Gehäusen (Durchmesser = Höhe) verhältnismäßig gering. Auch in kleinen Gehäusen von 10 cm³ Inhalt treten beträchtliche Explosionsdrücke auf (Abb. 34). In einem $^1/_2$-Liter-Gehäuse ist bereits praktisch der volle Explosionsdruck wie in großen Gehäusen erreicht. Weichen die Gehäuse von der untersuchten Zylinderform ab und ist ihre Oberfläche im Verhältnis zum Inhalt wesentlich größer, so ist bei kleinen Gehäusen unter 1 l Inhalt der Explosionsdruck 1 bis $2^1/_2$ at niedriger, als die Meßwerte in Abb. 34 zeigen.

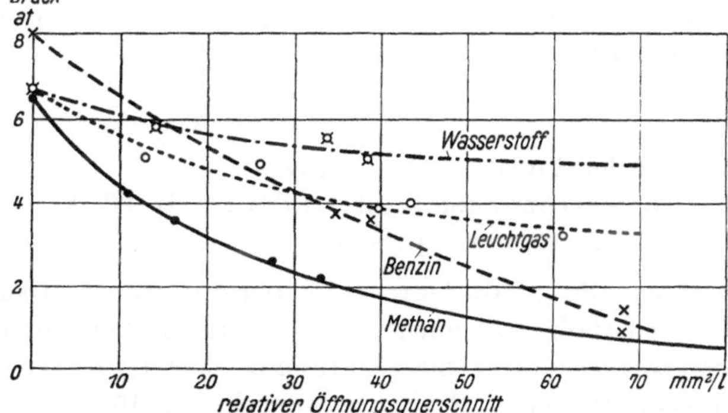

Abb. 35. Explosionsdruck in Abhängigkeit vom relativen Öffnungsquerschnitt des Gehäuses.

Die in druckfesten Kapselungen elektrischer Motoren und Geräte auftretenden Explosionsdrücke sind aber noch niedriger: Als weitere Druckverlustquelle kommt das Entweichen des Gases aus Spalten und Fugen hinzu. Es sind stets Spalte und Fugen vorhanden, deren Einfluß besonders bei langsam verbrennenden Gemischen oder bei kleinen Gehäusen nicht vernachlässigt werden kann. In Abb. 35 sind Meßergebnisse des höchsten Explosionsdruckes der explosibelsten Gas- bzw. Dampf-Luft-Gemische in Abhängigkeit von dem relativen Öffnungsquerschnitt wiedergegeben. Dieser in Quadratmillimeter-Öffnungsfläche je Liter Inhalt angegebene Betrag ist aus Spalten von einigen Zehntel mm Weite und 25 mm Länge errechnet. Der relative Öffnungsquerschnitt dicht verschlossener, druckfester Gehäuse von Schaltgeräten von 5—50 l Inhalt beträgt im allgemeinen 5 bis 30 mm²/l. Ein solcher verhältnismäßig kleiner Querschnitt genügt bereits zu einer um so wirksameren Druckentlastung, je langsamer sich der Druck im Gehäuse entwickelt. So z. B. beträgt der höchste Explosionsdruck in Gehäusen mit 12 mm²/l relativem Öffnungsquerschnitt bei Gas-Luft-Gemischen, die in geschlossenem Gehäuse gleichen Explosionsdruck ergeben:

bei Wasserstoff	6,0 atü
bei Methan	4,0 atü.

Der Druckanstieg erfolgt bei Wasserstoff rund zehnmal schneller als bei Methan.

d) Zusätzliche Druckerhöhungen.

1. Durcheinandergewirbelte Gasgemische. Die bisher angegebenen Explosionsdrücke gelten für ruhende Gasgemische. Bei durcheinandergewirbelten Gemischen, z. B. in Gehäusen laufender elektrischer Motoren, kann die Ausbreitungsgeschwindigkeit der Flammen bedeutend größer als im ruhenden Gemisch sein. Infolgedessen ist die Zeit kürzer, bis das Druckmaximum erreicht ist. Die Folgen sind: geringere Entlastung durch entweichendes Gemisch, geringere Wärmeverluste, höherer Druck bei allen Gemischen, die ruhend verhältnismäßig langsam verbrennen. So ist es möglich, daß der Explosionsdruck in Gehäusen von Motoren mit durcheinandergewirbelten Methan-Luft-Gemischen bis 7,5 at betragen kann.

2. Veränderung der Anfangsdichte. Der Explosionsdruck ist gemäß Gleichung (19a) dem Anfangsdruck direkt und der Anfangstemperatur umgekehrt proportional, d. h. er ist der Dichte des Gemisches proportional. Die Dichte δ ist

$$\delta = \frac{p}{760} \cdot \frac{273 + t_1}{273 + t_R}, \tag{29}$$

wobei p der Luftdruck in mm Hg,
t_1 die Bezugstemperatur in °C, z. B. 20° C,
t_R die Raumtemperatur

bedeuten. So z. B. beträgt in Bergwerken in 1200 m Tiefe der Luftdruck im Höchstfalle 920 mm; als Temperatur können wir $t_R = 35°$ C einsetzen. Infolgedessen wird die Luftdichte $\delta = 1{,}15$; der Explosionsüberdruck ist demnach bei einer Schlagwetterexplosion 15% höher als bei 760 mm Druck und 20° C.

Rechnet man mit Schwankungen des Normalluftdruckes von 760 mm zwischen 720 und 800 mm und mit Temperaturen zwischen −20° und +45° C, so verändert sich die Luftdichte mit diesen Werten zwischen 1,21 und 0,87. Bei hohem Luftdruck und starker Kälte kann demnach der Explosionsdruck 21% über den nach den üblichen Verfahren gemessenen Werten liegen. Die Festigkeit der Gehäuse druckfester Kapselung, in deren Innern Explosionen stattfinden können, muß demnach so reichlich bemessen sein, daß die Gehäuse auch bei höchster Anfangsdichte einer Explosion standhalten.

3. Unterteilung des gekapselten Raumes. Nach K. BEYLING[1] kann durch bestimmte Unterteilung eines druckfest gekapselten Raumes ein so erheblicher Überdruck entstehen, daß das Gehäuse hierdurch zersprengt wird. Wird z. B. in Raum A (Abb. 36) eines Gehäuses gezündet, dann wird das Gas in Raum B vorverdichtet, bevor die Flamme den Raum B erreicht hat. Gelangt dann die Flamme in den Raum B, so wird der Explosionsdruck gemäß der Vorverdichtung gesteigert, vorausgesetzt, daß die Verbindungsöffnung zwischen den beiden Räumen verhältnismäßig klein ist und einen merklichen Druckausgleich während der Explosion nicht gestattet. So ist es z. B. bei einem Raumverhältnis von $A:B$ wie $10:1$ möglich, in dem Raum B Überdrücke von über 15 at zu erzielen. Man wird solche Unterteilungen daher stets zu vermeiden versuchen. Bei Motoren ist dies jedoch nicht immer möglich; von Fall zu Fall ist infolgedessen eine besondere Untersuchung erforderlich, ob unzulässig hohe Überdrücke entstehen können.

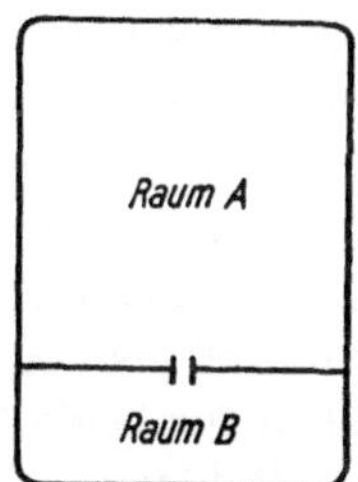

Abb. 36. Unterteilung eines druckfesten Raumes (Schema).

Werden in Gehäuse nachträglich Schalter eingebaut, deren Inneres durch Kappen abgedeckt ist, so ist noch zu klären, inwieweit Vorverdichtung und zusätzliche Drucksteigerung auftreten können.

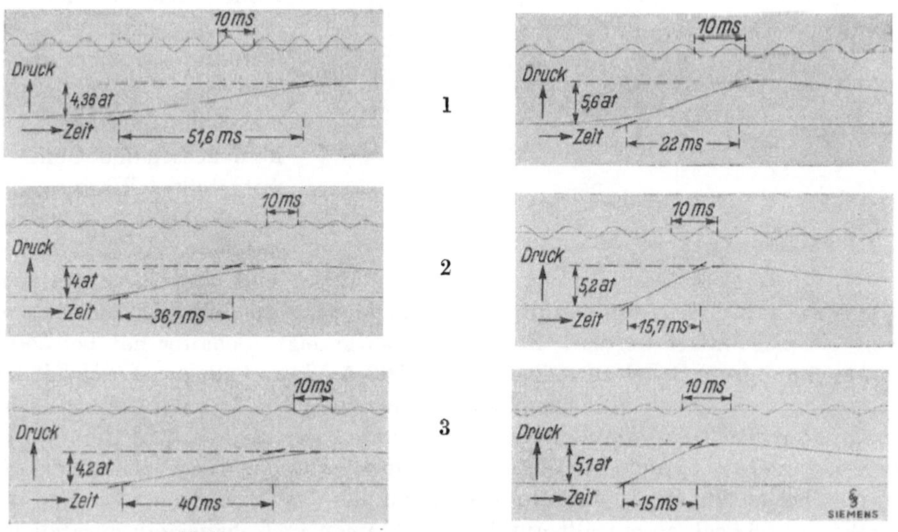

a) Methan b) Stadtgas

1 Gehäuse ohne Schalter, 2 Gehäuse mit Einbauten, Zündung durch Hilfskontakte, 3 Gehäuse mit Einbauten, Zündung durch Hauptkontakte.

Abb. 37. Druckzeitverlauf von Methan und Stadtgas-(Leuchtgas)-Explosionen in dem Gehäuse des explosionsgeschützten Motorschutzfernschalters nach Abb. 38.

Im allgemeinen sind solche gefährlichen Unterteilungen durch Einbau von Schaltern nicht zu befürchten. Durch Einbau und Zündung zugleich in mehreren Phasen eines Schalters wird zwar der Druckanstieg gekürzt, nicht aber der Druck merklich erhöht. Als Beispiel sind in Abb. 37 eine Reihe von Drucklinien zusammengestellt, die an dem in Abb. 38 wiedergegebenen Gehäuse gewonnen

[1] Glückauf Bd. 42 (1906) S. 1.

wurden. Im Innern des Gehäuses waren die explosibelsten Methan- und Stadtgas-Luft-Gemische ohne Vorverdichtung zur Entzündung gebracht worden. Das Gehäuse wurde zunächst leer geprüft (Zündung in der Mitte) (a 1, b 1). Dann wurden Schalter und Zubehör eingebaut. Die Explosion wurde mittels Zündung durch die Hilfskontakte (0,5 A, a 2, b 2) und danach durch die in den Lichtbogenkammern eingeschlossenen Hauptkontakte (95 A, Abschalten eines Motors, a 3, b 3) eingeleitet. Praktisch ist keine Änderung des Druckverlaufes festzustellen. Der Druckanstieg erfolgt in diesem 62 l-Gehäuse bei Methan-Luft-Gemisch in etwa 50 ms, bei Stadtgas-Luft-Gemisch in etwa 20 ms. Die Explosionsdrücke fallen für beide Gemische verschieden aus, weil der relative Öffnungsquerschnitt des Gehäuses 12 mm²/l betrug und dem Methan-Luft-Gemisch mit langsamem Druckanstieg eine längere Zeit zum Entweichen geboten wurde als dem Stadtgas-Luft-Gemisch.

4. Zusätzliche Wärmeenergie. Wenn im Augenblick der Verbrennung eine zusätzliche Wärme dem Gemisch zugeführt wird, kann der Explosionsdruck ebenfalls erhöht werden. Bei Zündung von Gemischen in kleinen Gehäusen durch erhitzte Drähte ist dies zu beachten, da sonst Fehler in der Bestimmung der Höhe des Explosionsdruckes vorkommen können. Brennt während der Druckanstiegzeit im Gemisch ein Lichtbogen, so kann dessen dem Gemisch mitgeteilte Wärme eine Drucksteigerung zur Folge haben. Im allgemeinen sind aber diese Energiebeträge zu geringfügig, um praktisch von Bedeutung zu sein. Es soll dies an einem Beispiel erklärt werden. Der in Abb. 38 gezeigte Schalter hat bei 550 V Gleichspannung ein Schaltvermögen von 15000 A. Innerhalb der Löschzeit des Lichtbogens von 7,5 ms wird eine Lichtbogenenergie von 15 kWs frei. Sie wird zum größten Teil von den keramischen Wänden der Lichtbogenkammer aufgenommen und zum kleineren Teil an die Luft oder an das explosionsfähige Gasgemisch abgegeben. Rechnet man mit einer an das Gas abgegebenen Energie von 6,5 kWs = 1,56 kcal, so entfällt auf 1 l Gasvolumen im Gehäuse ein zusätzlicher Betrag von 0,03 kcal. Das sind etwa 4% der Verbrennungswärme des Gasgemisches. Tatsächlich lassen die Druckdiagramme keinen merklichen Einfluß der Lichtbogenenergie auf den Druck erkennen.

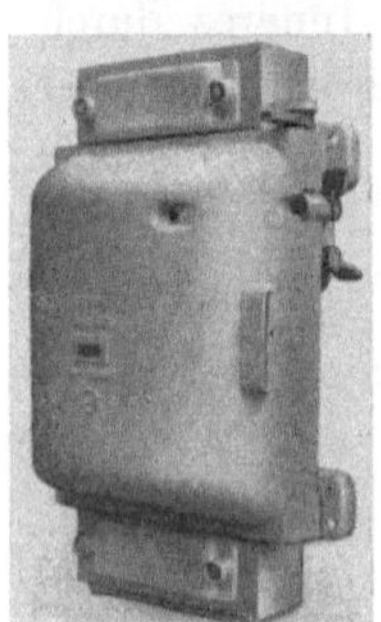
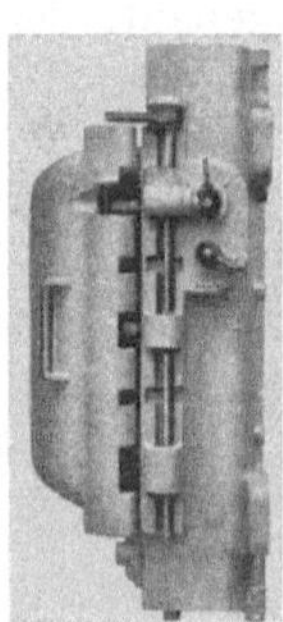

Abb. 38. Gehäuse druckfester Bauart mit 200 A-Motorschutz-Fernschalter.

e) Explosionsdruck von Dampfgemischen bei erhöhter Temperatur.

Die Explosionsdrücke werden meist für eine Anfangstemperatur von etwa 15—20° C angegeben. Wir hatten bereits gesehen, daß sich der Druck bei höheren Anfangstemperaturen im Verhältnis der absoluten Temperatur verringert. Dies gilt für Gase, Dämpfe und Gemische mehrerer Dämpfe mit Luft. Im folgenden wollen wir noch Dampfgemische mit einem Anteil eines nichtbrennbaren Dampfes etwas näher betrachten. Vermindert man den brennbaren Anteil einer Flüssigkeit, z. B. von Spiritus durch Wasserzusatz, so muß die Temperatur erhöht werden, um den für vollkommene Verbrennung erforderlichen Spiritusdampfanteil in der Atmosphäre zu erhalten. Die „Luft" oberhalb des Flüssigkeitsspiegels enthält außer Sauerstoff und Stickstoff im Verhältnis 1:3,76 noch Wasserdampf und Spiritusdampf, deren Anteile mit der Temperatur zunehmen. Die Zunahme von Wasserdampf vergrößert den Anteil der nicht an dem Umsatz beteiligten Stoffe, er verringert also den Heizwert des Gemisches. Der Wasserdampfanteil vergrößert außerdem die spez. Wärme. Der Explosionsdruck fällt daher mit zunehmender Verdünnung des Spiritus und gesteigerter Temperatur erheblich. Diese Verhältnisse sind experimentell von FRICKE[1] untersucht worden. In Abb. 39 sind die von ihm durchgeführten Messungen über den Explosionsdruck in Abhängigkeit von der Temperatur für verschiedene Spiritus-Wasser-Gemische wiedergegeben. Die höchsten Überdrücke nehmen mit zunehmender Temperatur stärker als dem Verhältnis der absoluten Temperaturen entsprechend ab. Immerhin ergibt ein Spiritus-Wasser-Gemisch mit 10% Spiritusanteil bei 54° C noch Explosionsdrücke von 4,3 at.

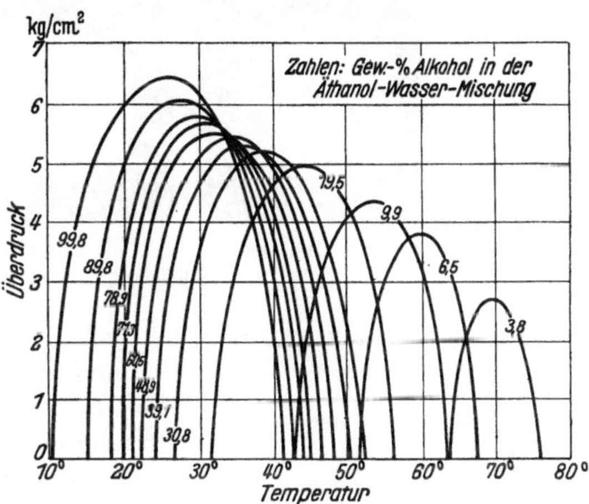

Abb. 39. Explosionsdruck gesättigter Dampf-Luft-Gemische von Spiritus- (Äthanol-) Wasser-Mischungen in Abhängigkeit von der Temperatur.

Bei der Verarbeitung von brennbaren Flüssigkeiten, die durch nichtbrennbare Bestandteile verdünnt werden, können sich explosible Gemische bilden, wenn Flüssigkeit und Dampf-Luft-Gemische genügend hohe Temperaturen aufweisen. Durch geeignete Abzugsvorrichtungen, die schon meist aus gesundheitlichen Gründen erforderlich sind, läßt sich aber das Auftreten solcher Gemische und eine Explosionsgefahr vermeiden.

f) Temperaturverteilung in Gehäusen.

ELLIS und WHEELER[2] haben den zeitlichen Ablauf einer Explosion einer Kohlenoxyd-Luft-Mischung in einem kugelförmigen Glasgehäuse kinematographiert. Ein 32,35 Vol.-% feuchtes Kohlenoxyd-Luft-Gemisch von 15,5° C wurde in einer Glaskugel von 9 cm Durchmesser in der Mitte gezündet. Die Belichtungszeit jeder Aufnahme betrug 1,67 ms. Betrachtet man den zeitlichen Verlauf der Flammenausbreitung nach diesen Aufnahmen (Abb. 40), so erkennt man zunächst ein gleichmäßig schnelles Anwachsen der Flammenkugel. Beim Annähern an die Wand wird die Geschwindigkeit etwas geringer, nach 13,7 ms ist die Glaswand erreicht. Das Zentrum der Kugel leuchtet kurz vorher auf: Die verbrannte Gasmasse kommt in helle Weißglut, und noch längere Zeit nachher

[1] FRICKE, K.: Angew. Chem. Bd. 46 (1933) S. 88. (Vgl. auch Abb. 6, Seite 15.)

[2] ELLIS, O. C., u. R. V. WHEELER: The movement of flame in closed vessels: Afterburning. J. chem. Soc. (1927) S. 310; (1931) S. 2467.

glüht das Zentrum kräftig nach, es wird durch die Wärmebewegung etwas nach oben gezogen. Dieses Aufglühen der Gasmasse im Zentrum der Kugel zeigt uns Temperaturunterschiede, die viele hundert Grad betragen können. Sie sind zuerst

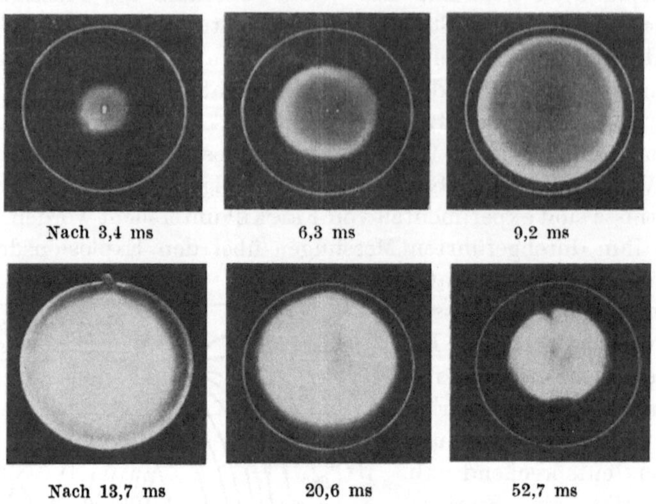

a) Kinematographische Aufnahmen.

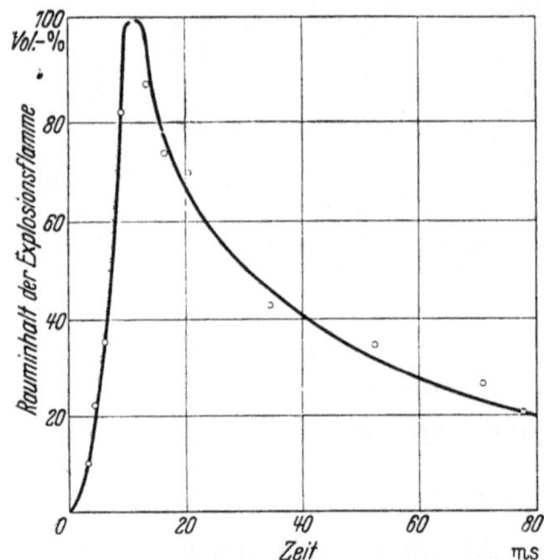

b) Volumen der Flamme = f (Zeit)

Abb. 40a und b. Ausbreitung der Explosionsflamme in einer Glaskugel.

von Hopkinson[1] experimentell nachgewiesen und von H. Mache[2], später von B. Lewis und G. von Elbe[3] theoretisch behandelt worden.

Der Vorgang ist in vereinfachter Rechnung der folgende: Die Flamme breitet sich zunächst ohne Änderungen des Druckes vom Zentrum aus. In einem 9,5 Vol.-%-Methan-Luft-Gemisch brennt die Flamme bei gleichbleibendem Druck mit einer Temperatur von etwa 1800° C. Mit der sich ausbreitenden Flamme steigt der Druck allmählich an (Abb. 41). Das Gemisch aus verbranntem und unverbranntem Gas, welches durch die Verbrennungsfront voneinander getrennt ist, wird verdichtet. Der Vorgang geht zwar so langsam vor sich, daß innerhalb des Gehäuses überall der gleiche Druck herrscht, aber doch so schnell, daß die durch Drucksteigerung gebildete zusätzliche Wärme zunächst keinen Ausgleich findet. Nach den bekannten thermodynamischen Gesetzen gilt nun für die Temperaturzunahme Δt_e des Gases

[1] Proc. roy. Soc., Lond. A Bd. 77 (1906) S. 387.

[2] Mache, H.: Die Physik der Verbrennungserscheinungen. Leipzig 1918.

[3] Lewis, B., u. G. v. Elbe: Determination of the speed of flames and the temperature distribution in a spherical bomb from time-pressure explosion records. J. chem. Phys. Bd. 2 (1934) S. 283.

$$\Delta t_e = (t_f + 273)\left[\left(\frac{p_e}{p_a}\right)^{\frac{k-1}{k}} - 1\right], \tag{30}$$

wobei $k = \frac{c_p}{c_v}$, das Verhältnis der spez. Wärmen bei gleichbleibendem Druck zu dem bei gleichbleibendem Volumen, bedeutet. Dieser Wert k ist von der Temperatur abhängig und kann für einen bestimmten Temperaturbereich jeweils aus den mittleren spez. Wärmen $[C_p]_{tf}^{te}$ und $[C_v]_{tf}^{te}$ bzw. aus dem Energieinhalt der Gemische in dem Temperaturbereich ermittelt werden.

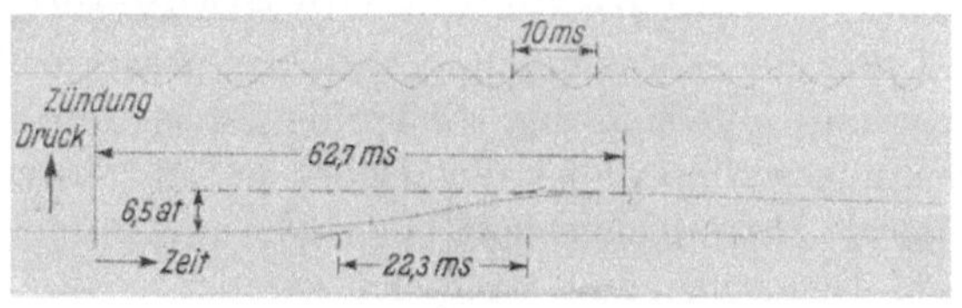

Abb. 41. Zeitlicher Verlauf des Explosionsdruckes eines 9,5 Vol.-%-Methan-Luft-Gemisches in einem 5 l-Gehäuse (D=H).

Ohne Berücksichtigung der Dissoziation ist die für den in Betracht kommenden Temperaturbereich mittlere spez. Wärme bei konstantem Druck für das Verbrennungsgemisch $C_p = 11{,}2$ kcal/Mol und $k = 1{,}22$ aus $\frac{C_p}{C_v} = \frac{11{,}2}{9{,}2}$. Demnach wird die Temperaturzunahme des verbrannten Gemisches für $\frac{p_e}{p_a} = 7{,}85$[1]:

$$\Delta t_e = (1800 + 273)\,[(7{,}85)^{0{,}18} - 1] = 930 \text{ (in } {}^\circ\text{C)}.$$

In der Mitte des Gehäuses beträgt also die gesamte Temperaturzunahme 2730° C. Das in der Nähe der Zylinderwand befindliche, noch unverbrannte Gas wird im Augenblick kurz vor der Verbrennung ebenfalls durch Kompression erwärmt:

$$\Delta t_u = (20 + 273)\,[(7{,}85)^{0{,}265} - 1] = 210 \text{ (in } {}^\circ\text{C)}.$$

Entsprechend dem Temperaturintervall von 20—230° C beträgt hier $k = 1{,}36$ aus $\frac{C_p}{C_v} = \frac{7{,}56}{5{,}56}$. Durch die Verdichtung erwärmt sich also das Gas um 210° C. Um diese Temperaturzunahme zu erhalten, müßte dem Gemisch entsprechend der Gleichung (20) eine Wärme von 66 kcal/Nm³ zugeführt werden. Dementsprechend ist der Wärmeinhalt der äußersten verbrennenden Schicht 811* + 66 = 877 kcal/Nm³. Die Flammentemperatur der zuletzt verbrennenden Schicht beträgt für diesen Wert gemäß Abb. 27 1900° C.

Soweit die Rechnung ohne Berücksichtigung der Dissoziation. Berücksichtigt man diese, so wird für die Temperatur in der Mitte des Gehäuses ein niedrigerer Wert erhalten. Die mittlere spez. Wärme des Gemisches muß um den Dissoziationsanteil des Gases vergrößert werden. Dieser kann in einem Temperaturbereich von 1800° bis 2500° C ein mehrfacher der spez. Wärme sein. So kann k auf Beträge unter 1,1 sinken. Für $k = 1{,}1$ ist die Temperaturzunahme $\Delta t_e = 425°$. Man wird bei Berücksichtigung der Dissoziation Temperaturunterschiede von 400 bis 700° C zwischen Gehäusemitte und Gehäusewand zu erwarten haben.

Zusammenfassend ist festzustellen: In den Gehäusen können unabhängig von der Gehäusegröße Temperaturunterschiede von vielen hundert Grad bestehen. In der Gehäusemitte ist mit höchsten Temperaturen über 2500° C zu rechnen.

---

[1] Siehe Seite 76.

* 811 kcal/Nm³ = Verbrennungswärme des 9,5 Vol.-%-Methan-Luft-Gemisches. Siehe Zahlentafel 10 S. 57.

Die Einwirkungsdauer dieser Temperaturen über 1000° C ist zwar klein, ihre thermische Wirkung z. B. auf Isolierstoffe aber durchaus nicht vernachlässigbar. Die Einwirkungsdauer nimmt proportional dem Gehäusedurchmesser zu, also mit der dritten Wurzel des Gehäusevolumens. Bei großen, dicht verschlossenen Gehäusen von etwa 60—100 l Inhalt beträgt sie etwa $^1/_2$ s.

g) Explosion von Staub-Luft-Gemischen.

Unter der Voraussetzung, daß der gesamte Staub in der Explosionsflamme verbrennt, läßt sich das stöchiometrische Gemisch in g-Staub/m³ und die Verbrennungswärme dieses Gemisches je Nm³ berechnen. In Tafel 21 sind einige Beispiele zusammengestellt; sie sind durch entsprechende Werte von Gas-Sauerstoff-Gemischen zum Vergleich ergänzt.

Zahlentafel 21.

Gemisch	Stöchiometr. Gemisch	Verbrennungswärme kcal/Nm³	Volumenveränderung μ
Schwefel/Luft	301 g/m³	705	1,0
Kohle/Luft	113 „	918	1,0
Zink/Luft	1230 „	1610	0,79
Aluminium/Luft	338 „	2460	0,79
Magnesium/Luft	451 „	2710	0,79
Wasserstoff/Sauerstoff	66,6 Vol.-%	1720	0,666
Methan/Sauerstoff	33,3 „	2870	1,0
Azetylen/Sauerstoff	28,6 „	3850	0,857

Eine vollständige Verbrennung des Staubes in der Explosionsflamme wird im allgemeinen nicht sofort stattfinden, weil die Staubabmessungen im Vergleich zur Molekelgröße außerordentlich groß sind. Man kann z. B. Kohlenstaub nicht so fein zerteilen, daß ein Gemisch von 113 g Kohle auf 1 m³ Luft am explosibelsten ist. Die kleinen Teilchen können sich durch Oberflächenkräfte zusammenballen, so daß trotz weitgehender Zerkleinerung die Teilchengröße praktisch nicht mehr abnimmt. Der Höchstwert der Verbrennungswärmen ist also nicht bei Gemischen annähernd stöchiometrischer Zusammensetzung zu erwarten. Die in Tafel 21 für stöchiometrische Gemische angegebenen Verbrennungswärmen sind die Höchstbeträge, die bei vollständigem Aufbrauch des Luft-Sauerstoffes erreicht werden. Es sind daher Beträge, die durchaus mit den Verbrennungswärmen von Gasgemischen stöchiometrischer Zusammensetzung verglichen werden können. Die Verbrennungswärmen der Kohlenstaub-Luft-Gemische entsprechen etwa den von Gas-Luft-Gemischen (vgl. Zahlentafel 10). Anders die Metallstaube: Die Verbrennungswärmen der explosibelsten Aluminium- oder Magnesiumstaub-Luft-Gemische sind erheblich höher als die Verbrennungswärmen von Gas-Luft-Gemischen. Sie sind größer als von Knallgas (Wasserstoff-Sauerstoff-Gemischen) und entsprechen angenähert der des explosibelsten Methan-Sauerstoff-Gemisches.

Das explosibelste Methan-Sauerstoff-Gemisch ergibt einen Explosionsüberdruck von 15 at. Für Aluminiumstaub-Luft-Gemisch können wir demnach unter Berücksichtigung der Volumenverminderung bei der Metallstaubverbrennung einerseits und der etwas kleineren spez. Wärme der Verbrennungsprodukte andererseits Explosionsdrücke von etwa 10 atü erwarten. Da aber der Metallstaub bei den hohen Explosionstemperaturen auch mit dem Stickstoff der Luft in Reaktion treten kann und z. B. Aluminium sich zu Aluminiumnitrid verbindet, wird die Verbrennungswärme um den hierbei zusätzlich anfallenden Anteil noch vergrößert. So zeigen Aluminiumstaub-Luft-Explosionen tatsächlich höhere Explosionsdrücke als 10 at, wenn nur der Staub genügend fein zerteilt ist. Von GLIWITZKY[1] wurden in einer 43 Liter-Bombe die folgenden Überdrücke gemessen:

Staub	Mittlere Teilchendicke in μ (10^{-3} mm)	Überdruck in at
Aluminium	1,6	7,7
	0,6	9,0
	0,3	11,6
Magnesium	10	5,4
Naphthalin	—	6,0

Die Geschwindigkeit der Flamme einer Staub-Luft-Explosion kann sich in der gleichen Weise wie die einer Gas-Luft-Explosion bis zur Detonationswelle steigern. Da der Energieinhalt von explosiblen Staub-Luft-Gemischen erheblich größer als von Gas- oder Dampf-Luft-Gemischen sein kann, sind auch die Wirkungen, z. B. durch Explosionsdruck und Flammentemperatur, ungleich heftiger. Ist erst einmal eine Staubexplosion eingeleitet, dann ist ihre Fortpflanzung nicht mehr von dem Vorhandensein eines fertigen Staub-Luft-Gemisches abhängig. Die der Flammenfront voreilende Stoßwelle kann so viel Staub aufwirbeln, daß aus einer harmlosen Primärverpuffung eine folgenschwere Sekundärexplosion entstehen kann.

8. Die Flammenfortpflanzung.

a) Berechnung der Flammengeschwindigkeit.

Die Flammengeschwindigkeit setzt sich aus der Geschwindigkeit der Verbrennung, mit der sich die Flammenfront in das unverbrannte Gemisch „hineinfrißt“, und aus der Geschwindigkeit der Verdrängung zusammen, mit der sich das verbrannte Gas infolge seiner hohen Temperatur ausdehnt und das unverbrannte Gas vor sich herschiebt. Die Flammengeschwindigkeit u_f läßt sich aus der Brenngeschwindigkeit u_b leicht berechnen, wenn die Temperatur der Explosionsflamme T_e, die Anfangstemperatur T_a und die durch den chemischen Umsatz bedingte Volumenänderung μ bekannt sind.

$$u_f = u_b \cdot \frac{T_e}{T_a} \cdot \mu \,. \tag{31}$$

Für ein 31,6 Vol.-%-Wasserstoff-Luft-Gemisch beträgt die Brenngeschwindigkeit $u_b = 2$ m/s. Die Flammentemperatur t_e ist 2045° C bei einer Anfangstemperatur von 20° C. Die Volumenveränderung $\mu = 0{,}848$. Hieraus folgt die Flammengeschwindigkeit zu

$$u_f = 2{,}0 \cdot \left(\frac{2045 + 273}{20 + 273}\right) \cdot 0{,}848 = 13.4 \text{ m/s}\,.$$

Die Brenngeschwindigkeit läßt sich nach unserem heutigen Wissen über den Vorgang in der Flammenfront nur angenähert berechnen. Nach der diesen Berechnungen zugrunde liegenden Anschauung wird die Wärme, die zur Einleitung

[1] Zitiert S. 26.

des Zündvorganges erforderlich ist, durch Wärmeleitung dem unverbrannten Gas mitgeteilt. Die Schicht, die der Verbrennungszone vorgelagert ist, wird durch Wärmeleitung an Energie bereichert. Zu der chemischen Energie (Verbrennungswärme) kommt noch ein Temperaturbetrag hinzu, der die Zündung einleiten soll. Das Temperaturgefälle zwischen der Flammenschicht, in der die Verbrennung abgeschlossen und die Explosionstemperatur erreicht ist, und der Schicht, in der der Entzündungsvorgang gerade einsetzt, hat einen Wärmefluß zur Folge:

$$Q_e = -\lambda \left(\frac{\partial T}{\partial x}\right)_{T_z}^{T_e} \quad (\text{in cal/cm}^2 \cdot \text{s}). \tag{32}$$

Hierin bedeuten λ = Wärmeleitfähigkeit in cal/° C · cm · s des verbrennenden Gemisches, wirksam zwischen der Zündtemperatur T_z und der Explosionstemperatur T_e, sowie $\partial T/\partial x$ das Temperaturgefälle im Bereich zwischen diesen beiden Temperaturen. Der Wärmefluß überträgt mit der Brenngeschwindigkeit u_b eine Wärmemenge Q_z je cm² und s, um das Gasgemisch von der Anfangstemperatur T_a auf die Zündtemperatur T_z zu erwärmen:

$$Q_z = u_b \cdot \frac{C_p}{22{,}4 \cdot 10^3} (T_z - T_a). \tag{33}$$

C_p ist hierin die für konstanten Druck geltende, zwischen den Temperaturen T_a und T_z wirksame spez. Wärme je Mol; $22{,}4 \cdot 10^3$ ist das Volumen eines Mols, da C_p auf 1 cm³ umgerechnet wird. Aus (32) und (33) folgt:

$$u_b = \frac{\left(\lambda \cdot \frac{\partial T}{\partial x}\right)_{T_z}^{T_e}}{(C_p)_{T_a}^{T_z} \cdot (T_z - T_a)} \cdot 22{,}4 \cdot 10^3. \tag{34}$$

Es ist nun üblich, in erster Annäherung das Temperaturgefälle $\left(\frac{\partial T}{\partial x}\right)_{T_z}^{T_e}$ proportional der Temperaturdifferenz und umgekehrt proportional der „wirksamen Reaktionszone“ x_r zu setzen, so daß wir für u_b erhalten:

$$u_b = \frac{(\lambda)_{T_z}^{T_e}}{(C_p)_{T_a}^{T_z}} \left(\frac{T_e - T_z}{T_z - T_a}\right) \cdot \frac{1}{x_r} \cdot 22{,}4 \cdot 10^3. \tag{35}$$

Die Brenngeschwindigkeit ist also um so größer, je höher die Wärmeleitfähigkeit des verbrennenden Gasgemisches ist, je niedriger die Zündtemperatur liegt, je kleiner die Zone, innerhalb der die Reaktion vor sich geht und je kleiner die spez. Wärme des Gasgemisches ist. Die Richtigkeit dieser schon von MALLARD und LE CHATELIER 1883 aufgestellten Formel ist in gewissem Umfang experimentell bestätigt worden. Sie ist durch Ergänzungen, die die Reaktionsgeschwindigkeit und die Größe der Reaktionszone berücksichtigen, u. a. von NUSSELT[1] erweitert und verfeinert worden.

b) Reaktionszone.

Der grundsätzliche Nachteil aller Berechnungen, der eine genaue rechnerische Auswertung unmöglich macht, besteht darin, daß unbekannte oder nur angenähert bekannte Zahlengrößen eingeführt sind. Auch neuere Berechnungen, so z. B. von DANIELL[2], können diese Schwierigkeiten nicht vermeiden. So z. B.

[1] NUSSELT, W.: Die Zündgeschwindigkeit brennbarer Gasgemische. Z. VDI Bd. 59 (1915) S. 872.

[2] DANIELL, P. I.: The theorie of flame motions. Proc. roy. Soc., Lond. A Bd. 126 (1929) S. 393.

bietet in Gleichung (35) die Bestimmung der wirksamen Reaktionszone x_r erhebliche Schwierigkeiten. Die in dem Temperaturgebiet zwischen Zündtemperatur und Explosionstemperatur wirksame Wärmeleitfähigkeit ist nicht genau bekannt. Ebenfalls nur angenähert bekannt ist die Zündtemperatur, die in der kurzen Zeit der Flammeneinwirkung wirksam ist. In erster Annäherung kann man als Zündtemperatur diejenige Flammentemperatur einsetzen, die sich bei der unteren Explosionsgrenze aus dem Wärmeinhalt des Gemisches ergibt. Man kann die Gleichung (35) benutzen, um aus ihr einen angenähert richtigen Wert der wirksamen Reaktionszone zu bestimmen, wenn die Brenngeschwindigkeit bekannt ist. So z. B. ist für ein 10,5 Vol.-%-Methan-Luft-Gemisch die Explosionstemperatur $t_e = 1850°$ C, $T_e = 2123°$ K, die Zündtemperatur $t_z = 1240°$ C, $T_z = 1513°$ K. Die Brenngeschwindigkeit u_b betrage 27 cm/s, die zwischen 0° und 1240° C wirksame spez. Wärme $C_p = 9{,}5$ cal/°C · Mol. Die Wärmeleitfähigkeit λ für das Methan-Luft-Gemisch, die zwischen 1240° und 1850° C wirksam ist, schätzen wir zu $2 \cdot 10^{-4}$ cal/°C · cm · s. Hieraus ergibt sich die Reaktionszone

$$x_r = \frac{2 \cdot 10^{-4} \cdot 610 \cdot 22{,}4 \cdot 10^3}{9{,}5 \cdot 1220 \cdot 27} = 8{,}7 \cdot 10^{-3}\ \text{cm}.$$

Die Tiefe der Reaktionszone beträgt danach rund 0,1 mm. Die Flamme durchläuft sie in $\frac{8{,}7 \cdot 10^{-3}}{27} = 0{,}32$ ms. Das Temperaturgefälle innerhalb der Reaktionszone beträgt $\frac{610}{8{,}7 \cdot 10^{-3}} = 70000°$/cm. Diese Zahlen mögen eine Vorstellung von der Größe der Reaktionszone geben.

Die Reaktionszone ist um so kleiner, je weniger der Reaktionsvorgang durch Gase, die nicht am Reaktionsvorgang teilnehmen, behindert wird. So ist auch die Brenngeschwindigkeit von Gemischen mit Sauerstoff bei denjenigen Gasen bedeutend größer als von Gemischen mit Luft, die zunächst in der Flamme zerlegt werden und eine größere Anzahl von Zwischenreaktionen durchlaufen, als in den Gasen, die bereits verbrennungsreif sind, wie z. B. Wasserstoff oder Kohlenoxyd. Die maximalen Brenngeschwindigkeiten für Luft- und Sauerstoffgemische sind beispielsweise in Zahlentafel 22 wiedergegeben[1].

Zahlentafel 22.

Gas	Luftgemisch	Sauerstoffgemisch
Methan	37 cm/s	330 cm/s
Feuchtes Kohlenoxyd	57 „	103 „
Stadtgas	64 „	705 „
Azetylen	131 „	1350 „
Wasserstoff	267 „	890 „

Wir wollen noch kurz auf eine neuere Behandlung des Vorganges in der Flammenfront hinweisen, die den physikalischen Erscheinungen besser gerecht wird.

Lewis und von Elbe versuchten, die Schwierigkeit der Berechnung der Verbrennungsgeschwindigkeit zu umgehen. Sie nahmen an, daß die Summe der chemischen und thermischen Energie je Masseneinheit für jede Schicht innerhalb der Reaktionszone gleich ist. Sie berücksichtigten in ihren Berechnungen, daß sich innerhalb der Reaktionszone aktive Teilchen in außergewöhnlicher Anreicherung

[1] Brückner, H., W. Becker u. E. Monthey: Zündgeschwindigkeit und Flammenleistung technischer Gase bei Verbrennung mit Sauerstoff. Forsch.-Arb. Schweißen u. Schneiden. Halle: C. Marhold 1937.

befinden und durch Diffusion in das unverbrannte Gasgemisch hineinströmen. Die experimentelle Nachprüfung dieser Rechnungen ist jedoch sehr schwierig und nur bei den chemisch einfachsten Reaktionen möglich. Die Berechnung prüften sie daher experimentell an der Explosion eines Ozon-Sauerstoff-Gemisches entsprechend der Umsatzgleichung

$$O_3 = 1{,}5\ O_2 + 34{,}22\ \text{kcal}.$$

Bei Entzündung eines 49,6 Vol.-%-Ozon-Sauerstoff-Gemisches von einer Anfangstemperatur von 195° C und einem Anfangsdruck von 3760 mm ergab sich eine Flammentemperatur von 1771° C und eine Brenngeschwindigkeit von 747 cm/s. Nach der Rechnung war eine Brenngeschwindigkeit von 664 cm/s zu erwarten. Die für diese Berechnung gültige Struktur der Reaktionszone ist in Abb. 42 wiedergegeben.

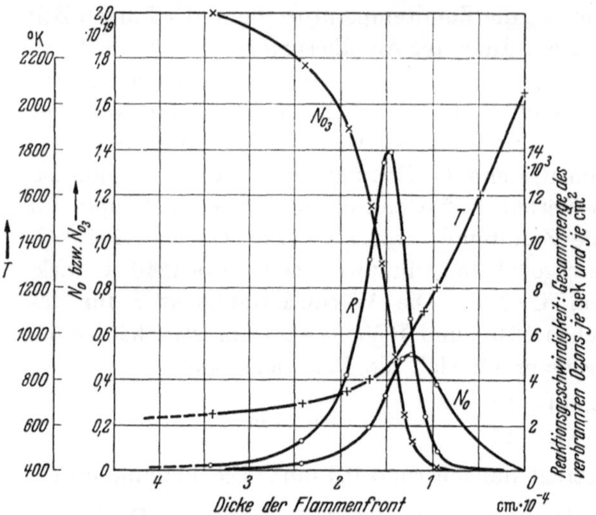

Abb. 42. Reaktionszone der Ozon-Sauerstoff Flamme nach LEWIS und v. ELBE.
T = Temperaturverlauf R = Reaktionsgeschwindigkeit
N_{O_3} = Konzentration der Ozonmolekel je cm³
N_O = Konzentration der Sauerstoffatome je cm³.

c) Experimentelle Untersuchungen von Brenn- und Flammengeschwindigkeiten.

Kinematographiert man die Bewegung einer Flamme in einem nicht zu engen Rohr, so kann man die Brenngeschwindigkeit aus der in der Zeiteinheit umgesetzten Gasmenge, dividiert durch die Brennfläche, mit genügender Genauigkeit bestimmen. Man erhält Geschwindigkeiten, die von den Rohrabmessungen angenähert unabhängig sind. COWARD und HARTWELL[1] haben solche Flammenuntersuchungen an Methan-Luft-Gemischen in Rohren von 2,5—100 cm Durchmesser durchgeführt. Sie bestimmten die maximale Brenngeschwindigkeit z. B. von Methan zu 27 cm/s.

Eine andere Methode, die Brenngeschwindigkeit zu bestimmen, besteht darin, den Innenkegel eines Bunsenbrenners auszumessen und die in der Zeiteinheit durchströmende Gasmenge sowie die Brennfläche zu ermitteln. Die nach dieser „dynamischen" Methode ermittelten Werte sind gut reproduzierbar. BUNTE[2] und Mitarbeiter haben hiernach eingehende Untersuchungen durchgeführt. In Zahlentafel 23 sind die von HARTMANN zusammengestellten Werte von Einzelgasen sowie Angaben aus Untersuchungen von PASSAUER[3] an Gasgemischen wiedergegeben.

[1] J. chem. Soc. (1932) S. 2676.

[2] BUNTE, K., u. W. LITTERSCHEID: Die Entzündungsgeschwindigkeit von Gasgemischen. Gas- u. Wasserfach Bd. 73 (1930) S. 837. — HARTMANN, E.: Der Verbrennungsmechanismus des Kohlenoxyds und seiner Gemische mit Gasen und Dämpfen. Diss. Karlsruhe 1931.

[3] PASSAUER, H.: Untersuchung von Generatorgas und Gichtgas. Feuerungstechn. 1929. — Einzelgase und technische Gemische, Einfluß der Vorwärmung. Gas- u. Wasserfach Bd. 73 (1930) S. 312.

Zahlentafel 23.

Gas- bzw. Dampf-Luft-Gemisch	u_{max} cm/s	Zugehör. Gemisch Vol.-%	Stöchiometr. Gemisch Vol.-%
Wasserstoff	267,0	42,0	29,6
Azetylen	131,0	10,0	7,8
Äthylen	63,0	7,0	6,5
Schwefelkohlenstoff	48,5	8,2	6,5
Propylen	43,5	4,8	4,5
Kohlenoxyd (1,2% H_2O und 0,5% H_2)	41,5	53,0	29,6
Benzol	38,5	3,0	2,7
Äthyläther	37,5	4,5	3,4
Methan	37,0	10,5	9,5
Zyklohexan	35,0	2,5	2,3
n-Pentan	35,0	2,9	2,6
n-Hexan	32,0	2,5	2,2
Azeton	31,8	6,0	5,0

Technische Gemische	H_2	CH_4	CO	C_nH_m	N_2	CO_2	u_{max} cm/s	Zugehör. Gemisch	Stöchiom. Gemisch
Stadtgas[1]	49,1	20,0	13,7	1,6	12,5	2,7	65	22,5	21,4
Wassergas	50,2	—	49,8	—	—	—	140	46	29,6
Halbwassergas (synthet.)	20,2	—	40,8	—	39,0	—	90	56	40,7
,, (aus Koks)	22,2	0,2	16,0	—	49,5	12,1	42	—	—
Luftgas	—	—	34,9	—	65,1	—	19	58	55
Kohlenoxyd/Methan	—	5	95	—	—	—	66	43,5	—
Synthesegas	66,6	—	33,3	—	—	—	189	44	29,6

Die Abhängigkeit der Brenngeschwindigkeit von dem Anteil des Gases oder Dampfes in Luft zeigt Abb. 43. Das Maximum der Brenngeschwindigkeit liegt, ähnlich wie das Maximum des Explosionsdruckes, nicht beim stöchiometrischen, sondern bei etwas satterem Gemisch. Die starke Verschiebung bei Wasserstoff und Kohlenoxyd ist besonders bemerkenswert.

Die Brenngeschwindigkeiten der in Zahlentafel 23 aufgeführten Gase und die Flammengeschwindigkeiten, die sich aus der Ausmessung von Druckdiagrammen als Mittelwerte vom Zündbeginn bis zum Erreichen der Gehäusewand ergeben (Tafel 24), zeigen hinreichend untereinander übereinstimmende Werte. Nur die in Tafel 23 angegebene Brenngeschwindigkeit von Methan ist, verglichen mit Hexan, zu hoch. Hier würde der von Coward und Hartwell angegebene Wert von 27 cm/s besser passen. Die Absolutwerte der Brenngeschwindigkeiten nach Tafel 23, verglichen mit Brenngeschwindigkeiten, die sich aus Tafel 24 berechnen lassen, stimmen nicht überein. Die Wärmeverluste können in geschlossenen Gefäßen die Flammengeschwindigkeiten (Tafel 24) stärker beeinflussen als die Brenngeschwindigkeiten der im Bunsenbrenner brennenden Flamme. Ob der Druck die Brenngeschwindigkeit im geschlossenen Gefäß beeinflußt, ist nicht eindeutig zu beantworten. Die Ergebnisse sind von der Versuchsanordnung stark abhängig. Nach Versuchen von Stevens[2] ist bis zu einem Überdruck von 3 at die Brenngeschwindigkeit von Kohlenoxyd-, Methan- und Butan-Sauerstoff-Ge-

[1] Vergleiche auch die Zusammensetzung der Stadtgas-Gemische nach Zahlentafel 13, S. 63.
[2] Nat. Adv. Comm. Aer. Rep. 280 (1927), 337 (1929), 372 (1930).

mischen vollkommen unabhängig von dem Druck, d. h. die Anzahl der in der Zeiteinheit umgesetzten Molekel nimmt proportional mit dem Druck zu. Die Versuche erfolgten bei konstantem Druck. Das Gemisch war in einer Seifenblase entzündet und die Flammenausbreitung photographiert worden. Nach anderen Versuchen, z. B. von NÄGEL sowie von TERRES und WIELAND[1] in geschlossenen

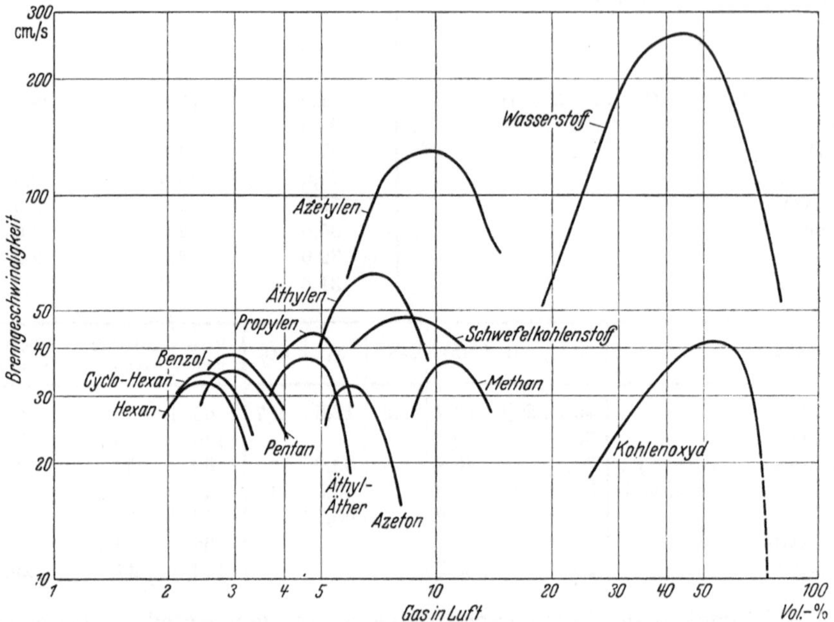

Abb. 43. Brenngeschwindigkeit verschiedener Gas- oder Dampf-Luft-Gemische in Abhängigkeit von der Konzentration.

Gefäßen, nimmt bei vielen Gasen die Brenngeschwindigkeit mit dem Druck ab, so z. B. bei Methan und Benzol. Bei Wasserstoff hingegen, vor allen Dingen bei höherem Anteil, nimmt die Geschwindigkeit mit dem Druck zu. Ermittelt man die mittlere Geschwindigkeit von Flammen, die in einem zylindrischen Gehäuse von 5 l Inhalt in der Mitte gezündet werden, aus der Zeitspanne von Beginn der Zündung bis zum Erreichen des höchsten Explosionsdruckes, so ergeben sich die Werte der Zahlentafel 24.

Zahlentafel 24.

Gas- bzw. Dampf-Luft-Gemisch	Stöchiom. Gemisch Vol.-%	Gemisch höchster Flammengeschwindigkeit Vol.-%	Höchstwert der mittleren Flammengeschwindigkeit cm/s
Methan	9,5	10,7	155
Hexan	2,2	2,4	193
Äthyläther	3,4	3,6	207
Stadtgas	20,8	21,0	332
Azetylen	7,8	11,5	970
Wasserstoff	29,6	34	1610

[1] TERRES, E., u. I. WIELAND: Über den Einfluß des Druckes auf die Entzündungsgeschwindigkeit explosiver Methan-Luftmischungen. Gas- u. Wasserfach Bd. 73 (1930) S. 97.

Über die Brenngeschwindigkeiten von Gemischen verschiedener Gase mit Luft wurden Untersuchungen von Bunte, Litterscheid, Hartmann und Passauer durchgeführt. Besondere technische Bedeutung haben Gemische aus Wasserstoff, Kohlenoxyd und Methan, verunreinigt durch kleine Beimengungen höherer Kohlenwasserstoffe (entsprechend etwa Äthylen) und durch mehr oder weniger großen Anteil von Stickstoff und Kohlendioxyd (vgl. Zahlentafel 23). Betrachtet man die höchsten Brenngeschwindigkeiten reiner Gemische aus Wasserstoff, Kohlenoxyd und Methan (Abb. 44), so mindert jede Beimengung zu Wasserstoff die Brenngeschwindigkeit. Methan verringert sie stärker als Kohlenoxyd.

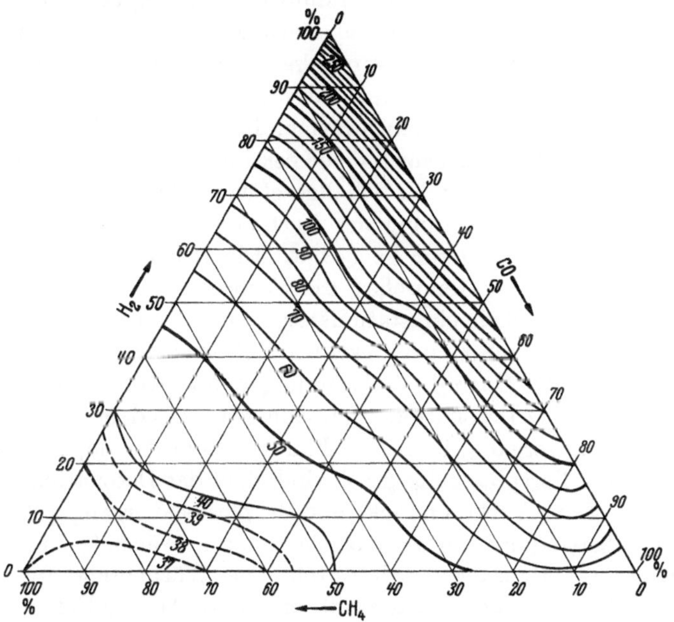

Abb. 44. Höchste Brenngeschwindigkeit in cm/s von Gemischen aus Wasserstoff, Kohlenoxyd und Methan mit Luft. Aus Meßwerten von Bunte und Litterscheid zusammengestellt.

Ein Zusatz der nicht brennbaren Gase Stickstoff und Kohlendioxyd setzt die Brenngeschwindigkeit herab; Kohlendioxyd wirkt wegen seiner höheren Wärmekapazität stärker als Stickstoff. Für einen Zusatz bis etwa 30% nicht brennbarer Gase kann man in erster Annäherung die Brenngeschwindigkeit u_b bestimmen zu

$$u_b = u_{b_0}(1 - v_{N_2})\,(1 - 1{,}66\, v_{CO_2})\,. \tag{36}$$

Es bedeuten:

u_{b_0} = die Brenngeschwindigkeit eines Gemisches ohne Zusatz von Stickstoff und Kohlendioxyd;

v_{N_2} = Volumenanteil Stickstoff, v_{CO_2} = Volumenanteil Kohlendioxyd — in dem Gemisch.

Beispiel: Die Zusammensetzung des Gases sei: 40% H_2, 40% CO, 10% N_2, 10% CO_2. Die Brenngeschwindigkeit u_{b_0} des reinen Wasserstoff/Kohlenoxyd-Gemisches ist 160 cm/s. Dann wird angenähert

$$u_b = 160 \cdot 0{,}9 \cdot 0{,}833 = 120 \text{ cm/s}.$$

d) Übergang der Explosion in Detonation.

Wir betrachteten bisher Brenn- und Flammengeschwindigkeit bei ungestörter, gleichmäßiger Strömung. Bei der Flammenbewegung in nicht zu engen Rohren können nun Unregelmäßigkeiten besonders in Gemischen hoher Verbrennungswärme, also z. B. in Gemischen mit Sauerstoff, auftreten: An der Rohrwand ist die Fortpflanzungsgeschwindigkeit infolge von Wärmeverlusten geringer als in der Rohrmitte. Bei horizontal liegendem Rohr ist die Geschwindigkeit oberhalb der Rohrmitte infolge der Konvektion am größten. Die Brennfläche ist stark gekrümmt und dadurch vergrößert. Da die je Flächen- und Zeiteinheit umgesetzte Molekelzahl gleich der Verbrennungsgeschwindigkeit ist, so ist die je Gesamtfläche umgesetzte Gasmenge bei stark gekrümmter Brennfläche größer und damit auch die Flammengeschwindigkeit höher. Turbulente Gasbewegung wirkt im gleichen Sinne. In längeren Rohren kann sich die Geschwindigkeit bei Gemischen genügender Verbrennungswärme, insbesondere bei Gemischen mit Sauerstoff, so weit steigern, daß nach einer bestimmten Anlaufstrecke Geschwindigkeiten in der Größenordnung der Schallgeschwindigkeiten erreicht werden. Es findet jetzt eine merkliche Stauung der Verbrennungsschwaden statt, die eine beträchtliche Drucksteigerung zur Folge hat. Die Drucksteigerung bewirkt eine zusätzliche Erwärmung des Gemisches, die Verbrennung geht noch rascher vor sich, und es tritt schließlich ein stationärer Zustand ein: Die Fortpflanzungsgeschwindigkeit steigert sich zu der Geschwindigkeit einer Knallwelle mit schroffem Druckanstieg in dem Gas mit Verbrennungstemperaturen bis 3000—3500° C. Die Explosion ist in eine Detonation umgeschlagen. Aus dem Explosionsvorgang wird der Detonationsvorgang, in dessen Flammenkopf der doppelte Explosionsdruck auftritt[1]. Die Fortpflanzungsgeschwindigkeit der Detonationswelle beträgt 1000—4000 m/s. Beim Verbrennungs- und Explosionsvorgang pflanzt sich die Wärme durch Übertragung, im wesentlichen durch Wärmeleitung, fort. Beim Detonationsvorgang pflanzt sie sich durch eine Wärmewelle fort, die durch Kompression im Kopf der Detonationswelle entsteht. Auf die Eigentümlichkeiten dieser Detonationserscheinungen soll hier nicht näher eingegangen werden[2]. Zum Abschluß wollen wir lediglich den Übergang der Explosionswelle in eine Detonationswelle an Hand von zwei Beispielen zeigen.

W. A. Bone und R. P. Fraser[3] haben mit einem rotierenden Film die Flammenbewegung in Glasrohren untersucht: Ein 1,5 m langes, einseitig geschlossenes Glasrohr von 1,3 cm Innendurchmesser war mit einem feuchten Kohlenoxyd-Sauerstoff-Gemisch gefüllt ($2\,CO + O_2$). Nach Zündung wurde der Lauf der Flamme auf einem rotierenden photographischen Film mit einem Sondergerät aufgenommen, das Filmgeschwindigkeiten bis 200 m/s zu erzeugen gestattete. Auf dem Rohr waren alle 20 cm Zeitmarken angebracht, die durch die Bilder als Striche laufen. Abb. 45 zeigt die Flammenentwicklung bei Zündung durch einen Kondensator (Zündenergie 0,325 Ws.). Die Flamme durcheilt das Rohr innerhalb der ersten 40 cm mit einer Geschwindigkeit von etwa 123 m/s, fortgedrückt

[1] Langweiler, H.: Beitrag zur hydrodynamischen Detonationstheorie. Z. techn. Phys. Bd. 19 (1938) S. 271.

[2] Siehe z. B. R. Becker: Über Detonation. Z. Elektrochem. Bd. 42 (1936) S. 457.

[3] Bone, W. A., u. R. P. Fraser: Photographic investigation of flames in gaseous explosions. Phil. Trans. roy. Soc. Lond. A Bd. 230 (1931) S. 363.

durch das am geschlossenen Rohr sich aufstauende verbrannte Gas. Nach 3 ms beginnt die Lichterscheinung stärker zu werden, gleichzeitig beschleunigt sich die Flamme und erreicht nach Durchlaufen der 1,5 m eine Geschwindigkeit von 560 m/s. Zweifellos hätte sich die Geschwindigkeit bis zur Detonation weiter

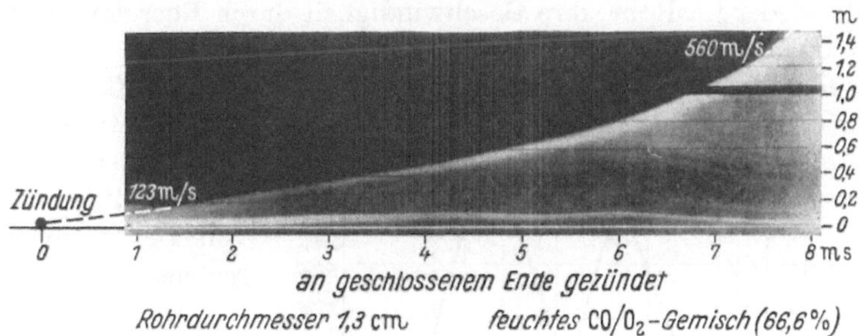

Abb. 45. Zeitlicher Verlauf der Ausbreitung einer Explosionsflamme in einem Glasrohr. Glasrohr einseitig geschlossen. Abszissenmaßstab in Tausendstel Sekunden.

gesteigert, wenn das Rohr genügend lang gewesen wäre. In einem anderen Versuch wurde die Flamme in ähnlicher Weise gezündet (Abb. 46). Das Rohr war jedoch 2,5 m lang. An den Anfang war ein zweites mit Stickstoff gefülltes, ebenfalls 2,5 m langes Rohr angeschlossen. Unmittelbar vor dem Versuch wurde eine Trennwand zwischen den Rohren geöffnet und das Kohlenoxyd-Sauerstoff-Gemisch wie vorher gezündet. Gleichzeitig wurde aber am Ende des mit Stickstoff gefüllten Rohres eine kräftige Druckwelle durch Zündung einer Sprengkapsel

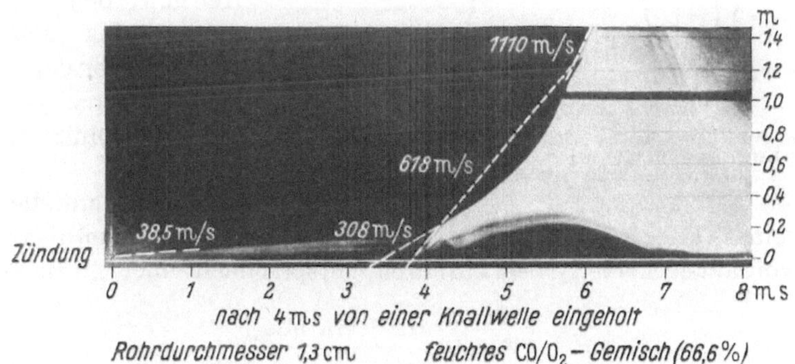

Abb. 46. Zeitlicher Verlauf des Umschlages einer Explosionswelle in eine Detonationswelle, herbeigeführt von einer Knallwelle. Abszissenmaßstab in Tausendstel Sekunden.

erzeugt. In Abb. 46 sieht man zunächst die schwach leuchtende Flamme mit einer Geschwindigkeit von 38,5 m/s. Nach 4 ms wird sie von der Knallwelle eingeholt, die mit einer Geschwindigkeit von 760 m/s fortgeeilt war. Im ersten Ansturm verdichtet sich das Gasgemisch unter heller Leuchterscheinung. Die Verbrennungsfront nimmt eine Geschwindigkeit von 308 m/s an, während die Knallwelle weitereilt (gestrichelte Linie). Die Verbrennungsgeschwindigkeit beschleunigt sich nun mehr und mehr und erreicht nach weiterem Durchlaufen von 1 m Rohrlänge bereits eine Geschwindigkeit von 1320 m/s. Nun holt die Verbrennungswelle die Knallwelle ein. Die Knallwelle hatte jedoch kurz vorher (4,25 cm) durch die Kompression das Kohlenoxyd-Sauerstoff-Gemisch gezündet und eine rückläufige Druckwelle durch die weißglühende Flammenmasse gesandt. Die beiden Flammenfronten vereinigen sich, die Flamme eilt an das offene Ende. Beim Erreichen der Mündung wird eine Druckwelle zurückgeworfen und erscheint, wie aus der Flammenstruktur zu sehen ist, nach 0,8 ms als rückläufige Druckwelle wieder im Rohr, ihre Geschwindigkeit durch Energieverluste schließlich auf 1000 m/s verringernd.

Das Studium solcher Flammenbilder hat wesentlich zur Aufklärung von Verbrennungsvorgängen beigetragen. In explosionsgefährdeten Betrieben wird man jedoch in der Regel nicht mit dem Zustandekommen von Detonationswellen zu rechnen haben.

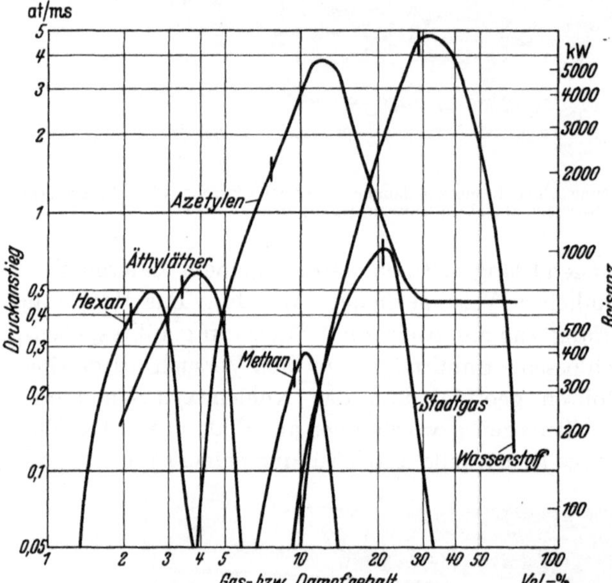

Abb. 47. Druckanstieg und Brisanz verschiedener Gas- und Dampf-Luft-Gemische in 5 l-Gehäusen in Abhängigkeit von der Konzentration. (Gleiche Meßreihen wie Bild 33.)

e) Brisanz und Druckanstieg.

Je schneller sich die Flamme im Gehäuse ausbreitet, um so rascher steigt der Druck an. Das chemische Arbeitsvermögen wird in Druck-Arbeits-Vermögen umgewandelt. Das hierbei in der Zeiteinheit frei gewordene Arbeitsvermögen, das sich in der Drucksteigerung äußert, heißt Brisanz. Die Brisanz hat die Dimension einer Leistung.

Das potentielle Arbeitsvermögen eines Gases von dem Druck p kg/cm² und dem Volumen v m³ beträgt, wenn wir von außen keine Arbeit zuführen, entsprechend einer „Adiabate“

$$A = \frac{p \cdot v}{k-1} \cdot 10^4 \quad \text{(in mkg)} \tag{37}$$

$$A = 23{,}4\,\frac{p \cdot v}{k-1} \quad \text{(in kcal)} \tag{37a}$$

$$A = 2{,}72\,\frac{p \cdot v}{k-1} \cdot 10^{-2}\,\text{(in kWh)}\,. \tag{37b}$$

k ist das Verhältnis der spez. Wärmen bei konstantem Druck zu konstantem Volumen C_p/C_v. Hieraus ergibt sich die Brisanz bei einer Druckänderung dp/dt (kg/cm²s) zu

$$B = \frac{10^4}{k-1} \cdot v \cdot \frac{dp}{dt} \quad \text{(in mkg/s)} \tag{38}$$

$$B = \frac{98}{k-1} \cdot v \cdot \frac{dp}{dt} \quad \text{(in kW)}\,. \tag{38a}$$

Die Brisanz der Gas-Luft-Gemische hat mit zunehmender Konzentration ihr Maximum bei den Gemischkonzentrationen, die den höchsten Explosionsdruck ergeben. Die in Abb. 47 wiedergegebenen Messungen des Druckanstieges zeigen, daß die Brisanz der Wasserstoff-Luft-Explosion 16 mal größer als die der Methan-Luft-Explosion ist.

Die Folge eines raschen Druckanstieges kann eine Überbeanspruchung des Gehäuses sein, in dem die Zündung stattfindet. Denn der Druckanstieg kann eine Schwingung der Wände zur Folge haben, wenn die Zeit des Druckanstieges der Größenordnung nach der Zeitdauer der Eigenschwingung der Gehäusewand entspricht. Bei stoßweiser Belastung beträgt die Beanspruchung der Wand die doppelte des statischen Betrages. A. M. ROBERTS[1] hat diese Zusammenhänge näher untersucht. Als Beispiel sind in Abb. 48 die Ergebnisse seiner Rechnungen, die für konstanten Druckanstieg gelten, wiedergegeben. Die Druckanstiegzeit können wir aus der Druckänderung dp/dt (Abb. 47) und aus den Explosionsdrücken (Abb. 33) berechnen. Die Eigenschwingungsdauer von Gehäusen zu bestimmen, ist erheblich schwieriger. Rechnungen versagen bei den technischen Gehäuseformen sehr bald. Will man ermitteln, wie hoch der statische Druck bei einer Druckprüfung gewählt werden muß, um die gleiche Beanspruchung wie bei einem Explosionsvorgang zu erhalten, dann wird man zweckmäßig die Eigenschwingung des Gehäuses experimentell bestimmen.

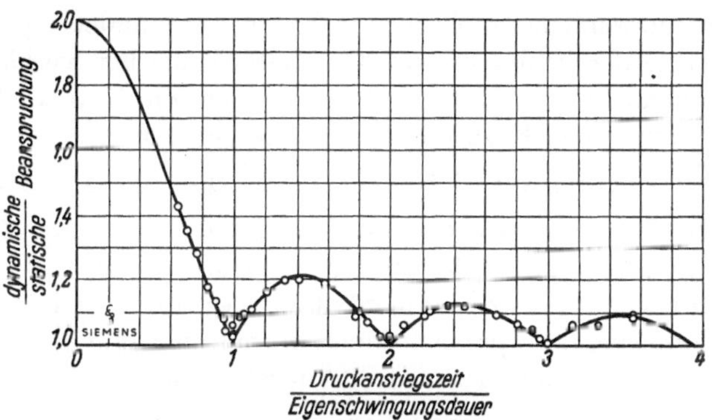

Abb. 48. Dynamische Beanspruchung von Gehäusen durch schnell ansteigenden Druck nach A. M. ROBERTS.

Bei kleinen Gehäusen, z. B. unter 5 l Inhalt, liegt die Eigenschwingungsdauer im allgemeinen so hoch, daß der statische und der dynamische Druck zu gleicher Beanspruchung führt. Bei größeren Gehäusen ist dies nicht immer der Fall. (Bei einer Beanspruchung durch Detonation können hingegen selbst verhältnismäßig kleine Kupferfolien mit sehr hoher Eigenschwingungszahl infolge der doppelten Beanspruchung wie beim statischen Druck zerrissen werden[2].)

Es ist schwierig, diese Verhältnisse zu übersehen. Man zieht es infolgedessen vor, die Gehäuse einer Explosionsprüfung an Stelle einer statischen Prüfung mit Umrechnung auf gleiche dynamische Beanspruchung zu unterziehen[3].

An einem Zahlenbeispiel seien die Höchstwerte des Druck-Arbeits-Vermögens und der Brisanz veranschaulicht. Es wird angenommen, daß in einem Raum von $3 \times 3 \times 3 = 27$ m³ Inhalt und 54 m² Wandfläche das explosibelste Gemisch zur Entzündung gebracht wird:

[1] Mech. Wld. Bd. 99 (1936) S. 441.

[2] CAMPELL, C., W. B. LITTLER u. C. WITHWORTH: Proc. roy. Soc. Lond. A Bd. 137 (1932) S. 380.

[3] Elektr. i. Bergbau Bd. 13 (1938) S. 69. — MASKOW, H.: Das Versuchsfeld für Explosions- und Schlagwetterschutz. Siemens-Z. Bd. 19 (1939) S. 400.

Zahlentafel 25.

Gas- bzw. Dampf-Luft-Gemisch	Stöchiometrisches Gemisch Vol.-%	Gewicht des Gases bzw. Dampfes im stöchiometrischen Gemisch kg	Druckarbeitsvermögen kWh	Druck auf die Wände t	Brisanz kW
Ammoniak	21,9	4,48	15	2430	85000
Methan	9,5	1,84	23,2	3780	200000
Benzol	2,7	2,62	26,5	4330	374000
Stadtgas	20,8	2,89	23,2	3730	496000
Wasserstoff	29,6	0,72	23,8	3880	3250000

Diese Werte gelten für Zündung in der Mitte des Raumes für gleichmäßig durchmischte Gemische. Sie sind aus Versuchen in 5 l-Gehäusen übertragen. Sie sollen die Vorstellung erleichtern, mit welcher Gewalt eine Raumexplosion verlaufen kann, wenn das explosibelste Gemisch entzündet wird. Und doch sind die Brisanzwerte der Explosion von Gas-Luft-Gemischen verhältnismäßig klein, verglichen mit den Beträgen, die bei der Detonation, insbesondere von Sprengstoffen, auftreten. So z. B. zerfällt Pikrinsäure gemäß

$$2 \cdot C_6H_2(NO_2)_3OH = CO_2 + H_2O + 11\,CO + 2\,H_2 + 3\,N_2 + 355{,}5\ \text{kcal}.^1$$

Bei Gegenwart von Sauerstoff verbrennt dann noch Kohlenoxyd und Wasserstoff. Entsprechend der Volumenvermehrung treten bei festverdämmtem Sprengstoff Drücke auf, die experimentell zu über 40000 at bestimmt wurden. Das Arbeitsvermögen der Sprengstoffe ist verhältnismäßig gering. Da das Molekulargewicht von Pikrinsäure 229 beträgt, wird beim Zerfall eine Wärmemenge frei gemäß $Q = \frac{355{,}5 \cdot 10^3}{2 \cdot 229} = 775$ kcal/kg bzw. 0,89 kWh/kg Sprengstoff. Das ist weniger als $^1/_{10}$ der gleichen Menge Benzoldampf. Da aber die Detonationsgeschwindigkeit 7660 m/s beträgt, ist die in der Zeiteinheit geleistete Arbeit, also die Brisanz, außerordentlich viel größer. So z. B. gibt LANGWEILER[2] für Trinitrotoluol, dessen Verbrennungswärme 1085 kcal/kg = 1,26 kWh/kg beträgt, einen Explosionsdruck von 71800 kg/cm² und eine Brisanz, auf 1 l bezogen, von 29,8 Millionen kW/l an.

9. Der Zünddurchschlag.

a) Der Wärmeentzug.

Die Brenngeschwindigkeit von Gas- oder Dampf-Luft-Gemischen beträgt entsprechend den Gleichungen (34) und (35):

$$u_b = \frac{Q_e}{C_p(T_z - T_a)} \cdot 22{,}4 \cdot 10^3\,. \tag{39}$$

Hierin bedeutet Q_e der von der Verbrennungswärme herrührende Wärmefluß je cm² und s, der zur Erhöhung der Anfangstemperatur T_a auf die Zündtemperatur T_z zur Verfügung steht. Wird dieser dem unverbrannten Gemisch zuströmende Wärmefluß verringert, so mindert sich auch die Brenngeschwindigkeit. Die durch Strahlung und Leitung an metallische Wände je cm² und s abgegebene Wärme z. B. hat eine Minderung der für die Fortpflanzung der Flamme zur Verfügung

[1] unterer Heizwert.

[2] Zitiert S. 94.

stehenden Wärme zur Folge: Die Brenngeschwindigkeit verlangsamt sich stets in der Nähe der Wände. Wenn Q_w die Wärmeverluste je cm² Flammenfront und s sind, dann wird die Brenngeschwindigkeit u_b'

$$u_b' = \frac{Q_e - Q_w}{C_p(T_z - T_a)} \cdot 22{,}4 \cdot 10^3 . \tag{40}$$

Soll die Flamme erlöschen, dann muß $u_b' = 0$ werden. Wir erhalten dann aus (39) und (40) die Bedingung für den Wärmeentzug:

$$Q_w = u_b \cdot C_p(T_z - T_a) \cdot 4{,}46 \cdot 10^{-5} . \tag{41}$$

Der Wärmeentzug muß um so größer sein, je größer die Brenngeschwindigkeit und je höher die in der Flammenfront wirksame Zündtemperatur ist. Für Wasserstoff-Luft-Gemische wird also der zum Verlöschen der Flamme erforderliche Wärmeentzug wesentlich größer als für Methan-Luft-Gemische sein; denn die Brenngeschwindigkeit der Gemische höchsten Flammendurchschlagvermögens (Abb. 43) ist etwa 6mal größer, wenn auch die wirksame Zündtemperatur des Wasserstoffs etwa nur halb so groß wie die des Methans ist. Der Einfluß der spez. Wärme C_p tritt demgegenüber in den Hintergrund, da der Anteil verschiedener Gase in Luft die spez. Wärme nicht entscheidend beeinflußt.

Die älteste bekannte Einrichtung, die Flamme durch Wärmeentzug an einer weiteren Ausbreitung zu hindern, ist die von DAVY im Jahre 1815 angegebene Sicherheitslampe. Der Schlagwetterstrom, der einer mit dem Drahtnetz umgebenen Sicherheitslampe zugeführt wird, entzündet sich zwar im Innern der Lampe und verbrennt. Der Flamme wird aber durch das Netz so viel Wärme entzogen, daß ein Durchdringen des Netzes, ein Zünddurchschlag, vermieden wird. Das Netz kann aber nur dann sicher wirken, wenn es genügend Wärme aufnehmen und weiterleiten kann, ohne sich bis zur Zündtemperatur des Gemisches zu erwärmen. Der Wärmeentzug durch das DAVYsche Drahtnetz ist in erster Linie ein Wärmeleitproblem.

Werden in Gehäusen druckfester Bauart explosible Gemische gezündet, so darf die Explosionsflamme an keiner Stelle zündend aus Spalten herausschlagen, auch wenn das Gehäuse von dem explosibelsten Gemisch umgeben ist. Der Wärmeentzug geschieht hier auf dreierlei Art:

1. Durch die Abmessungen des Spaltes wird die Flammenfront in eine Flammenzunge umgebildet, so daß die Wärmeleitungsverluste der Flamme vergrößert werden.

2. Das verbrennende Gemisch wird, wenn es den Spalt durchströmt hat, so schnell nach seinem Austritt mit dem umgebenden unverbrannten Gasgemisch durcheinandergewirbelt, daß ihm durch Mischung Wärme entzogen wird, ehe die Induktionszeit eine Zündung gestattet.

3. Die Länge und Weite von Spalten werden so bemessen, daß ein Teil der Verbrennungswärme durch Leitung und Strahlung an die Begrenzungsflächen abgegeben wird.

Alle drei Arten des Wärmeentzugs sind um so wirksamer, je enger der Spalt und je dünner die Flammenzunge ist. Zur experimentellen Ermittlung des Zünddurchschlages durch enge Spalte kann man folgendermaßen vorgehen: Ein druckfestes Gefäß (Abb. 49) wird mit dem zu untersuchenden explosiblen Gemisch gefüllt. Das Gehäuse ist zweiteilig. Die Flansche sind überschliffen und durch schmale Zwischenlagen in bestimmtem Abstand voneinander gehalten. Die Flanschbreite legt die Spaltlänge fest. Die Dicke der Zwischenlage bestimmt die Spaltweite. Beide Gehäusehälften sind fest miteinander verschraubt. Der Außenraum um das Gehäuse ist mit dem gleichen explosiblen Gemisch wie das Gehäuse selbst gefüllt. Wird das Gemisch im Innern des Gehäuses gezündet, so kann die Explosionsflamme das Außengemisch zur Entzündung bringen, wenn die Spaltweite genügend groß ist. Die Weite wird um kleine Beträge so lange verändert, bis die Grenzwerte genügend eingeengt sind. Unter Grenzspaltweite wird der Wert der Spaltweite verstanden, bei dem das Außengemisch gerade noch nicht entzündet wird. Der Zünddurchschlag zeigt eine Reihe von Erscheinungen, die im folgenden näher betrachtet werden.

Abb. 49. Druckfestes Normalgehäuse von 5 l Inhalt mit Spalt.

b) Erscheinungen des Zünddurchschlages.

1. Zünddurchschlag in Abhängigkeit von der Verbrennungswärme: Je größer die Verbrennungswärme des Gemisches ist, um so enger muß der Spalt sein, um den Zünddurchschlag zu verhindern. DELMAS[1] hat dies durch eine Reihe von Versuchen zahlenmäßig belegt. Die Messungen wurden von MASKOW wiederholt. Durch feinere Abstufung der Spaltweiten wurde die Grenzspaltweite von ihm auf $^1/_{10}$ mm eingeengt. Abb. 50 gibt als Beispiel Meßwerte von Benzol- und Hexan-Luft-Gemischen wieder. Die kleinsten Werte der Spaltweite fallen annähernd mit dem stöchiometrischen Gemisch zusammen. Die im folgenden näher beschriebenen Messungen und ihre Ergebnisse gelten stets für diejenigen Gemische, die die kleinsten Werte der Spaltweite bei Veränderung der Gemischzusammensetzung ergeben. Die Werte sind stets an den explosibelsten Gemischen ermittelt.

2. Zündort: Bereits BEYLING hatte festgestellt, daß ein Methan-Luft-Gemisch, an einem Ende einer großen Bombe gezündet, am anderen Ende durch verhältnismäßig große Öffnungen durchdringen konnte, ohne außen zu zünden. Aus der Öffnung schlägt zwar eine Flamme heraus. Diese ist aber nicht in der Lage, die im Innern des Gehäuses stattgefundene Explosion nach außen zu tragen. Neuere Untersuchungen zeigen, daß diese Erscheinung weitgehend unabhängig von der Gehäusegröße ist. Je weiter die Entfernung des Zündortes vom Spalt ist, um so höher ist der Druck im Gehäuse in dem Augenblick, in dem die Flamme

[1] DELMAS, L.: Construction des apparails électriques étanches aux flammes autres que celles du grisou. Ann. Mines Bd. 18 (1930) S. 5.

aus dem Spalt heraustreten kann. Das Gemisch vermag daher mit um so größerer Geschwindigkeit aus dem Gehäuse zu entweichen. Um so stärker ist demnach die Durchwirbelung der aus dem Gehäuse austretenden Flamme mit dem noch

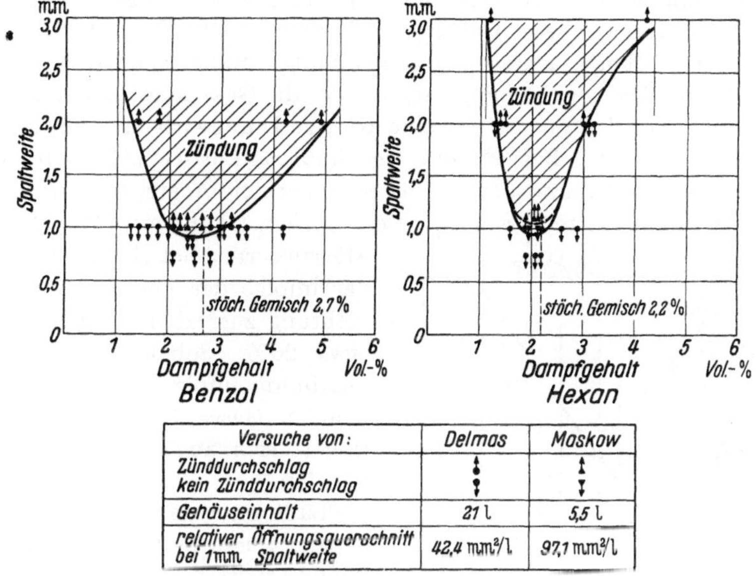

Versuche von:	Delmas	Moskow
Zünddurchschlag kein Zünddurchschlag		
Gehäuseinhalt	21 l	5,5 l
relativer Öffnungsquerschnitt bei 1 mm Spaltweite	42,4 mm²/l	97,1 mm²/l

Abb. 50. Grenzspaltweite in Abhängigkeit von der Konzentration von Benzoldampf- und Hexandampf-Luft-Gemischen.

unverbrannten Gemisch. Bei Zündung in der Mitte eines längs seines Umfanges durch einen Spalt offenen Gehäuses wird man daher höhere Grenzspaltweiten als bei Zündung am Rande erhalten. Voraussetzung ist jedoch, daß der Flamme durch Durchwirbelung mit dem unverbrannten Gemisch schneller Wärme entzogen werden kann, als die Zündung einsetzt. Kohlenwasserstoffe der Methanreihe, Benzine, Benzol, Alkohole und Äther haben einen nennenswerten Zündverzug. Wasserstoff dagegen verbrennt außerordentlich rasch. Die Durchwirbelung hat infolgedessen bei den erstgenannten Gasen und Dämpfen einen merklichen Einfluß auf die Grenzspaltweite, beim Wasserstoff ist ein Einfluß nicht nachweisbar (Abb. 51).

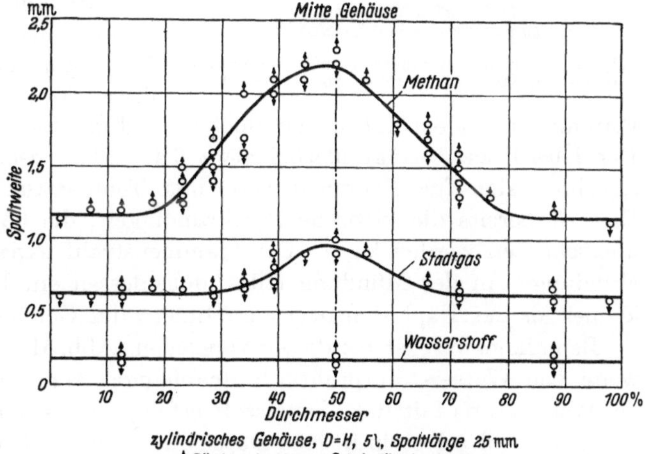

Abb. 51. Einfluß des Zündortes auf die Grenzspaltweite.

Die Expansion des ausströmenden Gemisches hat auf diese Erscheinung keinen merklichen Einfluß. Denn die Temperaturerniedrigung durch Expansion ist, wie die Auswertung der in Abb. 51 wiedergegebenen Versuchsergebnisse zeigt, vernachlässigbar klein: Bei Zündung des 10 Vol.-%-Methan-Luft-Gemisches in der Mitte des zylindrischen 5 Liter-Gehäuses beträgt die Grenzspaltweite 2,2 mm. Der Öffnungsquerschnitt ist 1170 mm², die relative Öffnungsweite 234 mm²/l. Der höchste im Innern dieses Gehäuses aufgetretene Überdruck beträgt weniger als $^1/_{10}$ at. Die Temperaturerniedrigung infolge Expansion ist infolgedessen kaum merklich. Die Geschwindigkeit, mit der die Gase ausströmen, liegt in der Größenordnung von 100 m/s, so daß eine kräftige Durchwirbelung mit den kühlen Außengasen stattfindet. Bei Zündung des Stadtgas-Luft-Gemisches in der Mitte des Gehäuses ist die Grenzspaltweite etwa 0,9 mm, die Austrittöffnung 479 mm², die relative Öffnungsweite 95,8 mm²/l. Der Überdruck kann etwa $2^1/_2$ at betragen. Hieraus errechnet sich eine Abkühlung der infolge der vorangegangenen Verdichtung zusätzlich erhitzten Gase um etwa 20%. Sobald aber das Druckmaximum infolge des ständig ausströmenden Gases überschritten ist, verringert sich auch der Einfluß der Expansion.

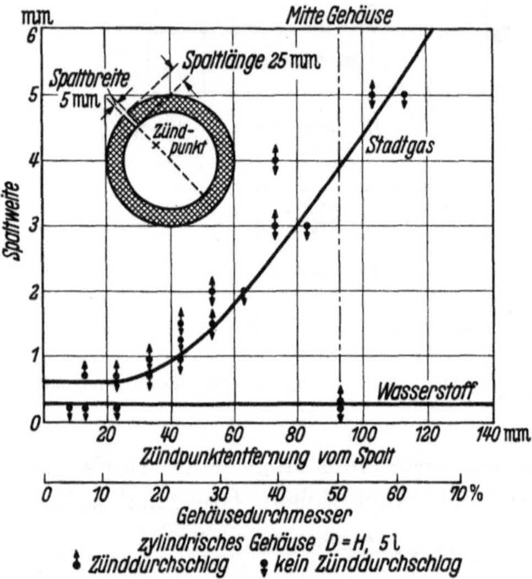

Abb. 52. Zündung von Stadtgas- und Wasserstoff-Gemischen durch 5 mm breiten Spalt hindurch.

Läßt man das Gas nicht über den ganzen Querschnitt des Gehäuses nach Abb. 49 austreten, sondern nur an einem Ausschnitt von 5 mm Breite, dann erhöht sich die Austrittgeschwindigkeit. Bei Zündung des Stadtgas-Luft-Gemisches im Innern des 5 Liter-Gehäuses in 120 mm Entfernung vom Spalt schießt aus einer Öffnung, die bis auf 5 × 5 mm erweitert werden kann, ein etwa 20 cm langer Feuerstrahl. Die Flamme zündet ein außen befindliches Stadtgas-Luft-Gemisch nicht (Abb. 52). Der Überdruck beträgt hierbei etwa 6 at. Die Geschwindigkeit beim Austritt errechnet sich für Flammen von einer Temperatur von 1000° C zu 700 m/s. Dies ist bereits die kritische Geschwindigkeit, die bei Drücken über 1 at nicht überschritten werden kann. Der Flammenstrahl expandiert erst außerhalb der Mündung. An der Mündung tritt infolgedessen ein Druck auf, der etwa 1 at kleiner als der Explosionsdruck im Innern des Gehäuses ist.

Bemerkenswert ist bei diesen Versuchen (Abb. 51 und 52), daß die Grenzspaltweite von Wasserstoff praktisch unabhängig vom Zündort ist. Die Reaktion des Wasserstoffs mit dem Sauerstoff erfolgt so rasch und die Induktionszeit ist so klein, daß selbst kräftigste Durchwirbelung der heißen Feuergase mit unverbranntem Gemisch die Einleitung des Zündvorganges nicht verhindern kann. Unmittelbar nach Berührung der Flammenzunge mit dem unverbrannten Gemisch kommt es schon zur Entzündung und damit zu dem Fortleiten der Explosion vom Innern des Gehäuses in das umgebende Gemisch.

3. Spaltabmessungen: Die Ansicht, daß ein Zünddurchschlag durch Abkühlung der heißen im Innern des Gehäuses verbrannten Gase an breiten Flan-

schen wirkungsvoll verhütet wird, ist weit verbreitet. Die Flammen sollen in dem Spalt zwischen den Gehäuseteilen so weit gekühlt werden, daß sie sich nicht nach außen fortpflanzen können. Hiermit verbindet man die Vorstellung, daß dies in um so vollkommenerer Weise möglich ist, je breiter der Flansch, also je größer die Spaltlänge ist. Umgekehrt müßte danach die Sicherheit gegen einen Zünddurchschlag bei kleiner Spaltlänge gering sein. Diese Ansicht entspricht jedoch nicht einer vollständigen Erklärung des Zünddurchschlages. Zur Erläuterung sei ein Versuch geschildert:

Abb. 53. Einbau eines Versuchsgehäuses in die Explosionskammer.

Ein zylindrisches 5 Liter-Gehäuse wurde in die Gaskammer eingebaut. Gehäuse und Gasraum wurden mit 10,5 Vol.-% Methan-Luft-Gemisch gefüllt (Abb. 53). An dem 2teiligen Gehäuse waren die Flansche so abgedreht, daß am oberen Gehäuseteil die Flanschbreite 4 mm betrug. Der untere Flansch war als scharfe Schneide ausgebildet. Beide Hälften waren gegeneinander zentriert. Ihr gegenseitiger Abstand betrug 0,65 mm (Abb. 54). Die Spaltweite betrug demnach 0,65 mm, die Spaltlänge an der Schneide 0 mm. Die Zündung des Gemisches im Innern des Gehäuses wurde in Höhe des Spaltes 20 mm von der Schneide entfernt durch elektrisches Verdampfen eines Widerstandsdrahtes eingeleitet. Das äußere Gasgemisch konnte von der aus dem Spalt austretenden Flamme nicht entzündet werden. Abb. 55 zeigt Aufnahmen des Zündvorganges. Sie sind zwar nicht so deutlich wie eine Beobachtung mit dem Auge. Sie lassen aber doch hinreichend gut erkennen, daß das Gas im Innern des Gehäuses mit hellem Schein verbrennt. Schräg nach links oben huschen von der Zündstelle Leuchterscheinungen nach außen. Zu einer Zündung kommt es aber nicht.

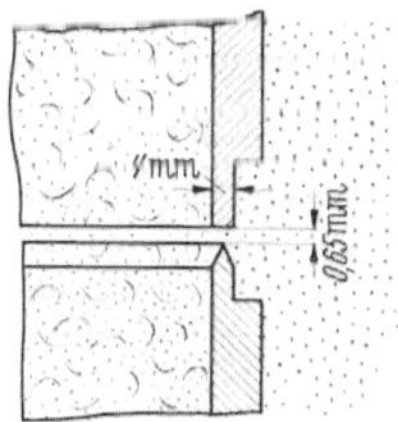

Abb. 54. Schneidenförmiger Spalt zur Verhütung des Flammendurchschlages.

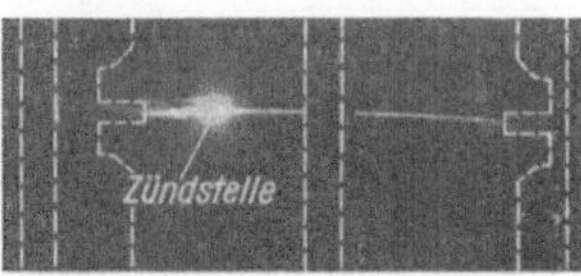

Abb. 55. Verhütung des Zünddurchschlages von Methan-Luft-Gemisch durch schneidenförmigen Spalt, Schneide nach Abb. 54.

Die Zusammenhänge zwischen Spaltlänge und Spaltweite für den Zünddurchschlag verschiedener Gase und Dämpfe sind in Abb. 56 wiedergegeben. Die Grenzspaltweite ist keineswegs verhältnisgleich mit der Spaltlänge. So z. B. ist bei Methan-Luft-Gemischen bei sehr kleiner Spaltlänge — die Messungen erfolgten bis zu Spaltlängen von 1 mm — die verhältnismäßig große Spaltweite von 0,65 mm zum Zünddurchschlag erforderlich. Bei größerer Spaltlänge als 25 mm ist der Einfluß der Länge auf die Grenzspaltweite nur noch gering. Auch die anderen in Abb. 56 dargestellten Gase und Dämpfe zeigen ein ähnliches, wenn auch nicht ganz so ausgeprägtes Verhalten. Auf die besonderen Vorgänge, die die sehr niedrigen Grenzspaltweiten des Azetylen-Luft-Gemisches zur Folge haben, kommen wir an besonderer Stelle zurück.

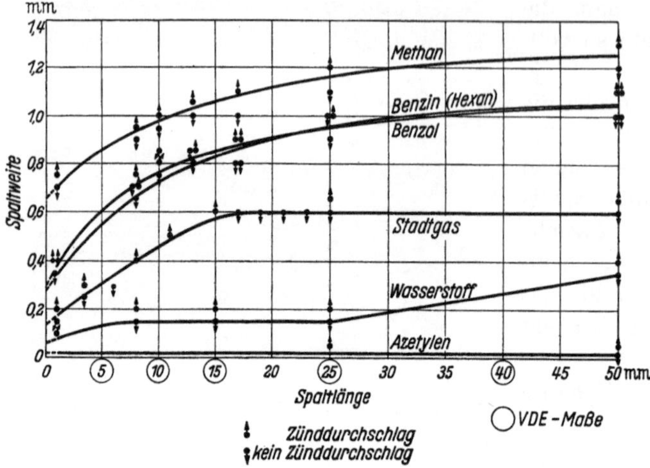

Abb. 56. Grenzspaltweite in Abhängigkeit von der Spaltlänge für verschiedene Gas- und Dampf-Luft-Gemische.

Mit zunehmender Spaltlänge kann die Spaltweite nicht verhältnisgleich erweitert werden. Bei etwa 25 bis 50 mm Spaltlänge ist ein Höchstwert der Spaltweite erreicht, der seine Ursache in der Wärmebilanz der Verbrennung im Spalt hat: Die Wärmeverluste im Spalt werden jeweils durch das im Spalt vorhandene und verbrennende explosible Gas-Luft-Gemisch gedeckt. Ein Gleichgewichtszustand tritt ein, wenn die Verbrennungswärme des im Spalt vorhandenen Gases zur Deckung der Wärmeableitungsverluste ausreicht. So erklären sich auch die oftmals verblüffenden Ergebnisse bei Versuchen über den Zünddurchschlag längs langer Spalte oder durch meterlange Rohre, die mit kleinen Stahlkugeln gefüllt sind: Das in den Zwischenräumen vorhandene explosible Gas-Luft-Gemisch deckt die Wärmeverluste gerade so, daß sich die Explosion von Zwischenraum zu Zwischenraum über weite Entfernungen fortpflanzen kann.

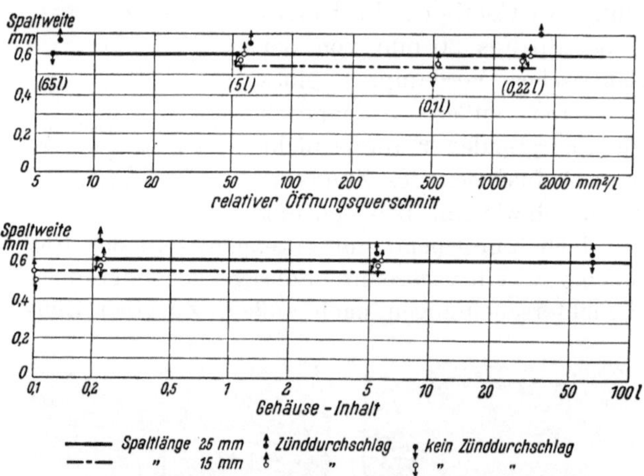

Abb. 57. Zünddurchschlag in Abhängigkeit von dem relativen Öffnungsquerschnitt und dem Gehäuseinhalt.

4. G e h ä u s e g r ö ß e und r e l a t i v e Ö f f n u n g s w e i t e: Versuche mit Stadtgas zeigen, daß weder die Gehäusegröße noch der relative Öffnungsquerschnitt einen Einfluß auf den Zünddurchschlag haben. Bei diesen Versuchen war der Zünddurchschlag in Gehäusen von 0,1 l bis 65 l Inhalt und mit einem relativen Öffnungsquerschnitt zwischen 6 und 1500 mm²/l nachgeprüft worden. Die Spaltlänge betrug 15 und 25 mm. Die Messungen zeigt Abb. 57. Dies Ergebnis gilt für die kleinsten Grenzspaltweiten, d. h. wenn das Gemisch in der Nähe des Spaltes gezündet wird. Bei Zündungen in der Mitte des Gehäuses kann aber die relative

Öffnungsweite einen beträchtlichen Einfluß auf die Grenzspaltweite haben. Je größer der relative Öffnungsquerschnitt ist, um so geringer wird der Überdruck im Innern des Gehäuses und die Durchwirbelung mit dem unverbrannten Gasgemisch bei Austritt aus dem Spalt und um so kleiner der Einfluß des Zündortes auf den Zünddurchschlag. So z. B. ist bei 5 Liter-Gehäusen von 1500 mm^2/l Öffnungsquerschnitt ein Einfluß des Zündortes auf den Zünddurchschlag von Methan- und Leuchtgas-Luft-Gemischen nicht mehr feststellbar, während die bei kleinerem Öffnungsquerschnitt aufgenommenen Abb. 51 und 52 diesen Einfluß sehr deutlich zeigen.

Bei kleinen Gehäusen von einigen Kubikzentimetern Inhalt, in denen die Ausbildung einer Flamme durch die Wandung stark behindert wird, sind die Grenzspaltweiten des Zünddurchschlags merklich größer, als die Werte der Abb. 56 und 57 zeigen. Der abkühlende Einfluß der Wand ist bei diesen kleinsten Gehäusen so groß, daß nicht nur der Explosionsüberdruck auf kleine Werte herabgesetzt ist, sondern auch der Zünddurchschlag bei erheblich größeren Spaltweiten als bei großen Gehäusen erfolgt, und zwar selbst dann, wenn der Spalt auf der einen Seite nicht durch Metall, sondern durch keramischen Werkstoff begrenzt ist.

5. Spaltwerkstoff: Die mitgeteilten Versuchsergebnisse sind an Spalten, von Metall begrenzt, gewonnen. Die Art des Metalls, z. B. Eisen oder Aluminium, hat auf den Zünddurchschlag bei Gehäusen bis 100 l Inhalt keinen Einfluß. Man könnte vermuten, daß der den Spalt begrenzende Werkstoff überhaupt keinen entscheidenden Einfluß auf den Zünddurchschlag bei denjenigen Gasen und Dämpfen hat, bei denen die Spaltlänge die Grenzspaltweite nur wenig beeinflußt. Versuche von I. M. Holm[1] könnten diese Vermutung stützen: Holm untersuchte die Flammenbewegung in engen Rohren, die mit explosiblem Gemisch angefüllt waren. Er stellte den Rohrdurchmesser oder die Öffnungsweite eines Loches in einer Membran fest, bei dem die Flamme nicht mehr das Rohr oder die Membran durchschlagen konnte. Holm fand, daß zwischen Metallrohren und Glasrohren kein Unterschied besteht, obwohl die Wärmeleitfähigkeit der beiden Werkstoffe wie 460:1 verschieden ist. Nach seinen Untersuchungen ist für die Kühlung die der Wand unmittelbar benachbarte Gasschicht maßgebend. Eine Übertragung dieses Ergebnisses auf den Zünddurchschlag durch die Spalte von Gehäusen ist nicht möglich. Bei den Versuchen von Holm strömt die Flamme gegen das ruhende Gemisch; beim Flammendurchschlag durch die Spalte von Gehäusen wird das Gemisch durch den Spalt getrieben, und die unmittelbar der Wand benachbarte kühle Gasschicht wird durch die Verbrennungsgase ersetzt.

Systematische Untersuchungen über den Zünddurchschlag durch Spalte zwischen Isolierstoff und Metall oder beiderseits Isolierstoff sind bisher noch nicht bekannt geworden. Einzelergebnisse an Teilen aus Isolierpreßstoff lassen aber erkennen, daß ein Zünddurchschlag bei kleineren Grenzspaltweiten als zwischen metallischen Spalten möglich ist. Bei Isolierpreßstoff ist eine thermische Wirkung unschwer zu erkennen. Teils findet eine Außenzündung erst nach mehreren Innenzündungen statt. Oftmals bemerkt man auch auf dem Isolierpreßstoff Einbrennungen. Diese Brandkanäle können dann schnell zu einem Zünddurchschlag führen.

[1] Holm, I. M.: On the ignition of gaseous explosions by small flames. Phil. Mag. (17) Bd. 14 (1932) S. 18.

c) Zünddurchschlag verschiedener Gas- und Dampf-Luft-Gemische.

Die Erscheinung des Zünddurchschlages der Gas- und Dampf-Luft-Gemische gehört zu den wichtigsten Eigenschaften als Grundlage für den Bau elektrischer Geräte in druckfester Kapselung. Die Beherrschung des Explosionsdruckes in Gehäusen macht im allgemeinen keine Schwierigkeiten. Den Zünddurchschlag zu meistern, ist aber bei manchen technisch wichtigen Gasen schwierig.

Die Versuchsergebnisse führen zu folgender Beurteilung der wärmeentziehenden und den Zünddurchschlag verhütenden Erscheinungen für verschiedene Gas- und Dampf-Luft-Gemische.

1. Bei allen Gasen und Dämpfen — Azetylen nur unter bestimmten Voraussetzungen — ist der Wärmeentzug durch Umbildung der Flammenfront in eine Flammenzunge nachweisbar. Dies steht in Übereinstimmung mit der Erhöhung der Zündtemperatur, wenn das Gemisch durch dünne Drähte oder kleine Kugeln gezündet wird (Abb. 20). Die Untersuchungen über den Zünddurchschlag gestatten keine reine Trennung dieses Einflusses von dem Wärmeentzug durch Vermischung mit unverbranntem Gas. Mit dieser Einschränkung kann der wärmeentziehende Einfluß der Flammenumbildung aus den Werten der Grenzspaltweite entnommen werden, die bei messerförmigem, genau zentriertem Flansch (Spaltlänge gleich Null) gemessen wurden:

Methan		0,65 mm
Benzol, Hexan		0,3 „
Stadtgas		0,1 „
Wasserstoff	etwa	0,05 „

Bei den Gasen und Dämpfen, die vor der eigentlichen Verbrennung zerlegt werden müssen, wie z. B. bei den Kohlenwasserstoffen, ist der Einfluß des stärkeren Wärmeentzuges durch die Flammenzunge mehr ausgeprägt als bei den verbrennungsreifen Gasen, wie z. B. Wasserstoff und Stadtgas mit einem starken Anteil an Wasserstoff. Die Kohlenwasserstoffe verhalten sich aber verschieden, da die wirksame Zündtemperatur sehr verschieden ist. Genaue Angaben können wir hierüber noch nicht machen. Die wirksame Zündtemperatur einer gerade verlöschenden Flamme läßt sich zwar aus den Flammentemperaturen bei der unteren Explosionsgrenze (Zahlentafel 16) abschätzen. Da aber die Zündtemperatur stark abhängig von der Konzentration des Gemisches (Abb. 14) sein kann, und dies auch von der für die Flammenfortpflanzung wirksamen Zündtemperatur zu erwarten ist, ist diese Schätzung der Zündtemperatur unsicher und daher auch der Wert der in Gleichung (41) abgeleiteten Gesetzmäßigkeit beschränkt.

2. Der Wärmeentzug durch schnelle Durchwirbelung der Flamme mit unverbranntem und kühlem Gemisch ist bei Gasen, die einen merklichen Zündverzug haben (Zahlentafel 7), stark ausgeprägt. Dies gilt besonders für Methan (Abb. 51), dessen Zunahme der Zündtemperatur mit Verkürzung der Einwirkungsdauer bekannt ist (Abb. 19). Aber selbst bei Stadtgas-Gemischen ist es, trotz 50% Anteils von Wasserstoff, möglich, den starken Einfluß der Durchwirbelung auf die Grenzspaltweite zu zeigen (Abb. 51 und 52). Nur bei Wasserstoff-Luft-Gemischen ist ein solcher Einfluß nicht nachweisbar.

3. Der Wärmeentzug durch die Begrenzungsflächen des Spaltes ist — von Azetylen abgesehen (Abb. 56) — bei allen Gemischen stark ausgeprägt. Im allgemeinen können jedoch größere Spaltflächen, als einer Spaltlänge von 25 mm entspricht, nicht stärker die Wärme entziehen, weil die Wärmeverluste jeweils durch die im Spalt zur Verfügung stehende Verbrennungswärme gedeckt werden. Leichtes Einfetten der Begrenzungsflächen erhöht bei allen Gasen und Dämpfen den Wärmeentzug, wirkt also verhindernd auf den Zünddurchschlag. Nur wenn die Spaltflächen eine geringe Wärmeaufnahmefähigkeit haben, wie dies z. B. bei dünnen Metallplatten der Fall ist, und wenn die Gehäuse groß bei kleiner relativer Öffnungsweite sind, kann die Erwärmung der Metallplatten bis zur Entzündung des Fettes gehen und dadurch zum Zünddurchschlag führen.

Zum merklichen Wärmeentzug genügt meist eine Spaltlänge von 10—25 mm. Nur Wasserstoff mit seiner hohen Brenngeschwindigkeit macht eine Ausnahme: hier wird der Einfluß des Wärmeentzuges überhaupt erst bei Spaltlängen über 25 mm wirksam. Erhöht man die Brenngeschwindigkeit der Dämpfe von Kohlenwasserstoffen durch Zusatz von Sauerstoff zur Luft (Zahlentafel 22), dann stellt man ähnliches fest: Eine Erhöhung des Sauerstoffanteils kann die Brenngeschwindigkeit um ein Vielfaches steigern, die Grenzspaltweite bei 25 mm Spaltlänge kann auf kleine Beträge herabgesetzt werden. Der wärmeentziehende Einfluß der Spaltflächen wirkt erst, wie bei Wasserstoff-Luft-Gemischen, bei Spaltlängen über 25 mm (Abb. 56).

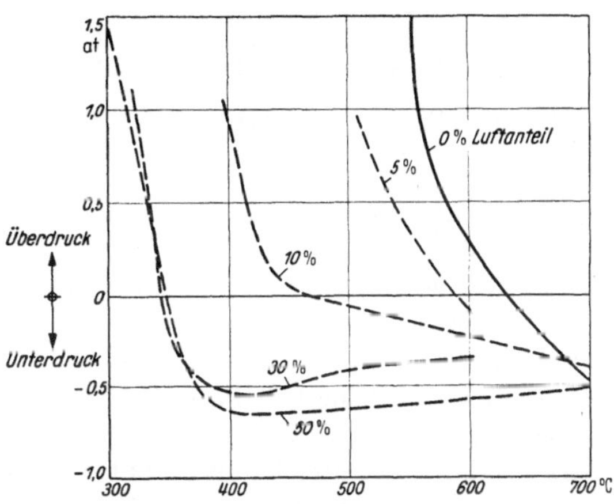

Abb. 58. Selbstzerfall und Selbstzündung von Azetylen. Nach SCHLÄPFER und BRUNNER.

Eine besondere Erklärung erfordert das Verhalten von Azetylen-Luft-Gemischen. STATHAM[1] hat als Grenzspaltweite 0,2 mm bei 25 mm Spaltlänge angegeben. Wir stellten bei 50 mm Spaltlänge Zünddurchschlag bei 0,05 mm und keinen Zünddurchschlag bei 0,02 mm fest[2]. Es war zu vermuten, daß Selbstentzündung durch Druckerhöhung hier eine Rolle spielen mußte. Untersuchungen von SCHLÄPFER und BRUNNER[3] stützen diese Vermutung. Abb. 58 gibt die Abhängigkeit des Druckes von der Temperatur für den Selbstzerfall (100% Azetylen, 0% Luft) und für die Selbstentzündung bei 5, 10, 30 und 50% Luft an. SCHLÄPFER und BRUNNER führten die Versuche nur bis 1,3 at Überdruck durch. Man kann aus dem Verlauf der Kurven schließen, daß bei höheren Überdrücken die Selbstzündtemperaturen weiter sinken.

[1] STATHAM, I. C. F.: Flame-proof enclosure with special reference to coal mining. Min. electr. Engr. 1938 S. 272. — RAINFORD, H., u. J. C. F. STATHAM: Flameproof electr. apparatus. Fuel Bd. 10 (1931) S. 504.

[2] ETZ Bd. 59 (1938) S. 1116.

[3] SCHLÄPFER, P., u. M. BRUNNER: Polymerisation und thermischer Zerfall des Azetylens. Zürich 1931. Eidgen. Material-Prüfanstalt E. T. H. Zürich.

Diese Vermutung wird durch Untersuchungen über den Einfluß der Gehäusegröße und der Gehäuseentlastung durch Spalte gestützt, wie die in Zahlentafel 26 wiedergegebenen Versuche mit dem explosibelsten Azetylen-Luft-Gemisch (11 Vol.-%) zeigen.

Zahlentafel 26.

Gehäusegröße l	Zündung	Noch sichere Spaltweite mm	Bei Spaltlänge mm	Relative Öffnungsweite mm²/l	Höchstdruck im Gehäuse atü	Druckdauer: Zeit, während Druck höher als $^1/_2\, p_{max}$ ist ms
5,5	Rand	0,02	50	1,9	8,8	ca. 70
5,5	Mitte	0,02	50	1,9		
0,5	Rand	0,10	15	44	8,2	25
0,5	Mitte	0,20	15	88	7,8	10
5,0	Rand	0,4	25	240	4,2	6
5,0	Mitte	0,4	25	240		7

Das Flammenbild war bei diesen Versuchen durchaus verschieden: Bei dem druckentlasteten 5 l-Gehäuse (240 mm²/l Öffnungsweite) schlug nach den Beobachtungen von Maskow mit fahlem Glanz ein gleichmäßiger Flammenschleier aus dem Gehäuse heraus, wenn kein Azetylen-Luft-Gemisch in den Versuchsbehälter gefüllt war. Bei dem geschlossenen 5,5 l-Gehäuse mit 0,05 mm Spaltweite schossen einzelne hellglühende Strahlen aus dem Spalt. Ob es sich hierbei um nachträglich verbrennende Rußausscheidungen als Folge eines Azetylen-Druckzerfalles handelte, konnte nicht festgestellt werden. Im Innern des Gehäuses war nach der Verbrennung, wie zu erwarten, kein Ruß nachweisbar. Rußausscheidung ist bei dem Luftanteil von 89 Vol.-% nicht wahrscheinlich.

Die Erklärung für das Verhalten von Azetylen dürfte demnach die folgende sein: Bei dem hohen Explosionsdruck, der bis 8,8 atü betragen kann, entsteht außerhalb des Gehäuses am Spalt ein Überdruck, da das Gemisch den Spalt nur mit Schallgeschwindigkeit verlassen kann. Dieser Mündungsdruck schafft für das Gemisch die Bedingungen für Selbstzündung: die Zündflamme setzt außen an, das Außengemisch kann sich entzünden. Erst wenn der Spalt auf so kleine Werte erniedrigt wird (0,02 mm), daß sowohl ein merklicher Druckabfall im Spalt und damit eine Herabsetzung des Mündungsdruckes als auch eine starke Herabsetzung der Temperatur des herausströmenden Gemisches ermöglicht wird, ist der Zünddurchschlag verhütet. Druckentlastung des Gehäuses bewirkt Minderung des Mündungsdruckes und Kürzung der Druckeinwirkungsdauer, so daß mit 0,4 mm eine Grenzspaltweite erreicht werden kann, die nach der Brenngeschwindigkeit (Abb. 43) entsprechend Gleichung (41) zu erwarten war.

Dies Verhalten von Azetylen ist von technischer Bedeutung für kleine, druckfeste Räume, z. B. in Lampenfassungen. Es wäre nicht möglich, den Zünddurchschlag von Azetylen hier zu verhüten, wenn nicht Azetylen in diesen kleinen, stark druckentlasteten Räumen größere Grenzspaltweiten als Wasserstoff zuließe.

Die folgende Zusammenstellung (Zahlentafel 27) gibt eine Übersicht über die Grenzspaltweiten, soweit sie bisher bekannt wurden:

Zahlentafel 27.

Gas bzw. Dampf	Noch sichere Spaltweite bei 25 mm Spaltlänge	Gas bzw. Dampf	Noch sichere Spaltweite bei 25 mm Spaltlänge
Methan	1,15	Stadtgas:	
Azetaldehyd	1,0	H_2 | CH_4 | CO | CO_2 | N_2	
Azeton	1,0		
Äthan	1,0	41 | 20 | 10 | 2 | 25	0,75
n-Pentan	1,0	51 | 18 | 14 | 2 | 12	0,6
n-Hexan	0,95	Äthylen	0,5
Benzol	0,95	Schwefelkohlenstoff	0,5[2], 0,25[3]
Äthyläther	0,95	Wasserstoff	0,15
Kohlenoxyd	0,75[1]	Azetylen	0,4—0,02

Vergleicht man die Grenzspaltweiten bei 50 mm Spaltlänge mit den von Holm[4] ermittelten Spaltweiten, so ist die sehr gute Übereinstimmung der Er-

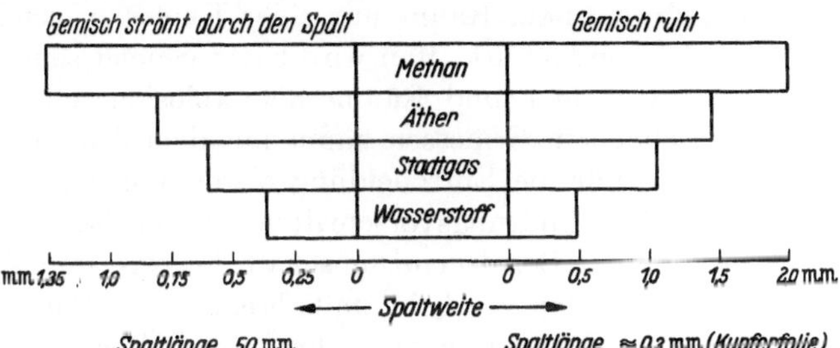

Abb. 59. Grenzspaltweiten verschiedener Gemische bei Strömung der Flamme durch den Spalt und bei Brennen der Flamme in ruhendem Gemisch.

gebnisse untereinander ein Beweis, daß die typischen Explosionseigenschaften der Gemische zu gleichen Gesetzmäßigkeiten führen, wenn auch die Versuchsbedingungen stark voneinander abweichen und sich daher verschiedene Zahlenbeträge der Spaltweiten ergeben (Abb. 59).

[1] Nicht genau ermittelt, zwischen 0,5 und 1,0 mm.
[2] Mit Wasserstoff als umgebendes Gas.
[3] Mit Schwefelkohlenstoff, jedoch größere Spaltweite nicht untersucht.
[4] Zitiert S. 105.

III. Explosionsgeschützte elektrische Betriebsmittel.

1. Errichtung elektrischer Anlagen in explosionsgefährdeten Betrieben.

Die Belange der Betriebssicherheit und des Explosionsschutzes elektrischer Anlagen gehen oft ineinander über. Im ersten Teil des Buches hatten wir gesehen, daß eine Beurteilung, ob in einem Raum mit einer Explosionsgefahr gerechnet werden muß, oftmals nicht einfach ist. Man wird leicht geneigt sein, sich nach der sicheren Seite hin zu entscheiden und Räume als explosionsgefährdet ansehen, selbst wenn nach menschlichem Ermessen kaum mit dem Auftreten explosibler Gemische zu rechnen ist. Für die Entscheidung bieten Vorschriften mancherlei Handhaben, z. B. die Unfallverhütungsvorschriften der Berufsgenossenschaft der chemischen Industrie[1] und der Berufsgenossenschaft der Gas- und Wasserwerke[1], die Polizeiverordnung über den Verkehr mit brennbaren Flüssigkeiten[1], die Polizeiverordnung über Herstellung, Aufbewahrung und Verwendung von Azetylen sowie über die Lagerung von Kalziumkarbid[2], die Richtlinien für die Errichtung elektrischer Starkstromanlagen in Braunkohlenfabriken[3].

Der Verband Deutscher Elektrotechniker hat für die Errichtung elektrischer Anlagen in explosionsgefährdeten Betriebsstätten und Lagerräumen[4] bestimmte Anweisungen herausgegeben, die die Erfahrungen dieses Gebietes zusammenfassen. Die Bausteine der elektrischen Anlagen sind die „explosionsgeschützten" elektrischen Betriebsmittel. Sie sind so konstruiert, daß sie jeden nur denkbaren Schutz vor Raumexplosion bieten. Es gibt aber viele normale Betriebsmittel, die im normalen Betrieb Zündungen weder durch Funken noch durch hohe Temperatur herbeiführen können, und die nur bei außergewöhnlichen elektrischen Beanspruchungen einen sicheren Explosionsschutz nicht mehr bieten. Hierzu können gewöhnliche Kurzschlußläufermotoren, Niederspannungsschaltgeräte mit Kontakten unter Öl, Sicherungen in staubdichter Kapselung und geschlossene Leuchten gehören, also Bauelemente, die für die Errichtung elektrischer Anlagen sehr wichtig sind und bei deren Auswahl wirtschaftliche Gesichtspunkte stark im Vordergrund stehen. Die Entscheidung, ob diese Geräte, deren Anschaffungskosten oft wesentlich niedriger als von „explosionsgeschützten" Geräten sind, bei der Errichtung elektrischer Anlagen in explosionsgefährdeten Räumen ver-

---

[1] Carl Heymanns Verlag in Berlin W 8.

[2] Auszugsweise wiedergegeben in den Unfallverhütungsvorschriften der Berufsgenossenschaft der chemischen Industrie.

[3] Deutscher Braunkohlenindustrie-Verein Halle, Verlag W. Knapp, Halle. Siehe auch Z. Berg-, Hütt.- u. Salinenw. Bd. 80 (1932) S. A 50; Bd. 82 (1934) S. 219.

[4] VDE 0165. ETZ G. m. b. H., Berlin.

wendet werden können, hängt von den örtlichen und betrieblichen Umständen und von der Beurteilung der Explosionsgefahr ab. Betriebserfahrungen bei der Errichtung der Anlagen, Schulung des Betriebspersonals und richtige Wartung der Betriebsmittel vorausgesetzt, sind solche „normalen“ Betriebsmittel oft nicht weniger sicher als die „explosionsgeschützten“ Betriebsmittel. Diese einfacheren Geräte können dann verwendet werden, wenn die zuständigen Aufsichtsbehörden — Gewerbeaufsicht, Berufsgenossenschaft oder Bergbehörde — hiermit einverstanden sind.

Bei der Errichtung elektrischer Anlagen in Großbetrieben stehen Gesichtspunkte der Betriebssicherheit an erster Stelle. Die vieljährigen Betriebserfahrungen, die hierfür zugrunde gelegt werden, sind von K. Blase[1] und W. Schütte[2] veröffentlicht worden. Wir folgen diesen Ausführungen.

Beim Entwurf des Hochspannungsnetzes, z. B. 6 kV, mit dem auch die Hochspannungsmotoren direkt gespeist werden, ist oberster Grundsatz: Auflockerung und Trennung der Stromversorgung. Dies geschieht erstens, um die großen bei Kurzschlüssen auftretenden Beanspruchungen zu beherrschen, und zweitens, um bei Ausfall der Stromversorgung die schweren Betriebsstörungen, die beim Abschalten einer größeren Anzahl von Motoren entstehen, zu vermeiden. Die Speisung erfolgt also getrennt, sie wird in zwei voneinander unabhängige Systeme aufgeteilt. Die Hochspannungsenergie wird den Schaltstationen und Motoren von zwei Seiten her zugeleitet. Die Kurzschlußbeherrschung fordert:

a) Festlegung der Generator- oder Transformatorleistung sowie der sich hieraus ergebenden Abschaltleistungen und des höchsten Kurzschlußstromes.

b) Festlegung des geringsten Kabelquerschnittes mit Rücksicht auf die thermische Erwärmung bei höchstem Kurzschlußstrom.

Ist die Abschaltleistung zu groß, so läßt sich durch Drosselspulen die Gesamtreaktanz erhöhen, so daß Schalter geringeren Schaltvermögens verwendet werden können. Diese Ausführung kann wirtschaftlicher sein, weil nicht nur die Schalter kleiner werden, sondern auch die Kabel einen geringeren Querschnitt erhalten können.

Die Häufung vieler elektromotorischer Antriebe erfordert umfangreiche Schaltanlagen. Man faßt die Bauten gruppenweise zusammen und versorgt sie gemeinsam von einer Schaltstation, wobei die Antriebe, wie bereits erwähnt, in Gruppen eingeteilt sind, die von zwei unabhängigen Stromquellen gespeist werden. Die einzelnen Schaltstationen sind durch Ringleitungen miteinander verbunden. Hierdurch wird bei einem Ausfall der Speisung in den Stromübergangstellen die weitere Stromversorgung sichergestellt; ferner gestatten diese Querverbindungen einen Lastausgleich, wenn dieser notwendig wird. Im normalen Betriebsfall sind die Ringe an der einen Seite offen.

Von den Schaltstationen geschieht die Stromversorgung der Hochspannungsmotoren auf zweierlei Weise: entweder werden sie stichweise gespeist oder es werden abermals Ringe zwischen den Schaltstationen und den Motorengruppen in den Bauten gebildet.

1. Bei stichweiser Speisung werden die Leistungsschalter in der Schaltstation aufgestellt. Sie werden durch Kommandoschalter in Schaltsäulen, die im

[1] Zitiert S. 22.

[2] Elektrische Anlagen in explosionsgefährdeten Betrieben. ETZ Bd. 59 (1938) S. 1127.

explosionsgefährdeten Raum unmittelbar neben den Motoren stehen, betätigt. Die Schaltsäulen haben einen ölgekapselten Betätigungsschalter als Kommandogerät, Strommesser und Schauzeichen über den Schaltzustand der Trennschalter und des Leistungsschalters. An die beiden unabhängig voneinander betriebenen Sammelschienen werden gleichartige Motorantriebe symmetrisch verteilt. Eine dritte durchgehende Sammelschiene dient als Hilfsschiene und wird bei Störungen an einer der beiden Hauptsammelschienen angeschlossen oder bei Reinigungen und Revisionen in Betrieb genommen.

Diese Art der Stromversorgung hat den Vorteil, daß die Leistungsschalter nicht in explosionsgefährdeten Räumen untergebracht sind.

2. Bei Speisung über Ringe sind die gleichartigen Motoren ebenfalls symmetrisch an die beiden unabhängigen Sammelschienen angeschlossen. Die Ringe, mit denen die Antriebe untereinander verbunden sind, speisen über Ringkabelschalter je eine Hälfte der zugehörigen Motoren (S. 120). Die Hochspannungsschaltgeräte — vielfach Bauart Ölkapselung — werden innerhalb der explosionsgefährdeten Betriebsbauten aufgestellt. Bei großen Motoren und hohen Kurzschlußleistungen wird diese Stromversorgung schwierig. Man wählt zweckmäßiger die stichweise Stromversorgung nach 1.

Bei der Anlage des Kabelnetzes wird man darauf achten, möglichst lange Kabel zu verlegen, um unnötige Kabelmuffen zu vermeiden. Denn jede zusätzliche Verbindungsstelle kann eine zusätzliche Störungsquelle sein. Die Betriebserfahrungen zeigen, daß Löten, Schweißen und Verschrauben in Kabelendverschlüssen zweckmäßig nicht vorgenommen werden. Die Kabeladern werden ohne Verbindungen durch den Endverschluß durchgeführt. Wickel-Endverschlüsse und Iso-Kleinendverschlüsse haben sich gut bewährt.

Die Niederspannungsversorgung für die Motoren und für die Beleuchtung wird ähnlich durchgeführt wie die Stromversorgung auf der Hochspannungsseite. So z. B. werden Pumpen abwechselnd an das eine und an das andere Netz, welche unabhängig voneinander betrieben sind, gelegt, ebenso die Raumventilatoren. Die Verteilungsschaltanlagen haben auch hier vielfach zwei unabhängige Niederspannungsnetze. Außerdem werden meist die Hauptverteilungsgruppen in den Betriebsbauten von zwei Seiten mittels Ringkabel gespeist. Es ist in vielen explosionsgefährdeten Betrieben üblich, die Schaltanlagen außerhalb der explosionsgefährdeten Räume zu errichten. Die Niederspannungsmotoren werden bei dieser Art der Stromversorgung fernbetätigt. Die Fernschaltung wird durch die Verwendung von Feuchtraumleitungen gefördert, die mit einer größeren Aderzahl und mit verschiedenen Querschnitten in der gleichen Leitung hergestellt werden. Es ist also die Möglichkeit gegeben, in der gleichen Leitung die Stromzuführung zum Motor und die Betätigung zusammenzufassen. Hierdurch verbilligt sich die Installation wesentlich. Die Niederspannungsleitungen sollen nach Möglichkeit für sich getrennt und nicht mit den vielen Rohrleitungen, die in den Betrieben vorhanden sind, zusammengelegt werden. Bei größeren Querschnitten werden Erdkabel bevorzugt. Bei Dreileiterkabeln können die Betätigungsadern in den Zwickeln zwischen den Starkstromadern mitgeführt werden, so daß die Installation billiger als bei getrennter Führung der Kommandoleitungen wird.

2. Explosionsgeschützte Bauarten.

a) Allgemeine Anforderungen.

In explosionsgefährdeten Räumen, in denen während längerer Zeit oder vorübergehend mit der Gegenwart explosibler Gas-, Dampf- oder Staub-Luft-Gemische gerechnet werden muß, dürfen nur „explosionsgeschützte" elektrische Betriebsmittel verwendet werden, bei denen die Zündung der Gemische auch bei außergewöhnlichen elektrischen Beanspruchungen nicht möglich ist. Im Laufe der Jahre entstanden bestimmte Grundbauarten. Die mit diesen Bauarten gewonnenen Erfahrungen fanden und finden laufend in den Konstruktionsvorschriften des Verbandes Deutscher Elektrotechniker ihren Niederschlag[1].

Unter „elektrischen Betriebsmitteln" werden im folgenden Maschinen, Transformatoren und Geräte sowie Akkumulatoren und Leuchten verstanden, nicht jedoch Kabel und Leitungen. Wenn von diesen die Rede ist, werden sie besonders genannt.

Die Anforderungen an elektrische Betriebsmittel, die einmal der Steinkohlenbergbau in schlagwettergefährdeten Gruben und zum anderen die Industriebetriebe in explosionsgefährdeten Räumen stellen, gehen oft von gleichen Grundforderungen aus. Ausführungen und Anwendung sind aber doch oft recht verschieden. Dies ist in der Verschiedenheit der Betriebe begründet: Schlagwettergeschützte Betriebsmittel verlangen Widerstandsfähigkeit gegen rauheste Behandlung sowohl bei häufigem Transport als auch im Betrieb, Mindestanforderung an Wartung und keine Ansprüche an besondere Schulung des Bedienenden. Die elektrischen Betriebsmittel in explosionsgefährdeten Betrieben sind meist leichter zu überwachen und zu warten. Sie sind in der Regel auf lange Zeit fest eingebaut. Das Betriebspersonal der chemischen Großindustrien ist mit dem chemischen Betrieb und den elektrischen Einrichtungen durch Schulung vertraut. Manche Geräte in explosionsgefährdeten Betrieben, wie z. B. Analysengeräte, werden nur von besonders geschultem und fachmännischem Personal bedient. Aus Gründen einer einheitlichen Herstellung elektrischer Betriebsmittel wird man trotzdem dann versuchen, sie für schlagwetter- und explosionsgefährdete Betriebe in einer einzigen Ausführung zu bauen, wenn sie in beiden Betriebsarten Anwendung finden.

Explosionsgeschützte elektrische Betriebsmittel müssen zwei Aufgaben erfüllen:

1. Treten zündende Funken, Lichtbögen oder gefährliche Temperaturen auf, dann müssen entweder die zündenden Teile so gekapselt sein, daß eine Zündung nur im Innern der Kapsel stattfinden und nicht nach außen dringen kann (Bauart druckfeste Kapselung), oder die explosiblen Gemische dürfen in keinem Betriebsfall an diese Teile herankommen (Bauart Ölkapselung und Fremdbelüftung). Wenn Zündquellen betriebsmäßig nicht vorhanden sind, müssen die Betriebsmittel so gebaut sein, daß die Möglichkeit einer Zündung als Folge einer Störung auch nach langjährigem Betrieb unwahrscheinlich ist (Bauart erhöhte Sicherheit).

---

[1] VDE 0170: Vorschriften für die Ausführung schlagwettergeschützter elektrischer Maschinen, Transformatoren und Geräte. — VDE 0171: Vorschriften für die Ausführung explosionsgeschützter elektrischer Maschinen, Transformatoren und Geräte (Entwurf). ETZ Bd. 59 (1938) S. 1137.

2. Sie müssen so gebaut sein, daß Zündmöglichkeiten durch ihre Verwendung im Betrieb, z. B. durch grob fahrlässige Bedienung, ausgeschlossen sind. So z. B. dürfen Teile, die betriebsmäßig kontrolliert werden müssen, nur mit besonderen Schlüsseln geöffnet werden können, die sich im Besitz von sorgfältig geschultem Personal befinden. Die Wartung muß erleichtert sein. Um in bestimmten Fällen Fehler auszuschließen, werden besondere Verriegelungen verlangt.

Die Temperatur derjenigen Teile, die ein Gemisch zünden und eine Raumexplosion einleiten könnten, muß beträchtlich unter der Zündtemperatur der Gemische liegen. Eine gewisse Unsicherheit in der Bestimmung der Zündtemperatur (S. 34), die Möglichkeit einer Erniedrigung der Zündtemperatur durch Staube (S. 26) und die Notwendigkeit einer genügenden Sicherheitsspanne beschränkten die höchstzulässigen Temperaturen dieser Teile auf Beträge, die im allgemeinen weit unter der Zündtemperatur der Gemische liegen.

Die explosiblen Gas- und Dampf-Luft-Gemische sind in Zündgruppen eingeteilt, deren Mindestzündtemperatur durch einen Buchstaben gekennzeichnet ist (S. 41). Als Beispiele für eine Einordnung der Gase und Dämpfe können die folgenden genannt werden:

Zündgruppe A: Zündtemperatur höher als 450° C — Dämpfe der Vergaserkraftstoffe (technische Benzine und Benzole usw.), Wasserstoff, Kohlenoxyd, Methan und die aus diesen Komponenten gebildeten technischen Mischgase, von denen Stadtgas (Leuchtgas), Wassergas, Gichtgas und Koksofengas genannt seien, Ammoniak, Äthan, Propan, Butan, Äthylen, Propylen, ferner die Dämpfe sehr vieler Lösungsmittel, z. B. von Azeton, Benzol, Toluol, Xylol und anderen aromatischen Kohlenwasserstoffen, viele Alkohole und Ester (Methyl-, Propylalkohol bzw. Azetat)[1].

Zündgruppe B: Zündtemperatur höher als 300° C — Azetylen, Schwefelwasserstoff, Azetaldehyd, Dämpfe von Lösungsmitteln, wie von Äthyl- und Butylalkohol, Butylazetat, Glykol, soweit letztere wegen ihres hohen Flammpunktes überhaupt Explosionsgefahr bringen, sich also in gefahrbringender Weise ansammeln können.

Zündgruppe C: Zündtemperatur höher als 175° C — Äthyläther, Hexan (rein), Heptan (rein) und die höherwertigen Kohlenwasserstoffe der Paraffinreihe.

Zündgruppe D: Zündtemperatur höher als 120° C — Schwefelkohlenstoff.

Die höchstzulässigen Temperaturen der elektrischen Betriebsmittel sind in Zahlentafel 6 (S. 41) angegeben.

In drei Bauarten werden elektrische Betriebsmittel, deren Funken, Lichtbögen oder Temperaturen eine Zündung herbeiführen können, hergestellt: Bauart

[1] Die höherwertigen Verbindungen, z. B. die Amylalkohole, wird man zweckmäßig in Zündgruppe B einordnen. Ihre Flammpunkte liegen jedoch meist über 25° C, so daß bei Zimmertemperatur mit der Bildung explosibler Dämpfe im allgemeinen nicht zu rechnen ist.

druckfeste Kapselung, Ölkapselung und Fremdbelüftung[1]. Betriebsmittel, die in einer dieser drei Bauarten gebaut sein müssen, sind die folgenden:

1. Elektrische Betriebsmittel, die „ständig" zündende Funken haben können, sind: Gleichstrommaschinen, Wechselstrom-Schleifring- und -Kommutatormaschinen, Steuer- und Schaltgeräte, Relais, Anlaßgeräte, Meßgeräte mit kontaktgebenden Teilen, sofern die Funken zünden können, Induktor-Signalanlagen, Umschalter und Induktoren von Fernsprechgeräten, Licht- und Signalschalter; wichtige Schaltgeräte sind Trennschalter, Leistungsschalter und Motorschutzschalter.

Ferner, falls gefährliche Temperaturen auftreten können: Leuchten, Widerstände, Elektrowärmegeräte.

2. An folgenden Betriebsmitteln können „gelegentlich" Funken oder gefährliche Temperaturen auftreten, die in Räumen, in denen der Austritt von explosiblen Gemischen betriebsmäßig möglich oder wahrscheinlich ist, besondere Schutzmaßnahmen, meist Anwendung der druckfesten Kapselung der zündenden Teile, erfordern:

Leuchten: Funken beim Einschrauben einer Lampe unter Spannung.

Handleuchten: Besondere Gefahr beim Bruch der Glühlampe.

Sicherungen mit geschlossenem Sicherungseinsatz: Funken beim Durchschmelzen, insbesondere an den Kennmarken.

Steckvorrichtungen und Trennschalter: Unterbrechungsfunken.

3. Es können noch folgende Betriebsmittel mit unzulässig hohen Temperaturen in Betracht kommen, insbesondere in Räumen mit Äthyläther oder Schwefelkohlenstoff-Dämpfen: Kurzschlußläufermotoren, Transformatoren, Bremslüfter, Meßgeräte, Bimetallrelais.

Die gefährlichen Temperaturen bei Überlastungen lassen sich meist durch besondere zusätzliche Einrichtungen, wie z. B. durch Motorschutzschalter, Wärmewächter, Sicherungen, vermeiden, so daß diese unter 3. genannten Betriebsmittel meist in Bauart erhöhte Sicherheit angewendet werden.

Bei elektrischen Betriebsmitteln, die in ordnungsgemäßem Zustand und in gewöhnlichem Betrieb explosible Gemische nicht zünden können, wird durch zusätzliche Maßnahmen erstrebt, Zündungen auch unter „besonderen Umständen" ganz auszuschließen. Diese „besonderen Umstände" können sehr mannigfach sein: Überlastungen im Betrieb, Beanspruchungen durch Kurzschluß, Verschlechterung des Stromüberganges an Kontakten, Minderung des Isoliervermögens durch Staub, Feuchtigkeit, aggressive Dämpfe und andere Einwirkungen, Isolationsfehler an den Anschlüssen infolge fehlerhafter Montage, zu der die Konstruktion z. B. infolge unzweckmäßiger Anschlußteile oder zu enger Anschlußräume verleiten kann, Funken oder Lichtbögen durch zufällige Berührung nicht genügend geschützter Spannung führender Teile, Fehler infolge von Nachlässigkeiten bei der Bedienung oder Wartung: alle diese Vorgänge können Ursachen für das Zustandekommen von Funken, Lichtbögen oder gefährlichen Temperaturen sein, die dann zünden können, wenn zufällig ein explosibles, zündfähiges

[1] Die Bauart „Plattenschutz-Kapslung", die in schlagwettergefährdeten Betrieben Anwendung gefunden hat, ist in explosionsgefährdeten Betrieben nicht eingeführt, weil bei den üblichen Konstruktionen die Sicherheit gegen Zünddurchschlag der in Betracht kommenden Gase, die im allgemeinen ein größeres Zünddurchschlagvermögen als Methan haben, nicht genügend ist.

Gemisch in oder an dem betrachteten elektrischen Betriebsmittel sich angesammelt hat. Den elektrischen Betriebsmitteln, die betriebsmäßig nicht zünden, eine so hohe Sicherheit zu geben, daß auch unter außergewöhnlichen Verhältnissen eine Zündmöglichkeit unwahrscheinlich wird, ist die Aufgabe der Bauart erhöhte Sicherheit. Elektrische Betriebsmittel in Bauart erhöhte Sicherheit sind: Käfigläufermotoren, Transformatoren[1], Wandler, Quecksilber- und Vakuumschalter[2], Verteiler- und Sammelschienenkästen, Widerstände, Akkumulatoren, Kondensatoren[1], Leuchten und eine große Anzahl verschiedenster Meßgeräte.

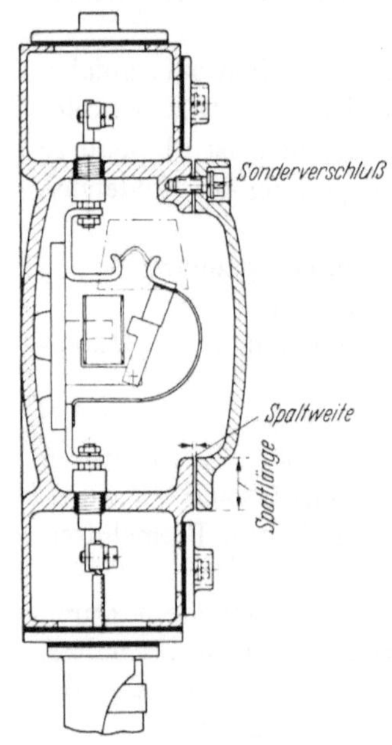

Abb. 60. Schema der Bauart druckfeste Kapselung. Anschlußräume nach Bauart erhöhte Sicherheit.

b) Bauart druckfeste Kapselung.

Die Gehäuse von Betriebsmitteln nach Bauart druckfeste Kapselung sind so kräftig gebaut, daß sie sowohl dem Explosionsdruck des explosibelsten Gemisches mit Sicherheit widerstehen als auch an Spalten und Fugen der Verschlüsse, Wellen, Achsen, eingesetzten Beobachtungsfenstern usw. keine zündfähigen Flammen herausschlagen lassen. Die Gehäuse werden aus Gußeisen oder Sondergußlegierungen hergestellt oder aus Stahlplatten geschweißt. Sie sind meist für einen Explosionsüberdruck von 10 atü bemessen. Der Bau der Gehäuse erfordert die Beachtung von Vorschriften, insbesondere für die Bemessung der Spalte, Schrauben und in die Wand eingesetzter Teile, wie Leitungsdurchführungen und Schauscheiben. Abb. 60 zeigt das Gehäuse eines Schützes als Schema dieser Bauart: Die besonderen äußeren Kennzeichen sind: starke Wände, saubere Bearbeitung der Stoßstellen und Spaltflächen, z. B. am Deckel, und Sonderverschlüsse. Ein Grundsatz für die Konstruktion solcher Gehäuse ist: Das Gehäuse muß so abgeschlossen sein, daß es im Anlieferungszustand am Einbauort explosionssicher ist. Es ist unzulässig, die druckfeste Kapselung erst durch ein eingeführtes Kabel am Montageort abzuschließen. (Lediglich bei Fernmeldegeräten weicht man wegen der vielen einzuführenden Kabeladern gelegentlich hiervon ab, wenn Gewähr für eine sorgfältige Montage gegeben ist.) Die Zu- und Ableitungen in das Gehäuse müssen daher durch besondere, explosionssicher eingesetzte Durchführungen erfolgen. Der Anschluß der Kabel erfordert stets einen getrennten Anschlußraum. Für ihn gelten die an die Bauart „erhöhte Sicherheit" gestellten Anforderungen (s. auch S. 122).

---

[1] Meist Bauart Ölkapselung, jedoch in Ausführungen, die der Eigenart dieser Geräte entsprechend nicht alle Anforderungen der explosionsgeschützten Bauart Ölkapselung zu erfüllen brauchen.

[2] Unter bestimmten Voraussetzungen: Schutz gegen mechanische Beschädigungen und Überlast sowie Begrenzung ihres Schaltvermögens auf so kleine Beträge, daß Versager, z. B. durch fortwährende fehlerhafte Kontaktgabe und eine hierdurch mögliche Überlastung des Glaskörpers ausgeschlossen sind.

Die kleinstzulässige Spaltlänge und die größtzulässige Spaltweite sind für verschiedene Gase und Dämpfe bei Einhaltung eines gleichen Sicherheitsgrades verschieden. Wollte man die Spalte so bemessen, daß ein Zünddurchschlag bei allen Gasen und Dämpfen nicht möglich ist, dann würde man bei vielen Maschinen und Geräten vor einer unerfüllbaren Forderung stehen: Schutz gegen Wasserstoff- und Azetylenexplosionen erfordert kleinere Spaltweiten als z. B. Schutz gegen Methan und Benzindämpfe. Um die Konstruktion der Bauart druckfeste Kapselung für Gemische, für die sie geeignet sind, abzugrenzen, sind daher die Gase und Dämpfe in drei Explosionsklassen eingeteilt, für deren Festlegung die Grenzspaltweite des Zünddurchschlags bei 25 mm Spaltlänge maßgebend ist (vgl. Zahlentafel 27, S. 109):

Explosionsklasse 1 (Grenzspaltweite über 0,8 mm) umfaßt die meisten Kohlenwasserstoffe der technisch wichtigen Gase und Dämpfe, z. B. Benzin, Benzol, Vergaserkraftstoffe, Alkohole, Äthyläther, Methan und seine Abkömmlinge, Ammoniak, Schwachgase (Gicht-, Generator- und Mondgas) und die Dämpfe vieler Lösungsmittel.

Explosionsklasse 2 (Grenzspaltweite 0,5—0,8 mm) umfaßt Äthylen sowie Kohlenoxyd, dessen Grenzspaltweite jedoch nicht genau bestimmt ist. Der wichtigste Vertreter unter den Mischgasen in Explosionsklasse 2 ist das Stadtgas (Leuchtgas) als Gemisch mit bis etwa 58% Wasserstoff, wenn der Anteil Methan mindestens 16% beträgt. Einen ungefähren Anhalt über die in Explosionsklasse 2 fallenden Gemische aus Wasserstoff, Kohlenoxyd und Methan kann Abb. 44 geben, wenn man Zusammensetzungen mit einer Brenngeschwindigkeit bis etwa 100 cm/s betrachtet und berücksichtigt, daß ein Anteil unbrennbarer Gase (Stickstoff und Kohlensäure) die Brenngeschwindigkeit herabsetzt (S. 93).

Explosionsklasse 3 (Grenzspaltweite unter 0,5 mm) umfaßt Wasserstoff und Azetylen. Schwefelkohlenstoff wird in Explosionsklasse 3 eingeordnet. Die Werte der Grenzspaltweite sind aber nicht genügend genau bestimmt. Zu den Mischgasen der Explosionsklasse 3 gehört Wassergas mit einem Anteil von etwa 50% Wasserstoff und über 40% Kohlenoxyd.

Wenn auf Grund der in Abb. 56 wiedergegebenen Messungen festgestellt wurde, daß eine Verlängerung des Spaltes über 25 mm kaum dazu beiträgt, die Sicherheit gegen Zünddurchschlag zu erhöhen, so bedeutet bei Teilen, die einem betriebsmäßigen Verschleiß ausgesetzt sind, die Anwendung von größeren Spaltlängen, z. B. von 40 oder 50 mm, keine unnütze Werkstoffverschwendung. Dank der größeren Spaltlänge wird die Beanspruchung des Werkstoffes und sein Verschleiß gemindert und dadurch die Sicherheit erhöht. Bei häufig betätigten Wellen von Schaltgeräten und umlaufenden Wellen, z. B. Wellen von Maschinen, macht man hiervon Gebrauch. Dies sei an zwei Beispielen erläutert: Fahrschalter von Bahnen, z. B. Straßenbahnen, werden bekanntlich häufig geschaltet. Die Kräfte, die bei der Bedienung auf die Welle ausgeübt werden, können hierbei recht erheblich sein. Die Erfahrung zeigt, daß Wellen und Lager, wie sie Abb. 61 links wiedergibt, im Laufe von etwa 15 Jahren erheblich angegriffen werden können, so daß man dann gezwungen ist, die Lager neu auszubuchsen. Wenn die Lagerlänge von Fahrschaltern für schlagwettergeschützte Grubenbahnen 50 mm statt 25 mm wie bei Straßenbahnen beträgt, dann wird hierdurch die spez. Beanspruchung des Lagers herabgesetzt, das Lager wird entlastet. Trotzdem verlangt eine solche Wellendurchführung eine Wartung im Betrieb, da bei mangelhafter Schmierung die schleifende Beanspruchung infolge der Einwirkung von Kohlenstaub größer als im Straßenbahnbetrieb sein kann. Besser ist es, die Lager der Fahrschalter so durchzubilden, daß der Spalt mechanisch nicht beansprucht

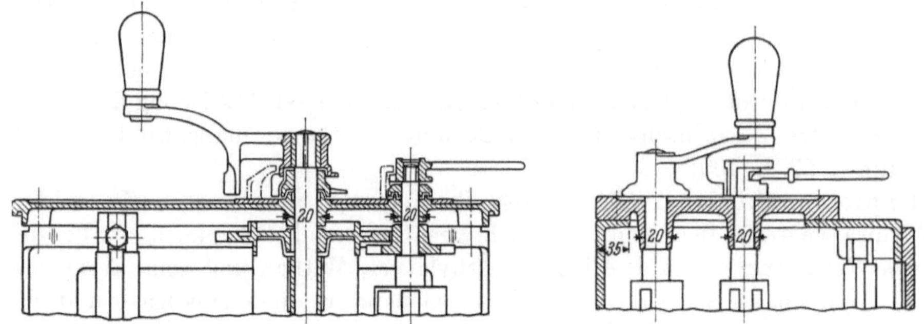

Links: Nicht geschützte Ausführung für Straßenbahnen. Länge der Wellendurchführungen 25 mm, Durchmesserspiel in neuem Zustand 0,1 mm.
Rechts: Schlagwettergeschützte Ausführung für Grubenbahnen. Länge der Wellendurchführungen 40 mm (Spaltlänge), Durchmesserspiel in neuem Zustand 0,07 mm (Spaltweite).

wird, z. B. wie bei den Durchführungen von Motorwellen (Abb. 62). Bei Motoren gewöhnlicher Bauart ist die Welle durch genau eingepaßte Kugellager zentriert und gegen Staub, z. B. durch Filzringe und Labyrinthdichtungen, besonders geschützt. Bei druckfesten Motoren wird über die Welle ein zentrierter, mit der Wand dicht abschließender Zylinder befestigt. Für druckfeste Motoren der Explosionsklasse 1 wird bei einer Spaltlänge von 40 mm kein größeres Durchmesser-

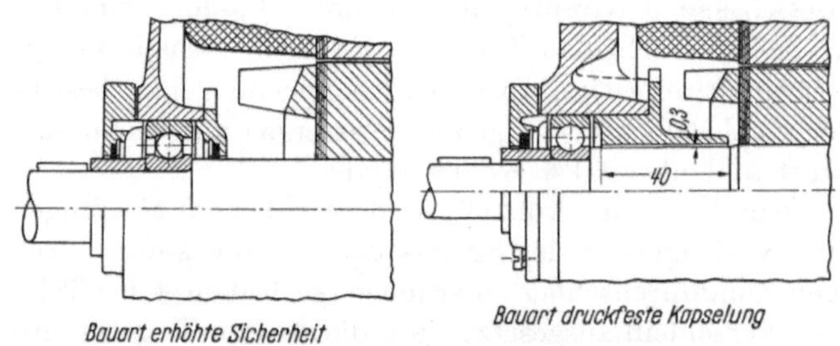

Abb. 62. Explosionsschutz an Wellendurchführungen von Käfigläufermotoren.

spiel als 0,6 mm zugelassen. Ein gewisses Spiel muß natürlich die Welle in diesem Zylinder haben, da er ja nicht die Welle berühren darf. Ohne Einbuße an Sicherheit ist es möglich, die Spaltlänge von 40 auf 25 mm bei Wahrung eines höchstzulässigen Durchmesserunterschiedes von 0,45 mm herabzusetzen. Es muß stets Sorge getragen werden, daß die Spaltabmessungen sich im langjährigen Betrieb nicht unzulässig verändern, insbesondere, daß die Spaltweite sich nicht vergrößert.

Faßt man mehrere funkengebende Geräte zu einer baulichen Einheit zusammen, dann kann man entweder alle Teile in ein gemeinsames druckfestes Gehäuse einschließen, oder man verwendet einzelne druckfest gekapselte Geräte, die in ein Gehäuse Bauart erhöhte Sicherheit eingeschlossen sind. Als ein

Beispiel zeigt Abb. 63 einen druckfest gekapselten Zentralumschalter für Fernsprechbetrieb und den Einbau von 12 Schaltern in gemeinsamem Schutzgehäuse[1].

c) Bauart Ölkapselung.

Die funken- und lichtbogengebenden Teile sind so tief unter Öl gebettet, daß die Zündung eines oberhalb des Ölspiegels befindlichen explosiblen Gemisches nicht möglich ist. Abb. 64 zeigt ein Ölschütz als Schema der Bauart Ölkapselung. Der Ölkessel

a

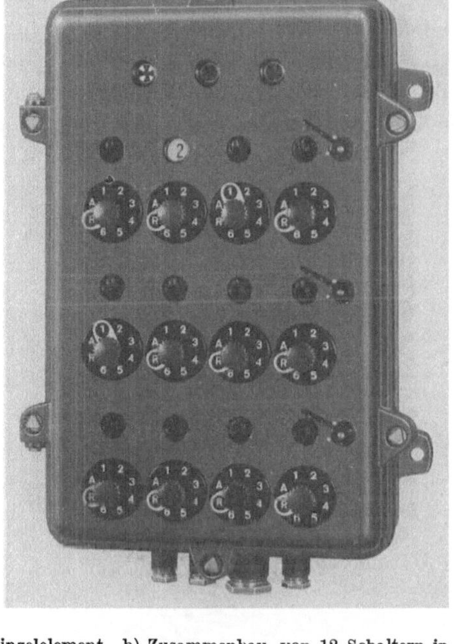

b

Abb. 63. Druckfest gekapselter Zentralumschalter. a) Einzelelement. b) Zusammenbau von 12 Schaltern in gemeinsamem Gehäuse nach Bauart erhöhte Sicherheit.

ist erst nach Lösen eines Sonderverschlusses abzusenken. Der Stand des Ölspiegels kann durch einen Blick auf eine Schauscheibe kontrolliert werden.

In schlagwettergefährdeten Betrieben sind Geräte in Bauart Ölkapselung nicht häufig vertreten; für ortsveränderliche Betriebsmittel kommen sie nicht in Betracht. Als Hochspannungsgeräte werden die öllosen Expansionsschalter bevorzugt, weil bei ihnen Verqualmen bei Bränden ausgeschlossen ist, eine Beurteilung, die in der Eigenart des bergwerklichen Betriebes und nicht in Fragen des Schlagwetterschutzes begründet ist.

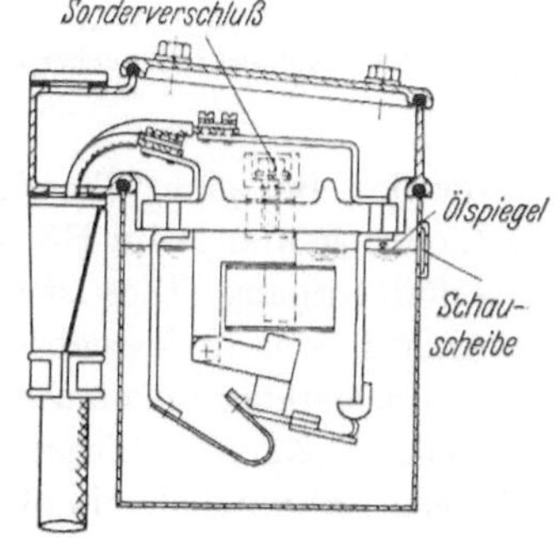

Abb. 64. Schema der Bauart Ölkapselung.

In explosionsgefährdeten Betrieben werden zum Schalten von Hochspannungsmotoren meist Ölschalter benutzt. Sofern diese innerhalb der explosionsgefährdeten Räume, z. B. als Ringkabelschalter, eingebaut werden, müssen die Ölschalter explosionsgeschützt sein (S. 112). Abb. 65 zeigt einen 6 kV-gußgekapselten Ringkabelschalter für 400 A Nennstromstärke und die schematische Dar-

[1] Abel, E.: Die Fernmeldetechnik im Bergbau über und unter Tage. ETZ Bd. 58 (1937) S. 570.

stellung des Verteilungsfeldes. Er enthält in einem gemeinsamen Ölkessel einen Schalter mit Strömungslöschkammern, Wandler und zwei Trennschalter. Der Anschluß der Kabel erfolgt im Schalteroberteil in abgedichteten Kammern. Derartige Ringkabelschalter lassen sich auch zu Batterien aneinanderreihen, so daß vollkommen in sich geschlossene, explosionsgeschützte Hochspannungsschaltanlagen entstehen. Jedes Gerät kann dann durch Ziehen der ölgekapselten Trennschalter an dem Nachbargerät spannungslos gemacht werden[1].

In Niederspannungs-Verteilungsanlagen explosionsgefährdeter Betriebe haben ölgekapselte Geräte weite Verbreitung gefunden. Die explosionssichere Unterbrechung kleiner Wechselströme unter Öl bereitet im allgemeinen keine Schwierigkeiten. Folgende Zahlen mögen dies stützen:

Bei einer Spannung von 550 V erfolgt die Unterbrechung des Anlaufstromes von 270 A eines festgebremsten 30 kW-Motors meist in kürzerer Zeit als in einer

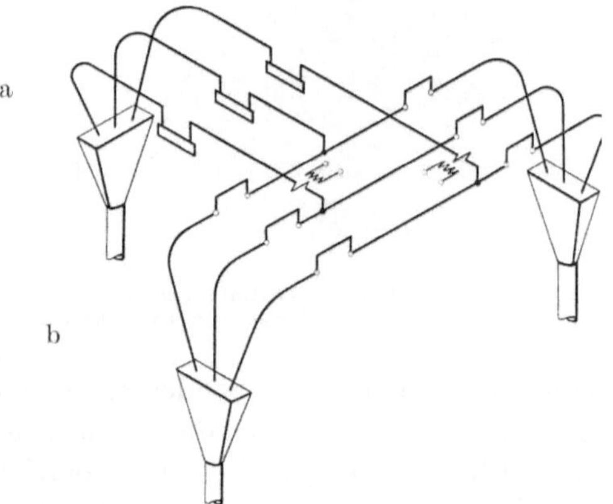

a

b

Abb. 65. 10 kV-explosionsgeschützter Ölschalter für Ringkabelfelder. a) Äußere Ansicht. b) Schema der Verbindungsleitungen.

Halbwelle. Bei einer Trenngeschwindigkeit der Kontakte von 80 cm/s beträgt die Lichtbogenlänge im Höchstfall 8 mm, die entwickelte Gasmenge etwa 2 cm³ je Ausschaltvorgang. Dies ist der betriebsmäßig ungünstigste Fall, wenn der Motor im Anlauf oder in festgebremstem Zustand abgeschaltet wird. Bei Abschalten des vollbelasteten angelaufenen 30 kW-Motors beträgt die Ölgasmenge je Schaltung etwa 0,25 cm³. Liegen die Schaltstücke genügend tief unter dem Ölspiegel, so ist es nicht möglich, ein oberhalb des Ölspiegels befindliches explosibles Wasserstoff-Luft-Gemisch durch diese Schaltvorgänge zu zünden.

Die Prüfung, ob ein Lichtbogen unter Öl ein oberhalb des Ölspiegels befindliches explosibles Gemisch zünden kann, geschieht auf folgende Weise: Zur Er-

[1] PETERSDORFF, H. v.: Maschinen, Transformatoren und Geräte für explosionsgefährdete Räume. ETZ Bd. 59 (1938) S. 1129. — STORMANS, A.: Niederspannungs-Verteilanlagen in Bergwerken, Industrie-Anlagen und chemischen Betrieben. Z. VDI Bd. 82 (1938) S. 245.

mittlung des „Zündschaltvermögens“ wird das Öl auf die höchste Betriebstemperatur angewärmt und der Ölspiegel auf die niedrigste Höhe abgesenkt. Der Raum oberhalb des Ölspiegels wird mit dem explosibelsten Wasserstoff-Luft-Gemisch angefüllt. Die Konzentration wird im Laufe der Untersuchung wiederholt nachgeprüft. Das Schaltgerät wird nun durch Abschalten von Kurzschlußströmen (wenn es Kurzschlußauslösung hat) oder von Anlaufsströmen festgebremster Motoren (als Motorschalter) beansprucht. Die Beanspruchung wird so weit durch Vergrößern des Kurzschlußstromes oder des Anlaufstromes (größere Motoren) gesteigert, bis in einer bestimmten Schaltfolge die Grenze des Zündschaltvermögens erreicht ist, d. h. der Schalter **einmal** das Gemisch gezündet hat. Der Strom, bei dessen Abschaltung diese Zündung eintritt, heißt **Zündschaltstrom**. Wird diese äußerste Grenze nicht erreicht, dann begnügt man sich mit dieser Feststellung und betrachtet den höchsten geschalteten Strom als „Zündschaltstrom“. Der höchstzulässige Schaltstrom des Schaltgerätes beträgt 75% dieses Zündschaltstromes, wenn bei Schaltgeräten mit Kurzschlußauslösung der höchstzulässige Kurzschlußstrom angegeben werden soll. Bei Motorschaltgeräten gilt als höchstzulässiger Motoranlaufstrom — Motorschaltgeräte müssen immer imstande sein, anlaufende Motoren wieder abzuschalten — statt 75% nur 50% des Zündschaltstromes, weil der Anlaufstrom von Motoren um ±20% vom Sollwert, der der Planung elektrischer Anlagen zugrunde gelegt wird, abweichen kann und weil bei einer Spannungserhöhung um 10% der tatsächliche Anlaufstrom etwa 15% höher als der Nennwert ist $\left(\text{d. h. also: } 0{,}75 \cdot 0{,}8 \cdot \frac{1}{1{,}15} = \sim 0{,}5\right)$.

Durch eine solche mit Wasserstoff-Luft-Gemischen durchgeführte Prüfung kann die Eignung des Gerätes für Gase und Dämpfe der Zündgruppen A, B und C nachgeprüft werden, da Wasserstoff zu den am leichtesten zu zündenden Gasen gehört (siehe z. B. Abb. 20 und 24). Für Schwefelkohlenstoff (Zündgruppe D) ist außer einer Beschränkung der höchstzulässigen Öltemperatur auf 80° C (wovon Ölwiderstände betroffen werden) bei Schaltgeräten eine Wiederholung der Prüfung mit den explosibelsten Schwefelkohlenstoff-Luft-Gemischen erforderlich.

Bei Ölschaltgeräten soll der Raum oberhalb des Ölspiegels, wenn merkliche Mengen von Ölzersetzungsgasen entstehen können, so gelüftet werden, daß im Ölbehälter kein meßbarer Überdruck entsteht und das Zersetzungsgas entweichen kann. Eine druckfeste Ölkapselung oder Öl innerhalb einer druckfesten Kapselung ist aus folgendem Grund nicht zulässig: Ölgekapselte Geräte verlangen meist eine dichte Kapselung des Ölbehälters, damit Fremdkörper und Flüssigkeiten (z. B. Kohlenstaub im Steinkohlenbergwerk und in Braunkohlenbetrieben, Benzin in Benzinlagerstätten) nicht eindringen können. Werden die von Schaltvorgängen herrührenden Ölzersetzungsgase in einer druckfesten Kapselung gezündet, dann dürfte man nur kleine Spaltweiten an den Fugen von Durchführungen, Wellen und dergleichen zulassen, um Zünddurchschläge nach außen zu verhüten. Lüftungseinrichtungen für druckfeste Kapselungen sind praktisch nicht bekannt. Man muß also damit rechnen, daß Ölzersetzungsgase mit einem gewissen Überdruck in der druckfesten Kapselung bestehen können. Bei stürmischer Gasentwicklung, wie z. B. beim Abschalten schwerer Kurzschlüsse, ist mit einer beträchtlichen Vorkompression der Ölgase zu rechnen, wie Versuche mit Ölschaltern gezeigt haben. Der Explosionsdruck ist aber dem Anfangsdruck unmittelbar proportional.

Beträgt z. B. die Vorkompression des Ölgas-Luft-Gemisches 2 atü, so steigert sich der Explosionsdruck auf den dreifachen Betrag, d. h. er beträgt im ungünstigsten Fall etwa 20 atü. Es sind in Ölschaltern Explosionsdrücke bis über 50 atü gemessen worden. Ölkapselung in druckfester Bauart müßte eine Widerstandsfähigkeit der Gehäuse gegen Explosionsdrücke verlangen, wie sie bei der größtmöglichen Vorkompression auftreten können. Das sind Drücke, die im allgemeinen eine wirtschaftliche Bauweise ausschließen.

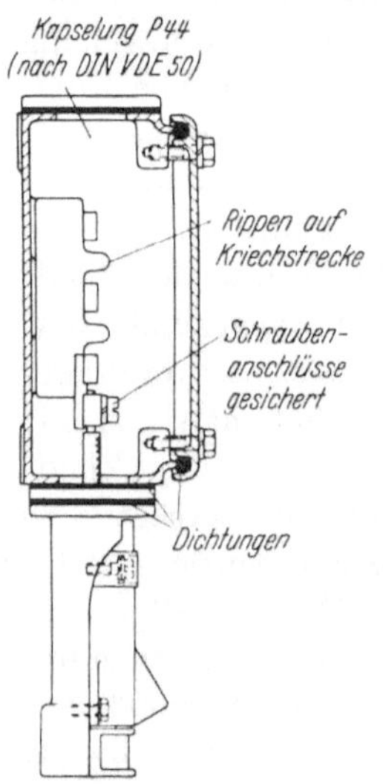

Abb. 66. Schema der Bauart erhöhte Sicherheit.

d) Bauart erhöhte Sicherheit.

Die Bauart erhöhte Sicherheit schließt alle Maßnahmen ein, um Fehler, die Zündursache werden können, zu vermeiden. Bestimmte Mindestanforderungen an die Überlastungsfähigkeit, Kurzschlußfestigkeit und das Isoliervermögen — um einige Beispiele zu nennen — müssen elektrische Betriebsmittel der Bauart erhöhte Sicherheit erfüllen.

In Abb. 66 ist schematisch ein Sammelschienenkasten nach Bauart erhöhte Sicherheit wiedergegeben. Reichlich bemessene Kriechstrecken auf dem Isoliermaterial, gesicherte Schraubverbindungen, möglichst staubdichte Kapselung und kurzschlußfeste Strombahnen sind die hauptsächlichsten Anforderungen an solche Geräte. Die Verbindungen müssen einen dauernd zuverlässigen Stromübergang gewährleisten. Außer Schweißen, Nieten und Hartlöten sind im allgemeinen nur das Weichlöten mit einer zusätzlichen Halterung und die gesicherte Verschraubung zugelassen. Die folgenden Beispiele zeigen, wie besondere Schwierigkeiten, zuverlässige Stromübergänge zu erhalten, gelöst wurden:

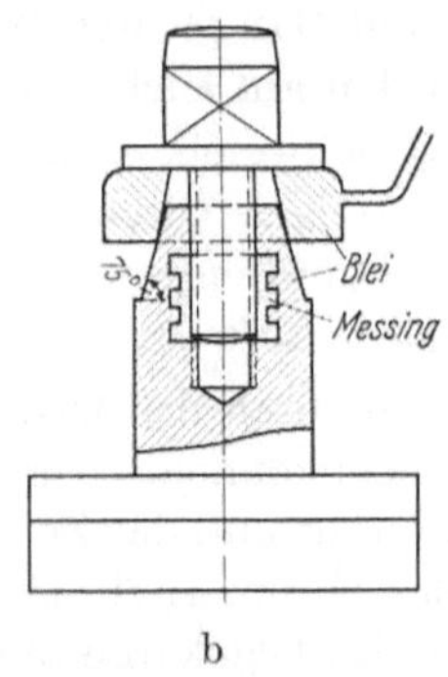

Abb. 67. Konus-Klemmverbinder (Kegelverbinder) für Akkumulatorbatterien. a) Ansicht. b) Schematische Darstellung.

1. Bei Blei-Akkumulatoren können die Schraubverbindungen nur aus Blei betriebssicher hergestellt werden, damit sie dem Säureangriff widerstehen. Eine gewöhnliche gesicherte Schraubverbindung aus Blei würde schnell unbrauchbar werden, weil der Kontaktdruck nachläßt. Nach vieljährigen Erfahrungen bewährte sich ein Kegelverbinder mit einem Übergangswiderstand von etwa 10 bis $25 \times 10^{-6}\,\Omega$ (Abb. 67).

2. Bei Leuchten muß zwar die Verbindung und Kontaktstelle von Lampen zur Lampenfassung (Abb. 68, b) gegen Selbstlockern gesichert sein. Die Verbindung ist aber bei weitem nicht so fest wie die einer gesicherten Schraubverbindung: Es macht keine Schwierigkeiten, durch Schraubverbindungen Kontaktdrücke

von einigen hundert kg zu erhalten, es ist aber in Leuchten kaum möglich, an den Stromübergangsstellen der Lampe den Druck über einige kg zu steigern. Ein einwandfreier Stromübergang läßt sich auch deswegen schwer erreichen, weil die Temperaturen an der Kontaktstelle je nach der Konstruktion der Leuchte und je nach der Größe der Lampe über 150° C betragen können. Bei diesen Temperaturen ist die Oxydation der Metalle schon so lebhaft, daß bei niedrigem Kontaktdruck schnell eine Fremdschicht zwischen den Kontakten wächst und den elektrischen Übergangswiderstand so erhöht, daß die im Kontakt unmittelbar frei werdende zusätzliche Stromwärme den Stromübergang weiter verschlechtert. Eine Zündung ist dann möglich.

Man kann den Stromübergang in einen druckfesten Raum legen, indem der Fassungskorb als druckfester Raum ausgebildet wird, der durch den Lampensockel abgeschlossen wird. Trotz dieses Abschlusses kann aber eine Zündung innerhalb dieses Raumes zu einem Zünddurchschlag bei vielen Gemischen führen, weil die Toleranzen der Gewinde, z. B. Edison E 27, zu große Spaltweiten zwischen Fassung und Korb ermöglichen. Werden in solchem Raum Schlagwetter durch Funken gezündet, so schlägt die Flamme nicht durch die vom Sockelgewinde gebildeten Spalte durch, obwohl die Gewindetoleranzen verhältnismäßig große Spaltweiten zwischen Fassung und Korb ermöglichen, insbesondere wenn der Sockel von der Kreisform abweicht. Die Grenzspaltweiten von Methan-Luftgemischen sind verhältnismäßig groß. Für Gemische mit kleineren Grenzspaltweiten ist es aber nicht möglich, den Raum, in dem der Strom vom Fassungskorb zum Lampensockel und vom Fußkontakt der Lampe zum Mittelkontaktstück übergeht, druckfest zu kapseln.

In explosionsgeschützten Leuchten muß daher dieser Stromübergang über federnde und genügend temperaturbeständige Glieder mit einem hohen Kontaktdruck erfolgen. Nicht nur die Lampe, sondern auch die zum Zusammenhalten der Armaturteile bestimmten Schrauben müssen gegen Selbstlockern sorgfältig gesichert sein. Das Einschrauben von Lampen unter Spannung kann entweder dadurch verhindert werden, daß Schutzkorb und Überwurfglocke durch eine Verriegelung mit einem Schalter nur in spannungsfreiem Zustand abgenommen werden können, oder dadurch unschädlich gemacht werden, daß der Funkenübergang in einem besonderen druckfest gekapselten Raum erfolgt. Abb. 68 zeigt ein Schema dieser Anordnung. Der druckfeste Raum a ist so klein und die Wärmeverluste bei Zündung eines Gemisches sind so groß, daß die zulässigen Spaltweiten an dem mittleren federnden Stift größer sein dürfen als bei Gehäusen von z. B. 100 cm³ Inhalt und mehr (Abb. 56 und 57). Dadurch ist es möglich, solche kleinen Räume

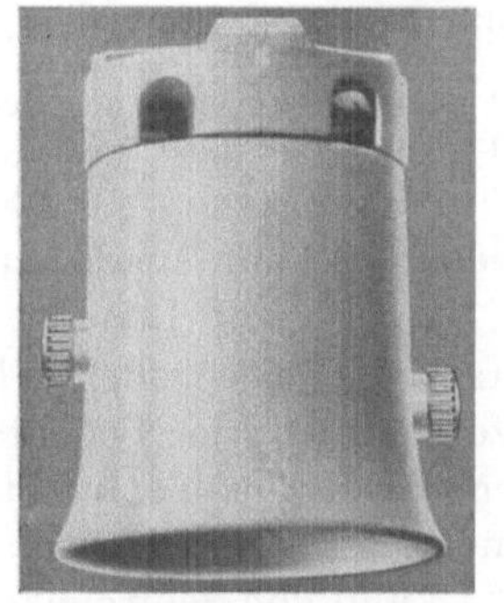

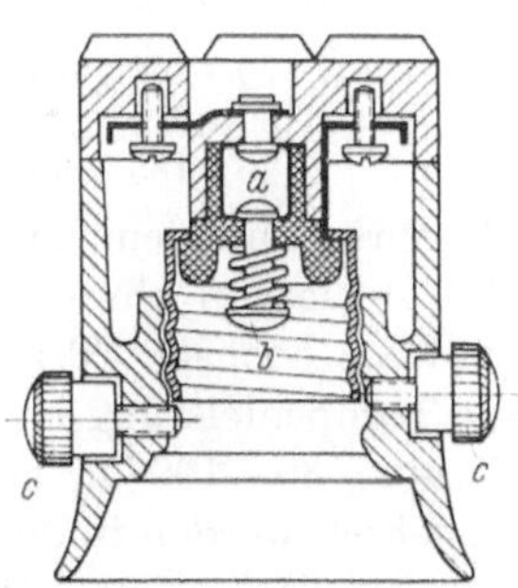

Abb. 68. Explosionsgeschützte Lampenfassung für Leuchte Bauart erhöhte Sicherheit. a) Druckfester Raum. Kontakte mit Feinsilberauflage. b) Federnder Mittelkontakt. c) Schutz gegen Lockern.

für alle Gase der Explosionsklasse 3, also auch für Wasserstoff und Azetylen, sicher durchzubilden, ohne zu weitgehende Anforderungen an die Toleranzen von Bohrung und beweglichem Kontaktstift in Kauf nehmen zu müssen.

3. In Mikrophonen müssen Ströme über Kontakte geleitet werden, die man im Sinne der Bauart erhöhte Sicherheit durchaus als „schlechte Kontakte" bezeichnen könnte. Abb. 69 gibt einen Schnitt durch ein Mikrophon, das in ein besonderes Gehäuse eingebaut wird, wieder: Die Druckschwankungen der Luft werden auf eine durch ein Gitter oder durch besondere Abdeckungen geschützte Membran übertragen, und von dieser auf Kohlegrieß, der in konischen Ausbuchtungen des Kohlekörpers liegt und den Raum zu etwa 85% ausfüllt. Der Strom beträgt bei Mikrophonen bis etwa 70 mA, ist aber in so viele einzelne Teilströme dank des Widerstandes der Kohlekörnchen zerlegt, daß er weit unter der Zündstromstärke liegt.

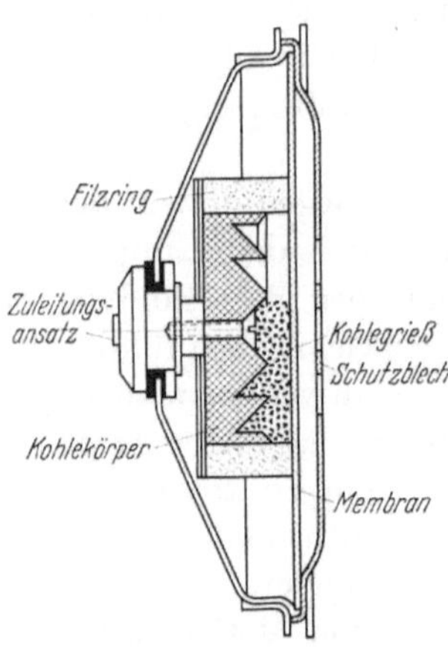

Abb. 69. Mikrophon.

Da die Temperatur explosionsgeschützter Geräte erheblich unter der Zündtemperatur liegen muß, ist es nicht möglich, Leuchten nach Bauart erhöhte Sicherheit für Dämpfe der Zündgruppen C und D, also z. B. Äthylätherdampf- und Schwefelkohlenstoffdampf-Luft-Gemische, im üblichen Sinne der Vorschriften zu bauen. Nach Messungen der Firma Osram an frei brennenden, gasgefüllten Doppel-Wendel-Lampen (40—100 W) und Einfach-Wendel-Lampen (150—1000 W) betragen die Höchsttemperaturen z. B.:

120—160° bei 40— 100 W-Lampen am Sockelrand.
130—210° bei 150— 300 W-Lampen am größten Kolbendurchmesser.
145—185° bei 500—1000 W-Lampen am größten Kolbendurchmesser.

Entsprechend den verschiedenen Lampenkonstruktionen können die jeweiligen Werte hiervon abweichen. Werden die Lampen in Leuchten eingeschlossen, so sind die höchsten Temperaturen bei gegebener Leuchte um so höher, je höher die Lampenleistung ist. Je nach Art der Leuchten und Lampen kann die Temperatur 30—190° C höher sein. Die Temperaturen im Innern geschlossener Leuchten werden in den meisten Fällen so hoch sein, daß die Zündtemperaturen von Äthyläther (etwa 180° C) und von Schwefelkohlenstoff (etwa 120° C) erreicht oder überschritten werden. Die Leuchten können also nicht an den Orten verwendet werden, wo ein solches explosibles Gemisch sich während längerer Zeit ansammeln und dann auch in die Leuchte eindringen kann. Da nun aber die Dämpfe der Zündgruppen C und D erheblich schwerer als Luft und außerordentlich gut wahrnehmbar sind, ist gegen die Verwendung geschlossener Leuchten in derartig explosionsgefährdeten Räumen im allgemeinen bei Beachtung folgender Einschränkungen nichts einzuwenden:

a) Die Außentemperaturen der Leuchten, also der Schutzglocke und der Armaturteile, dürfen die für die Zündgruppen C und D höchstzulässigen Beträge nicht überschreiten. Da für die Dämpfe der Zündgruppe C eine Erwärmung bis 80° C und der Zündgruppe D bis 45° C zulässig ist, muß die Lampengröße im Innern der Leuchte auf bestimmte Höchstwerte beschränkt werden. Diese sind je nach der Leuchtenkonstruktion verschieden; die folgenden Zahlen sollen als Beispiel von zur Zeit verwendeten Leuchten einen Anhalt geben (s. auch Abb. 73 und 74):

Leuchten-Modell Watt	Höchstzulässige Lampe in Räumen mit Äthyläther Watt	Schwefelkohlenstoff Watt
200	100	40
500	200	75

b) Die schweren Dämpfe dürfen sich in den explosionsgefährdeten Räumen, in denen diese Leuchten verwendet werden sollen, nicht bis zur Leuchtenhöhe längere Zeit ansammeln können. In ständig besetzten Betriebsräumen ist dies aus gesundheitlichen Gründen ohnehin nicht möglich. Es genügen die üblichen

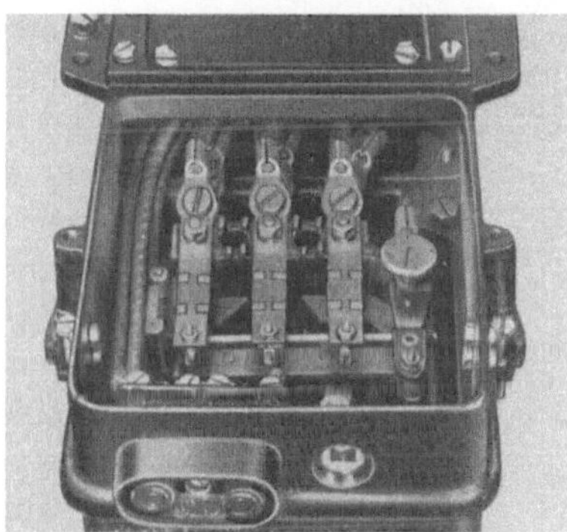

Abb. 70. Fehlerhafter und einwandfreier Anschluß.

Entlüftungseinrichtungen, oder in Räumen, in denen die Luft nicht durcheinandergewirbelt wird, ständig offene, verhältnismäßig schmale Entlüftungsbänder, aus denen die Dämpfe entweichen können.

Sind diese Voraussetzungen erfüllt, dann können Leuchten verwendet werden, die dicht mit festem Schutzglas verschlossen und gegen äußere Beschädigungen geschützt sind, und deren Lampen gegen Lockern gesichert sind.

Eine Überlastung von Maschinen, Transformatoren und von einigen Geräten, wie z. B. in Hauptstrombahnen liegenden Widerständen, kann im Betrieb möglich sein. Wenn die Betriebsmittel hierbei gefährliche Temperaturen annehmen können, bei denen entweder die Isolation Schaden leiden oder die Zündtemperatur der explosiblen Gemische erreicht wird, sind besondere Schutzeinrichtungen, wie z. B. Schutzschalter, Schutztransformatoren oder Wärmewächter, als Ergänzung zu den Betriebsmitteln der Bauart erhöhte Sicherheit notwendig. Einige Beispiele werden später behandelt (S. 148).

Die Betriebssicherheit kann nur dann gewährleistet sein, wenn die Montage explosionsgeschützter Betriebsmittel einwandfrei erfolgt. Hierzu gehört eine sorgfältige Leitungsverlegung in reichlich bemessenem Anschlußraum. Dies gilt nicht nur für Geräte der Bauart erhöhte Sicherheit, sondern auch für die Anschlußräume der Bauart druckfeste Kapselung und Ölkapselung, die nach Bauart erhöhte Sicherheit durchgebildet sind. Die Anschlußklemmen müssen so angeordnet sein, daß sich ein einwandfreier Anschluß unter Wahrung der erforderlichen Kriechstrecken und Luftabstände mit sauber verlegten Leitungen leicht ergibt. Der Anschlußraum muß auch im Betrieb kontrollierbar sein. Der Anschluß erfordert bei der Montage stets eine besondere Sorgfalt. Als abschreckendes Beispiel, wie Anschlußleitungen nicht verlegt werden sollen, ist in Abb. 70 der Anschluß an ein Ölschaltgerät mit Anschlußraum nach Bauart erhöhte Sicherheit und zum Vergleich hierzu die richtige Verlegung wiedergegeben.

Die Bauart erhöhte Sicherheit schließt alle Maßnahmen ein, um Störungen und damit Zündungen unmöglich zu machen. Dies ist besonders bei denjenigen Geräten zu beachten, die ortsveränderlich sind und bei der Arbeit den Händen entgleiten können, wie z. B. bei Handleuchten. Wie bereits behandelt wurde (S. 52), sind zwar die Unterbrechungsfunken von Stabbatterien ungefährlich. Die Lampen (Abb. 71) müssen aber so durchgebildet sein, daß sie bei einem Fall auf den Boden nicht zertrümmert werden. Denn der Glühfaden der Lampe kann explosible Gemische leicht zünden. Auf die Verwendung einwandfreier, gegen Stoß und Fall widerstandsfähiger Handlampen ist der größte Wert zu legen! Normale Handlampen mit Schutzkorb sind meist nicht geeignet.

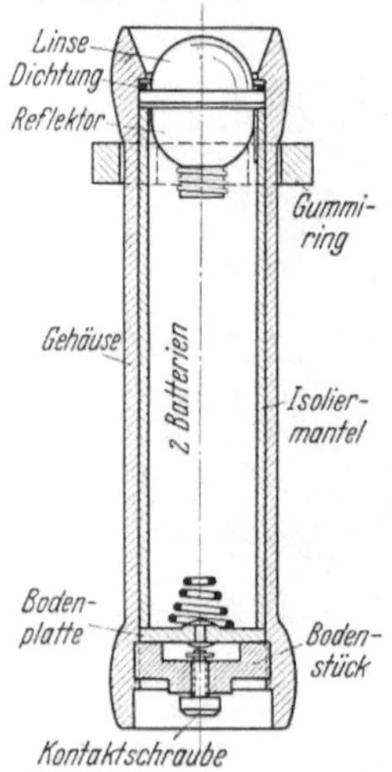

Abb. 71. Stablampe (Bauart erhöhte Sicherheit).

Beurteilt man Schutzmaßnahmen, so kann man nicht alles von technischen Anordnungen erwarten; auch der Mensch, dessen Obhut die elektrischen Betriebsmittel anvertraut sind, muß die Gefahr kennen, die z. B. ein mutwilliger Eingriff in eine elektrische Anlage im explosionsgefährdeten Betrieb bringen kann. Als Beispiel von Schutzmaßnahmen mit umstrittenen Wert nennen wir den Sonderverschluß: Ein elektrisches Gerät mit Sonderverschluß soll mit besonderem Werkzeug, das sich nur in den Händen von geschultem Betriebspersonal befindet, geöffnet werden können. Es gibt zahlreiche Arten von Sonderverschlüssen: am weitesten hat sich die Dreikantschraube[1] eingeführt, die so versenkt angeordnet oder durch einen Schutzkragen geschützt ist, daß sie nur mit besonderen Dreikantschlüsseln geöffnet werden kann (s. z. B. Abb. 60, 63b, 76b, 81 und 86).

Schlagwettergeschützte elektrische Betriebsmittel haben stets Sonderverschlüsse, es sei denn, sie befinden sich in abgeschlossenen elektrischen Betriebsräumen. Nur der Elektriker kann und darf sie öffnen; in seinem Gewahrsam befinden sich die zum Öffnen nötigen Werkzeuge. Mit gewöhnlichen Schraubenschlüsseln, Rohrzangen oder anderem Werkzeug kann sie der Nichtbefugte nicht öffnen, mag auch der Anreiz dazu gegeben sein, z. B. um schnell einmal eine provisorische Lichtleitung anzuschließen!

In explosionsgefährdeten Betriebsräumen der chemischen Industrie betreut der Elektriker die elektrischen Einrichtungen ebenso wie in nichtgefährdeten Räumen. In vielen chemischen Betrieben hat das Betriebspersonal keine Möglichkeit, elektrische Geräte zu öffnen, wenn hierzu ein Werkzeug erforderlich ist.

[1] DIN Berg 2416.

Man hat sich daher auf die Forderung beschränkt, daß explosionsgeschützte elektrische Betriebsmittel nur mit Werkzeugen geöffnet werden dürfen[1]; Verschlüsse z. B. mittels Flügelmuttern, die jeder leicht öffnen kann, sind nicht zulässig. Die Erfüllung dieser Vorschrift bedeutet im allgemeinen keine Sonderfertigung und keine Verteuerung. Mit Rücksicht auf andere explosionsgefährdete Betriebe, in denen im Betrieb oder bei der Wartung Fehler unterlaufen können, ist später die Vorschrift erweitert worden[2]: Sonderverschlüsse sind an denjenigen Teilen elektrischer Betriebsmittel erforderlich, die verhältnismäßig oft zur Kontrolle oder Wartung geöffnet werden müssen, deren sicheres Arbeiten durch unbefugtes Öffnen gestört werden kann, oder für die ein Anreiz vorliegt, daß sie Unbefugte öffnen. So erhalten Sonderverschlüsse: Akkumulatoren, die regelmäßig geladen werden; Leuchten, in denen die Lampen ausgewechselt werden; alle Betriebsmittel der Bauarten druckfeste Kapselung und Ölkapselung; Gehäuse von Relais, bei denen z. B. ein unbefugter Eingriff den Überlastschutz in Frage stellen kann. Sonderverschlüsse werden nicht an denjenigen explosionsgeschützten Geräten gefordert, die nur selten geöffnet werden, z. B. bei Überholungsarbeiten in längeren Zwischenräumen. Aus diesem Grund haben der in Abb. 66 gezeigte Sammelschienenkasten und der Anschlußraum des Motors Abb. 76a keine Sonderverschlüsse. Die Erfahrungen mit Sonderverschlüssen sind nicht in allen explosionsgefährdeten Betrieben gut. Weil nicht immer der Sonderschlüssel zur Hand ist, neigt der Bedienende aus Bequemlichkeit dazu, den Deckel nur so leicht zu verschließen, daß er auch ohne Sonderschlüssel, z. B. mit der Hand, geöffnet werden kann: das Gegenteil von dem, was bezweckt wird, ist erreicht! Deswegen sind vielerlei Arten von Sonderverschlüssen unzweckmäßig. Durch Beschränkung auf wenige Sonderschlüssel und durch wiederholte Unterweisung der Bedienenden kommt man hier am weitesten.

e) Staubgeschützte Bauart.

Staubexplosionsgefahr durch elektrische Betriebsmittel besteht dann, wenn

1. Staub-Luft-Gemische durch Funken oder Lichtbögen gezündet werden können oder wenn

2. Staubschichten durch die Wärme des Betriebsmittels so erhitzt werden, daß eine Selbstentzündung einsetzen kann (s. S. 27), die nun ihrerseits den Staub hochwirbelt und auf diesem Wege eine Staub-Luft-Explosion einleitet.

1. Zündung durch Funken. Die Gefahr, Staub-Luft-Gemische durch elektrische Funken, z. B. von Relaiskontakten oder von Bürsten elektrischer Maschinen, zu zünden, soll man nicht überschätzen[3]: erstens, weil die Bedingungen über das Vorhandensein explosibler Staub-Luft-Gemische in praktischen Betrieben nur selten gegeben sind, und zweitens, weil die Zündstromstärken von Staub-Luft-Gemischen größer als von Gas- oder Dampf-Luft-Gemischen sind, Staub-Luft-Gemische also verhältnismäßig schwer gezündet werden können. Systematische Untersuchungen sind zwar nicht bekannt; die den praktischen Verhältnissen nachgebildeten Versuche mit Braunkohlenstauben in der Versuchsstrecke Freiberg

[1] VDE 0165/1935.
[2] VDE 0171.
[3] Untersuchungen über die Funkengefährlichkeit von offenen Motoren in Braunkohlenbrikettfabriken. Kompaß Bd. 46 (1931) S. 118.

und die richtunggebenden Arbeiten von STEINBRECHER[1] lassen dies aber erkennen. Man hat sich daher vielfach begnügt, bei offenen Motoren mit Schleifringen oder Kollektoren das Hineinfallen von größeren Staubmengen, durch das erst ein explosibles Staub-Luft-Gemisch geschaffen wird, durch einfache Abdeckungen zu verhüten[2]. Erst in neuerer Zeit werden geschlossene Motoren, von wenigen Ausnahmen abgesehen, bevorzugt. Bei Geräten mit funkengebenden Teilen bereitet ein staubdichter Abschluß keine Schwierigkeiten.

Einen hinreichend staubdichten Verschluß eines Gehäuses zeigt Abb. 72. Die Deckelschrauben greifen außerhalb des Innenraumes in Sacklöcher des Gehäuseunterteils. Durch die Schraubenöffnungen kann weder Staub noch Dampf eindringen. Die Fugen sind durch Dichtungen geschlossen. (Solche Gehäuse sind im allgemeinen nicht völlig dampf- und staubdicht. Bei Dichteunterschieden der Luft im Innern des Gehäuses gegenüber der Außenluft, z. B. als Folge einer Abkühlung, muß man mit dem Eindringen von Dampf und damit von Feuchtigkeit sowie von Staubspuren rechnen. Ein völlig dichter Abschluß eines Gehäuses ist nur zu erzielen, wenn es dauernd Dichteunterschieden standhält.) Die Dichtung muß fest mit dem Deckel verbunden sein. Große Deckel müssen genügende Steifigkeit oder eine größere Anzahl von Verschlußschrauben haben, damit beim Anziehen der Schrauben der Deckel nicht klafft.

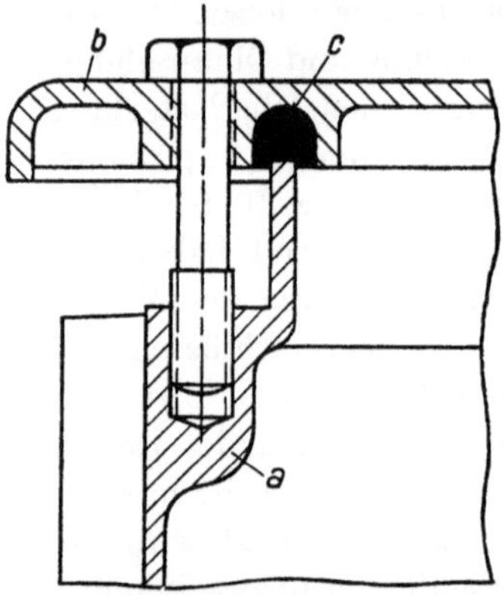

Abb. 72. Staubdichter Deckelabschluß eines gußeisernen Schaltergehäuses. a) Gehäuse. b) Deckel. c) Gummidichtung.

Die Wellen von Motoren können nicht so gut abgedichtet werden wie die Gehäuse von Schaltgeräten. Aus Gründen des Explosionsschutzes — von Sprengstoffen abgesehen, die wir nicht behandeln — ist dies auch nicht erforderlich. Man begnügt sich mit einem Dichtungsschutz gegen das Eindringen von grobem und mittelfeinem Staub sowie von Spritzwasser. Mit Labyrinthdichtungen und die Welle dicht umschließenden Ringen, z. B. aus Filz oder Simmerit[3], kann auch feinem Staub das Eindringen erschwert werden. Man wendet diese Mittel aber mehr aus Gründen der Betriebssicherheit als des Explosionsschutzes an, da, wie bereits erwähnt, selbst offene Motoren sich in vieljährigem Betrieb in staubgefährdeten Räumen bewährt haben. Da aber in offene Motoren der Staub verhältnismäßig leicht eindringen kann, muß er von Zeit zu Zeit, z. B. einmal wöchentlich, durch Ausblasen entfernt werden. Wird dies versäumt, dann kann der Staub oftmals in den Luftkanälen der Ständerblechpakete fest zusammenbacken. Ungenügende Durchlüftung und unzulässige Erwärmung, die bis zu einer Wicklungsbeschädigung führen kann, sind dann die Folge.

2. Zündung durch Erwärmung. Legt sich der Staub auf die Gehäuseoberfläche von elektrischen Betriebsmitteln, so kann sich — genügend hohe Temperatur der Oberfläche vorausgesetzt — Staub von Metallen und Kohle bis

[1] STEINBRECHER, H.: Wesen, Ursachen und Verhütung der Kohlenstaubexplosionen und Kohlenstaubbrände. Halle: W. Knapp 1931. — Zur Kenntnis der Kohlenstaubexplosionen. Braunkohlenarchiv 1927 Heft 17. [2] Zitiert S. 110 Anm. 3.

[3] FREUDENBERG, C.: Staubschutz durch Simmeringe. Weinheim/Bergstraße.

zur Selbstzündung erwärmen (S. 27). In staubgefährdeten Betrieben ist jede Anhäufung von Staub gefährlich. Ruhender Staub ist zwar ungefährlich, wird er

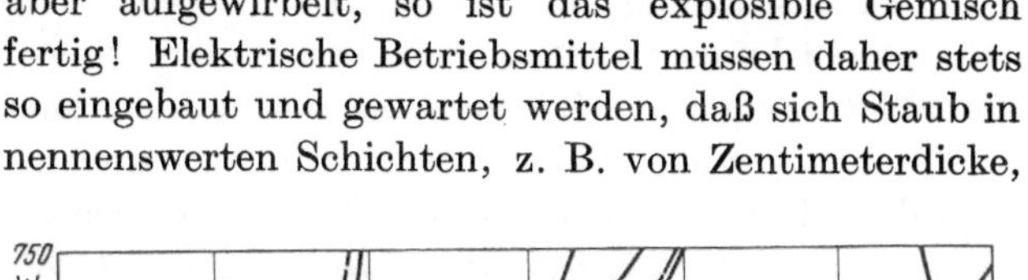

aber aufgewirbelt, so ist das explosible Gemisch fertig! Elektrische Betriebsmittel müssen daher stets so eingebaut und gewartet werden, daß sich Staub in nennenswerten Schichten, z. B. von Zentimeterdicke,

Abb. 73. Freistrahler mit einer Opalglasschutzglocke für Lampen von 300—750 W. Die Zahlen geben die Temperaturmeßstellen an.

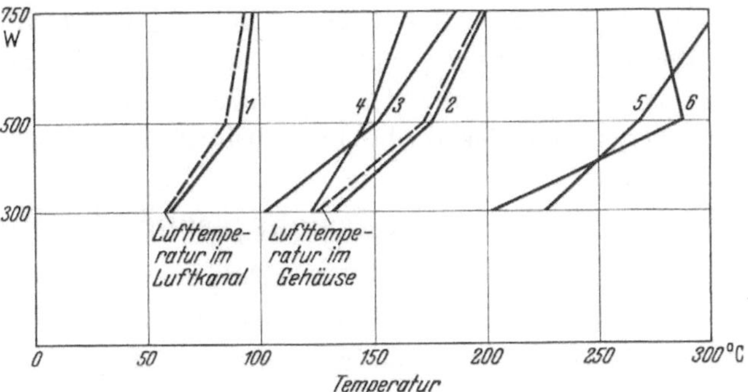

Abb. 74. Temperaturmessung an dem in Abb. 73 dargestellten Freistrahler. Meßstellen 1—4 s. Abb. 73. Meßstelle 5: Größter Kolbendurchmesser der Lampe. Meßstelle 6: Kolbenbrust der Lampe.

nicht auf ihrer Oberfläche absetzen kann. In staubgefährdeten Betrieben ist es notwendig, von Zeit zu Zeit, oft mehrmals täglich, jeden Staub zu entfernen. Außentemperaturen von 115° C sind dann ungefährlich. Bei vielen elektrischen Betriebsmitteln liegt die Gehäusetemperatur unter 115° C. Eine Gehäusetemperatur von 115° C kann z. B. von Widerständen, Leuchten und in vereinzelten Fällen von Sonder-Motoren mit Durignit-Isolation überschritten werden. Bei Widerstandsgeräten kann die Temperatur der abstreichenden Luft bis 235° C, die des Gehäuses bis 160 °C betragen; durch reichliche Bemessung läßt sich aber die Temperatur leicht herabsetzen.

Die staubsichere Konstruktion von Leuchten ist von W. KOHLSCHEIN[1] eingehend untersucht worden. Abb. 73 zeigt eine der untersuchten Leuchten und Abb. 74 Temperaturen an den für die Staubablagerung in Betracht kommenden Stellen bei einer Bestückung mit 300—750 W-Lampen. Bei Untersuchung in der Staubkammer trat eine Entzündung von Kohlenstaub, der sich außen auf der

a

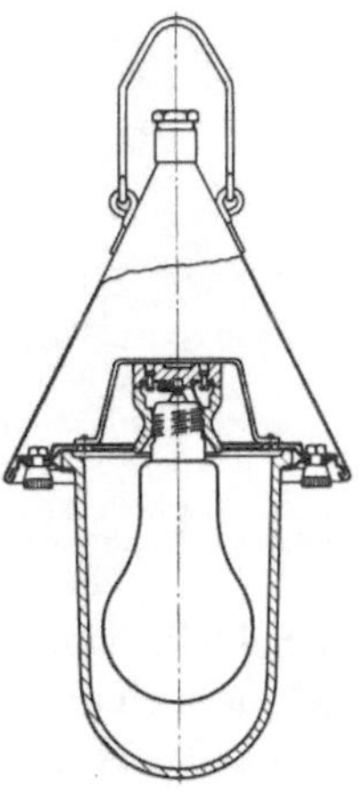

b

Abb. 75. Staubdichte Leuchte für direkte Beleuchtung. a Äußere Ansicht, b schematischer Schnitt.

[1] Zitiert S. 27.

Leuchte niederschlug, nicht ein. Jedoch konnte Staub in das Innere der Leuchte durch ein unten angebrachtes Kondenswasserloch leicht eindringen. Der Staub wurde bei Bestückung mit 500 und 750 W-Lampen zum Entflammen gebracht. Die Untersuchungen führten zu besonderen Konstruktionsvorschriften: Um Staubablagerungen auf Leuchten zu erschweren, sollen Kappen und Reflektorflächen eine Neigung von mindestens 60° erhalten (Abb. 75). Trockener Staub haftet darauf nicht, feuchter Staub kann aber noch anhaften. Um eine Zündung auszuschließen, wird die Außentemperatur auf 150° beschränkt[1].

Die im Jahre 1932 veröffentlichten Untersuchungen von KOHLSCHEIN trugen wesentlich zur Klärung der Zündmöglichkeiten von Stauben in Braunkohlenbetrieben durch elektrische Betriebsmittel bei.

3. Explosionsgeschützte Motoren.

a) Bauarten.

In explosionsgefährdeten Betrieben hat der Käfigläufermotor Bauart erhöhte Sicherheit weiteste Anwendung gefunden. Da sämtliche Anlaßgeräte bei direkter Einschaltung auf das Netz fortfallen, ist er am einfachsten und betriebssichersten. Er ist bis zu Leistungen von vielen Tausend kW gebaut worden[2]. Der Antrieb von Kompressoren, Pumpen, Gebläsen und Mühlen erfordert Motoren erheblicher Größe. Sie werden vom Hochspannungsnetz — meist 6 kV — gespeist. Hochspannungs-Motoren unter etwa 100 kW Leistung werden im allgemeinen aus wirtschaftlichen Gründen nicht verwendet. Gleichstrommotoren werden in Bauart druckfeste Kapselung und Fremdbelüftung gebaut, ferner Drehstrommotoren

a

50 cm — 0

b

Abb. 76. Vergleich explosionsgeschützter Motoren 22 kW, 380 V, 1500 U/min. Bauart erhöhte Sicherheit (links), Schutzart P 21. Gewicht 150 kg. Bauart druckfeste Kapselung (rechts) mit Oberflächenkühlung. Gewicht 400 kg.

mit Schleifringen oder Kommutatoren, z. B. wenn die Forderung einer Drehzahlregelung sich nicht mehr durch Umschaltung der Pole von Käfigläufermotoren erfüllen läßt. Auch der Käfigläufermotor wird gelegentlich druckfest gekapselt, z. B. wenn er als Lüfterantrieb von explosiblen Gemischen umspült sein kann, oder in übermäßig nassen Räumen mit stark aggressiven Dämpfen. In schlagwettergefährdeten Gruben sind im Abbaubetrieb, z. B. als Antrieb von Bändern,

---

[1] Richtlinien zitiert S. 110.

[2] GÖSCHEL, H., E. LAMPEL u. H. RAYMUND: Über den elektrischen Antrieb großer Kolben-Gasverdichter. Siemens-Z. Bd. 18 (1938) S. 365.

nur druckfeste Motoren zugelassen[1]. Daß der druckfeste Motor sich in der chemischen Industrie nicht durchsetzen konnte, liegt erstens daran, daß die Arbeitsbedingungen der Motoren einfacher als im Abbaubetrieb schlagwettergefährdeter Gruben sind, und zweitens an dem sehr unterschiedlichen Aufwand für beide Motorarten (Abb. 76). Druckfeste Motoren werden bis über 100 kW Größe gebaut. Größere Einheiten lassen sich kaum noch nach Bauart druckfeste Kapselung herstellen. Bei größeren Motoren werden deshalb entweder funkengebende Teile, wie z. B. die Schleifringe, allein druckfest gekapselt oder das Innere des Motors bzw. nur die Schleifringe mit Frischluft aus nicht explosionsgefährdetem Raum belüftet.

Die Bauart „Fremdbelüftung“ wird für die Schleifringe der größten Synchronmotoren, die bis zu Leistungen über 6000 kW in explosionsgefährdeten Betrieben aufgestellt wurden, angewandt. Die Bauart Fremdbelüftung erfordert besondere Vorkehrungen, damit eine Inbetriebnahme des Motors ohne vorangegangene Durchlüftung des Motorinneren nicht möglich ist. Hierzu sind Automatikschaltungen entwickelt worden, die im Schema in Abb. 77 dargestellt sind. Durch Betätigung des explosionsgeschützten, ölgekapselten Schwenktasters neben dem Motor im explosionsgefährdeten Raum wird ein Hilfsschütz eingeschaltet; der Lüftermotor läuft an. Die durch den Motor mit einem kleinen Überdruck, z. B. 20 mm W.-S., durchgedrückte Luft betätigt am Ausgang einen Kontakt. Hierdurch wird ein Zeitrelais in Gang gesetzt. Nach Ablauf einer bestimmten Zeit, z. B. nach 10 s, schaltet sich das Ständerschütz ein. Über ein weiteres Zeitrelais wird der Motor mit dem Selbstanlasser angelassen. Der Vorteil der Motoren Bauart Fremdbelüftung, der vor allem bei großen Motoren zur Geltung kommt, besteht darin, daß die elektrischen Teile des Motors gewissermaßen aus dem explosionsgefährdeten Raum herausgenommen sind. Die Bauart „Fremdbelüftung“ bietet also den **denkbar besten** Explosionsschutz. Ihre Anwendung wäre noch erheblich umfangreicher, wenn nicht den großen Vorzügen einige Erschwerungen, die vor allem bei kleineren elektrischen Betriebsmitteln ins Gewicht fallen, entgegenstehen würden. Die Nachteile sind: Verteuerung und Erschwerung durch Anlaßverriegelung, der zusätzliche Lüfter mit den erforderlichen Rohren sowie in staubigen Betrieben besondere Filtereinrichtungen. Bei der Belüftung ist außerdem darauf zu achten, daß nicht übermäßig feuchte oder chemisch verunreinigte Luft durch den Motor geblasen wird, um Wicklungsschäden zu vermeiden. Für kleine Motoren hat deswegen die Bauart Fremdbelüftung bisher keine größere praktische Bedeutung.

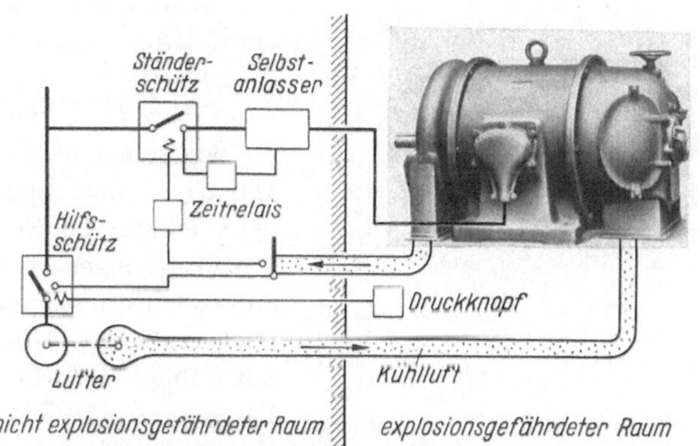

Abb. 77. Explosionsgeschützter Motor Bauart Fremdbelüftung. 500 kW, 500 V, 1500 U/min. Grundsätzliche Schaltanordnung.

[1] VDE 0118/1938 § 29e.

In Räumen, in denen mit der Gefahr des Austretens von Wasserstoff zu rechnen ist, können die umständlichen Zusatzgeräte nach einem Vorschlag von SUTER[1] fortfallen, wenn für eine natürliche Entlüftung des Motors oder der zu schützenden Schleifringkapsel gesorgt wird (Abb. 78). Der Wasserstoff, der 15mal leichter als Luft ist, entweicht aus der in Abb. 78 gezeigten Kapsel so schnell, daß der durch Undichtigkeiten in den Motor nachströmende Wasserstoff sich nicht zu einem explosionsgefährlichen Gemisch anreichern kann. Nach Versuchen von SUTER beträgt die Konzentration des Wasserstoffes in der Schleifringkapsel in der in Abb. 78 gezeigten Anordnung bei stillstehendem Motor weniger als 2 Vol.-%, wenn in der Umgebung der Kapsel 70 Vol.-% gemessen werden. Auch diese Anordnung hat aber keine weite Verbreitung wegen der oftmals umständlichen Verlegung der Rohre gefunden.

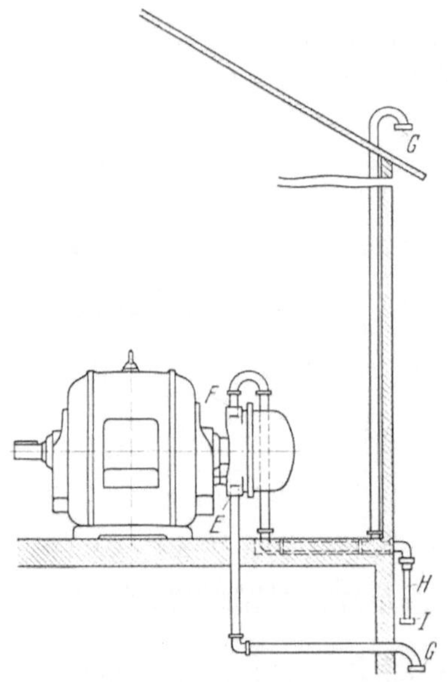

Abb. 78. Entlüftung einer Schleifringkapsel von Wasserstoff. *E* Zuluft zur Kapsel. *F* Abluft von Kapsel. *G*, *J* Schutzsiebe, *H* Kondenswasserablauf.

b) Zulässige Dauererwärmung.

Bei schlagwettergeschützten Maschinen der Bauart erhöhte Sicherheit wird die Temperatur der Wicklung bei Nennlast um 10° gegenüber den sonst zulässigen Werten herabgesetzt. Bezogen auf eine Raumtemperatur von 35° beträgt die höchstzulässige Übertemperatur der Wicklung mit einer Isolation aus Baumwolle, Seide, Papier und ähnlichen Faserstoffen 50° statt 60°, Glimmer, Asbest, Lackdraht 70° statt 80°. Das bedeutet eine Herabsetzung der Leistung. Wir können die Stromaufnahme in erster Annäherung proportional der Leistung setzen. Da die Stromwärmeverluste quadratisch mit dem Strom zurückgehen, müßte die Leistung entsprechend den Wurzeln aus den Temperaturen herabgesetzt werden: wenn man also das Maschinenmodell weniger stark ausnutzt, müßte die Leistung auf $\sqrt{\frac{50}{60}}$ bzw. $\sqrt{\frac{70}{80}}$, d. h. auf 91% bzw. 93,5% herabgesetzt werden. Da aber die Eisenverluste und die Kupferverluste des Magnetisierungsstromes bei gleichem Modell die gleichen bleiben, so steht für die Leistungsbeschränkung nur die Temperaturspanne zwischen Leerlauferwärmung und Nennlasterwärmung zur Verfügung. Beträgt z. B. die Leerlauferwärmung 35° C, so muß die Leistung auf $\sqrt{\frac{15}{25}}$ bzw. $\sqrt{\frac{35}{45}}$, also auf 77,5% bzw. 88% herabgesetzt werden. Da Maschinen nicht immer bis 60° bzw. 80° Erwärmung bei ihrem Nennstrom ausgenutzt werden, so wird in praktischen Fällen die Leistung im allgemeinen auf etwa 82—88% herabgesetzt. Diese Herabsetzung der Erwärmung auf 50° bzw. 70° bezweckt eine Erhöhung der Lebensdauer der Wicklung und eine größere Reserve bei gelegentlichen Betriebsüberlastungen.

Die Kenntnisse über die Zusammenhänge zwischen Wicklungstemperatur und Lebensdauer von Maschinen sind noch sehr lückenhaft. Genaue Angaben über die

[1] SUTER, PH.: Motoren für Räume mit Wasserstoff-Luft-Gemischen. Bull. S. E. V. Bd. 21 (1930) S. 42.

Lebensdauer in Abhängigkeit von der Wicklungstemperatur können nicht gemacht werden. Sie wird durch eine große Zahl gar nicht zu erfassender Umstände bestimmt. Die folgenden Ausführungen sollen daher nur eine Übersicht über einige Gesetzmäßigkeiten geben, aus der im Zusammenhang mit praktischen Erfahrungen ein Anhalt über den Einfluß der Temperatur auf die Lebensdauer der Wicklung gewonnen werden kann. Organische Isolierstoffe, wie z. B. Baumwolle, Seide, Papier oder Lacke, „verbrennen" unmerklich langsam bei Raumtemperatur, bei erhöhter Temperatur geht der Vorgang schneller vor sich: Der Stoff büßt an mechanischer Festigkeit ein, er verliert seine Biegsamkeit, wird brüchig, schließlich braun und schwarz und verkohlt sichtbar. Die anorganischen Isolierstoffe Glimmer und Asbest zerfallen allmählich, entweder weil sich das Gefüge infolge Verdampfung ändert oder weil der Lack, mit dem das Gefüge zusammengehalten wird, sich verändert. Wir sahen (S. 31), daß der Verbrennungsvorgang durch die energiereichsten Molekel eingeleitet wird. Ihre Anzahl z nimmt nach einer Exponentialfunktion mit der absoluten Temperatur zu:

$$z = a \cdot 10^{-\frac{A}{T}}. \quad (1)$$

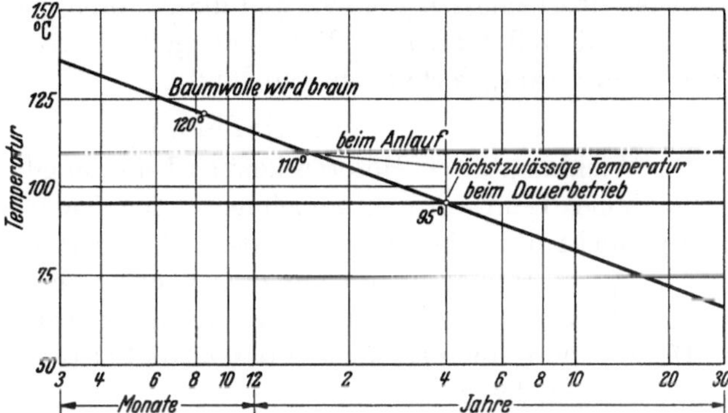

Abb. 79. Lebensdauer der Isolation elektrischer Maschinen in ununterbrochenem Dauerbetrieb nach LANGLOIS-BERTHELOT.

Hierbei bedeutet A eine für die betreffende Reaktion charakteristische Zahl. Die Anzahl dieser aktivierten Molekel und damit auch die Anzahl der Stöße sind proportional der Zeitdauer. Wenn diese Zeitdauer bis zur Zerstörung des Isolierstoffes ermittelt werden soll, dann kann sie umgekehrt proportional der Anzahl der Stöße gesetzt werden, und demnach wird die Zeitdauer

$$t_z = \frac{1}{a} \cdot 10^{-\frac{T}{A}}. \quad (2)$$

Versuche von LANGLOIS-BERTHELOT[1] haben nun in Übereinstimmung mit früheren Versuchen gezeigt, daß in dem Temperaturgebiet um 100° C die elastischen Eigenschaften, die für die Zerstörung des Isolierstoffes kennzeichnend sind, im Laufe der Zeit nach einer Gesetzmäßigkeit abnehmen, die durch eine Gleichung entsprechend (2) ausgedrückt wird. Die Lebensdauer nimmt bei Baumwolle für je 8—10° Temperaturerhöhung um die Hälfte ab. Unter Berücksichtigung dieser Gesetzmäßigkeit und unter Benutzung von praktischen Erfahrungen und im Betrieb festgestellter Lebensdauern der Wicklungen von Maschinen ergibt sich ein Zusammenhang zwischen der Lebensdauer und der Temperatur, wie er in Abb. 79 dargestellt ist. Die normale Lebensdauer der Maschinen beträgt 15 bis 20 Jahre. Die Maschinen sind aber nicht dauernd mit dem höchstzulässigen Strom belastet. Bei einem ununterbrochenen Betrieb mit einer zulässigen Höchsttemperatur von 95° beträgt nach LANGLOIS-BERTHELOT die Lebensdauer

[1] LANGLOIS-BERTHELOT, M. R.: Bull. Soc. franç. Électr. Bd. 8 (1938) S. 495.

4 Jahre. Wird demnach die Temperatur um 10° herabgesetzt, dann kann man angenähert und im Mittel mit einer Erhöhung der Wicklungslebensdauer auf das Doppelte rechnen. Bei Maschinen mit organischer Wicklungsisolation werden diese Feststellungen durch Erfahrungen in Deutschland bestätigt. Die thermisch bedingte Wicklungslebensdauer von Asbest (Durignit)-Isolation liegt aber wesentlich höher, als sie in den Vorschriften[1] in einer zulässigen Temperaturerhöhung um 20° C zum Ausdruck kommt.

Bei Maschinen für explosionsgefährdete Betriebe hat man von der Vorschrift einer allgemeinen Herabsetzung der Temperaturen abgesehen. Eine gewisse Herabsetzung kann aber erforderlich sein, um die Anlaßerwärmung in den zulässigen Grenzen zu halten oder um den betrieblichen Anforderungen gerecht zu werden. Denn Antriebe in explosionsgefährdeten Betrieben müssen im allgemeinen überbemessen werden, weil die Motoren gelegentlich überlastet werden können und weil für solche Fälle genügende Reserve, z. B. zum Durchziehen eines Rührwerkes, vorhanden sein muß.

c) Anlaßerwärmung.

Die Wicklungen von Motoren können beim langdauernden Anlauf verhältnismäßig hohe Temperaturen annehmen. Die Temperaturen dürfen bestimmte Beträge nicht überschreiten: entweder bei isolierten Wicklungen mit Rücksicht auf die Temperaturbeanspruchung oder bei nicht isolierten Käfigläufern mit Rücksicht auf die Entzündungstemperatur explosibler Gemische.

Die Wicklungstemperatur und damit die Leistung des Motors wird also durch 3 Forderungen festgelegt:

1. Die höchstzulässige Dauererwärmung darf die Beträge nicht überschreiten, die eine thermische Zermürbung des Isoliermaterials zur Folge haben können.

2. Die Anlauferwärmung kann zwar vorübergehend höhere Beträge erreichen, darf aber ebenfalls die Isolationssicherheit nicht in Frage stellen. Da ein Anlauf vom betriebswarmen Zustand aus möglich ist, steht für die Anlauferwärmung nur die Temperaturdifferenz zwischen höchstzulässiger Anlauftemperatur und Dauertemperatur zur Verfügung.

3. Die mit Rücksicht auf die Entzündung explosibler Gemische höchstzulässigen Temperaturen dürfen weder im Anlauf noch bei Dauerbelastung überschritten werden.

Für die Erwärmung des Läufers eines Asynchronmotors gilt bei einem Anlauf, bei dem eine Masse in Schwung zu bringen und keine Gegenmomente zu überwinden sind, das folgende Gesetz: Die gleiche Energie, die als kinetische Energie den bewegten Massen mitgeteilt wird, wird vom Läufer als Wärmeenergie aufgenommen. Die kinetische Energie W_k in mkg ist

$$W_k = \frac{1}{2} J \omega^2 = \frac{1}{2} \cdot \frac{G D^2}{4 g} \cdot \frac{4 \pi^2 n^2}{60^2} = 0{,}14\, G D^2 n^2 \cdot 10^{-3}. \qquad (3)$$

Es bedeuten: J = Trägheitsmoment $= \frac{G D^2}{4 g}$

G = Gewicht in kg,
D = Trägheitsradius in m,
g = Erdbeschleunigung = 9,81 m/s²,
ω = Winkelgeschwindigkeit $= \frac{2 \pi n}{60}$
n = Drehzahl je Minute.

[1] VDE 0530/1937 § 39.

Die Wärmeenergie W_w in mkg beträgt:

$$W_l = 427 \cdot G_l \cdot c \cdot t_l. \qquad (4)$$

Es bedeuten:

G_l = Gewicht des Läuferkäfigs oder der Läuferwicklung in kg, soweit es an der Erwärmung beteiligt ist;

c = spez. Wärme dieses Werkstoffes in kcal/kg °C.

c = 0,094 für Kupfer
0,22 für Aluminium
0,092 für Messing

t_l = Erwärmung in °C.

So erhalten wir für die Erwärmung des Läufers t_l, gleichgültig wie der Motor gebaut ist und unabhängig von der Anlaufzeit

$$t_l = 0{,}327 \cdot \frac{G D^2 \cdot n^2}{G_l \cdot c} 10^{-6}. \qquad (5)$$

Hat der Motor ein Gegenmoment zu überwinden, so wird die Anlaufzeit größer und entsprechend auch die im Läufer in Wärme umgesetzte Energie. Dementsprechend wird die Temperatur:

$$t_{lg} = f \cdot t_l. \qquad (6)$$

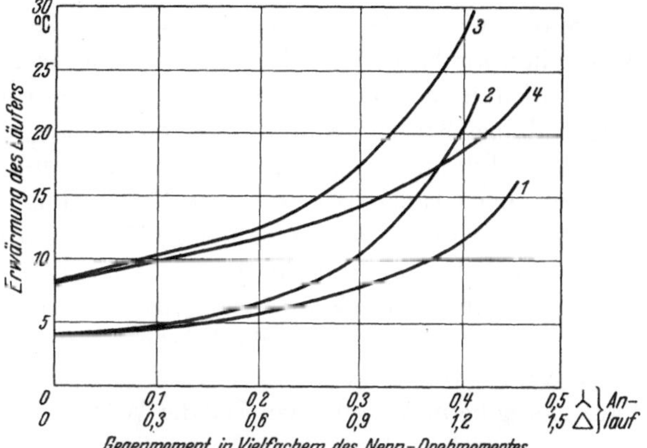

Abb. 80. Erwärmung des Läufers von 40 kW-Käfigläufer-Motoren (n = 1500) in Abhängigkeit von konstantem Gegenmoment nach Werten von Liwschitz. Schwungmoment = 2faches Läuferschwungmoment. Anzugsmomente in Vielfachen des Nenndrehmomentes (M_n): 1. Normaler Stromdämpfungsläufer 1,6 M_n. 2. Wirbelstromläufer 1,35 M_n. 3. Doppelstabläufer 1,8 M_n. 4. Doppelstabläufer 2,4 M_n.

Der Zahlenfaktor f ist von der Höhe des Gegenmomentes und von dem Zusammenhang zwischen abgegebenem Motormoment und Schlupf abhängig. Die Zahlenwerte sind von Liwschitz[1] berechnet worden. Beträgt beispielsweise das Gegenmoment das 0,9fache des Motornenndrehmomentes bei Dreieckanlauf bzw. das 0,3fache bei Sternanlauf, so wird der Zahlenwert f:

2 bis 4 für gewöhnliche Stromdämpfungsläufermotoren[2], und zwar 2 für Motoren mit 2,0fachem Nennmoment als Anzugsmoment und 1,6fachem Nennmoment als Hochlaufmoment und 4 für Motoren mit 1,35fachem Anzugsmoment und 1fachem Hochlaufmoment.

2,3 bis 3,0 für Wirbelstromläufermotoren[3] mit hohen, langen Stegen mit 1,5- bis 1,2fachem Anzugsmoment.

1,4 bis 2,8 für Doppelstabläufermotoren mit 2,4- bis 1,6fachem Anzugsmoment.

Zur näheren Erläuterung der Gleichungen (5) und (6) sind in Abb. 80 die Erwärmungen des Läufers von 40 kW-Motoren mit einer Nenndrehzahl von 1500 U/min in Abhängigkeit von dem Gegendrehmoment, das der Motor beim Anlauf zu überwinden hat, dargestellt. Die Erwärmungen sind nach Werten von Liw-

---

[1] Liwschitz, M.: Anlauferwärmung von Kurzschlußankermotoren. ETZ Bd. 51 (1930) S. 962.
[2] Läufer mit Rundstäben oder eingespritztem Käfig in ovaler Nut.
[3] Läufer mit hohen, schmalen Stäben.

SCHITZ für die drei Typen des Käfigläufermotors aufgestellt: das ist der gewöhnliche Stromdämpfungsläufer mit dem 1,6fachen Nenndrehmoment als Hochlaufmoment und dem 2,4fachen als maximales Drehmoment, der Wirbelstromläufer mit dem 1,35fachen Anzugs- sowie dem 1,95fachen maximalen Drehmoment und der Doppelstabläufermotor mit 1,8fachem und 2,4fachem Anzugsmoment, das auch das maximale Moment ist. Es ist vorausgesetzt, daß das Gegenmoment konstant, also unabhängig von der Drehzahl ist, und daß das Schwungmoment GD^2 der angetriebenen Maschine so groß wie das Schwungmoment des Motorläufers, das gesamte Schwungmoment also gleich dem doppelten Läuferschwungmoment ist. Die Erwärmung ist diesem Schwungmoment proportional. Ist das Schwungmoment aller sich drehenden Teile doppelt so groß, also das Schwungmoment der angetriebenen Maschine dreimal so groß wie das des Läufers, so erreichen die Übertemperaturen die doppelten Werte von Abb. 80. Die Erwärmungen gelten für Kupfer als Leiterwerkstoff. Bei gleichem Läuferwiderstand und Aluminium als Werkstoff, das heute bei Motoren bis etwa 100 kW als Käfig gespritzt wird, ist das Wärmeaufnahmevermögen rund 1,3fach, bei Messing 3,4fach größer als bei Kupfer. Unter der Voraussetzung gleicher elektrischer Daten des Motors wird dann die Erwärmung bei Aluminium 77,5%, bei Messing 29% der in Abb. 80 angegebenen Beträge. Die Erwärmung des Anlaufkäfigs eines Doppelstabläufermotors ist bei Leerlauf ungefähr doppelt so hoch wie die des gewöhnlichen Stromdämpfungsläufer-Motors oder des Wirbelstromläufer-Motors, weil das Gewicht des Anlaufkäfigs oder genauer gesagt, das Wärmeaufnahmevermögen kleiner ist. In unserem Beispiel beträgt es 40% des Wärmeaufnahmevermögens eines Käfigs von gewöhnlichen Stromdämpfungsläufer-Motoren. Da auch der Läuferkäfig beim Anlauf einen Teil der Wärme übernimmt — es sind etwa 15% —, so ist die Erwärmung des Anlaufkäfigs $\frac{0{,}85}{0{,}4} = 2{,}12$fach größer als die des gewöhnlichen Stromdämpfungsläufer-Motors.

Die in Abb. 80 dargestellten Erwärmungen gestatten auch eine Übersicht über die Temperaturbeträge, die bei Motoren mit größerer oder kleinerer Leistung als 40 kW und größerer oder kleinerer Drehzahl als 1500 U/min zu erwarten sind. Gemäß Gleichung (5) ist die Erwärmung dem Schwungmoment GD^2 direkt und dem Gewicht der Läuferwicklung G_l umgekehrt proportional. In dem Bereich von 10 bis 100 kW nimmt bei Asynchronmotoren ähnlicher Modelle das Verhältnis $\gamma = \frac{GD^2}{G_l}$ ungefähr proportional $\sqrt{w}$ bis $\sqrt[3]{w^2}$ zu, wobei w das Verhältnis der Motorleistung W in kW zu dem in Abb. 80 untersuchten Motor von 40 kW ist: $w = \frac{W}{40}$. Bei kleinerer Drehzahl wird im allgemeinen γ größer, so daß die Erwärmung keineswegs bei Motoren doppelter Nenndrehzahl proportional n^2, also 4mal größer ist, sondern etwa proportional $n \cdot \sqrt[4]{n}$ ansteigt. Hiernach ist die Erwärmung beim Anlauf eines 20 kW-Motors mit $n = 1000$ etwa

$$\left(\sqrt{\frac{20}{40}} \text{ bis } \sqrt[3]{\left(\frac{20}{40}\right)^2}\right) \cdot \frac{1000}{1500} \cdot \sqrt[4]{\frac{1000}{1500}} = 0{,}37 \text{ bis } 0{,}42$$

d. h. rund 40% der Erwärmung nach Abb. 80. Für einen 100 kW-Motor mit $n = 3000$ wird die Erwärmung

$$\left(\sqrt{\frac{100}{40}} \text{ bis } \sqrt[3]{\left(\frac{100}{40}\right)^2}\right) \cdot \frac{3000}{1500} \cdot \sqrt[4]{\frac{3000}{1500}} = 3{,}75 \text{ bis } 4{,}38\,,$$

also das rund 4fache der Werte von Abb. 80. Hat der Anlaufkäfig des Doppelstabläufermotors bei 3000 Umdrehungen in der Minute ein kleineres Wärmeaufnahmevermögen, als bei Kurve 3 und 4, Abb. 80, gerechnet wurde, z. B. 25% statt 40% des Käfigs eines Stromverdrängungsläufers gleicher Größe, so wird die Erwärmung des 100 kW-Doppelstabläufers ($n = 3000$) um das $\frac{4 \cdot 0{,}4}{0{,}25} = 6{,}4$fache größer. Das sind gemäß Abb. 80 bei Leerlauf etwa 50° und bei einem Gegenmoment von 30% des Nennmomentes bei Anlauf in Sternschaltung: 90 bis 110°. Der Anlaufkäfig wird also schon bei einmaligem Anlauf bedenklich warm. Man sieht aus diesen Überschlagsrechnungen, daß die Erwärmung des Läufers von größeren Motoren bei hohen Drehzahlen unzulässig hohe Beträge erreichen kann und besondere Schutzmaßnahmen erfordert.

Die Erwärmung der Ständerwicklung ist meist niedriger. Die in der Ständerwicklung in Wärme umgesetzte Energie W_{st} verhält sich zu der Läuferwärme W_l, wenn wir von den Eisenverlusten absehen, wie die Widerstände:

$$W_{st} = \frac{R_{st}}{R'_l} \cdot W_l , \tag{7}$$

wobei der Läuferwiderstand R'_l auf die Ständerseite bezogen ist, entsprechend dem Quadrat des Übersetzungsverhältnisses oder dem Quadrat von Läuferstrom zu Ständerstrom. Die Übertemperatur der Ständerwicklung t_{st} ergibt sich aus der der Läuferwicklung t_l entsprechend den in Wärme umgesetzten Energien unter Berücksichtigung der Wärmekapazität beider Wicklungen:

$$t_{st} = \frac{R_{st}}{R'_l} \cdot \frac{G_l \cdot c_l}{G_{st} \cdot c_{st}} \cdot t_l . \tag{8}$$

Hierbei bedeutet $G \cdot c$ das Wärmeaufnahmevermögen von Läufer- bzw. Ständerwicklung. Bei Verwendung gleichen Werkstoffes von Ständerwicklung und Läuferkäfig erreicht nach Liwschitz das Verhältnis der Anlauftemperaturen von Ständer zu Läufer t_{st}/t_l die folgenden Zahlen, wobei die kleineren Zahlen für kleinere Maschinen und die größeren Zahlen für größere Maschinen gelten:

Bei Stromdämpfungsläufer-Motoren 0,2 bis 0,5.

Bei Wirbelstromläufer-Motoren 0,1 bis 0,25.

Hierbei ist berücksichtigt, daß der Widerstand beim Anlaufschlupf größer ist als beim Schlupf der Betriebsdrehzahl.

Bei Doppelstabläufer-Motoren etwa 0,05 bis 0,12 für Läufer mit 1000 und 1500 Umdrehungen in der Minute und 0,03 bis 0,075 für 3000 Umdrehungen in der Minute.

Aus diesen Zahlen geht hervor, daß die Erwärmung der Ständerwicklung im Anlauf im allgemeinen erheblich kleiner als die des Läufers ist. Ob sie für die Bemessung der Motorengröße entscheidend ist, hängt davon ab, ob die durch die Läufertemperatur oder durch die Ständererwärmung festgelegte höchstzulässige Anlaufzeit die kleinere ist.

Für den Läufer steht die Temperaturdifferenz zur Verfügung, die sich aus der für die betreffende Zündgruppe höchstzulässigen Temperatur und der Temperatur bei Dauerbetrieb ergibt. Die Läufertemperatur bei Dauerbetrieb liegt nur wenig (z. B. 10°) über der Temperatur der Ständerwicklung. Die Temperaturdifferenz ist also eine Größe, die sich für jeden Motor und jede Zündgruppe leicht angeben läßt (s. S. 41).

Für die Ständerwicklung steht die Temperaturdifferenz zur Verfügung, die sich aus dem für den Anlauf mit Rücksicht auf die Lebensdauer der Wicklung zulässigen Betrag und der höchstzulässigen Temperatur bei Dauerbetrieb ergibt. Diese Temperaturdifferenz ist nun keineswegs eine eindeutig gegebene Größe: denn die höchstzulässige Anlauftemperatur ist eine Zeitfunktion: je häufiger diese Temperatur erreicht wird, um so kleiner ist diese Temperaturdifferenz. Bei Motoren, die sehr häufig angelassen werden, kann sie Null werden, d. h. die höchstzulässige Dauertemperatur legt die Anlaßtemperatur fest. In Abb. 79 ist als Beispiel die höchstzulässige Temperatur beim Anlauf mit 110° angegeben: Dann stehen 15° als Anlauferwärmung zur Verfügung, wenn man einige tausendmal im Leben des Motors mit einem Anlauf vom betriebswarmen Zustand aus zu rechnen hat. Der Fall, daß ein betriebswarmer Motor in festgefahrenem Zustand, also festgebremst, eingeschaltet und erst durch den vorgeschalteten Motorschutzschalter in der üblichen Zeit von 6—12 s (bei 6fachem Nennstrom als Kurzschlußstrom) abgeschaltet wird, kommt normalerweise selten vor; man kann für imprägnierte Wicklungen mit Baumwollisolation noch höhere Temperaturen ohne Schädigung der Wicklung erreichen. So z. B. läßt man für Kabel und Kurzschluß-Drosselspulen sowie für Wicklungen von Wandlern und von Auslösern im Kurzschlußfall Temperaturen bis etwa 200° C zu[1].

Die Erwärmung, die die Wicklung bei festgebremstem Läufer innerhalb der Auslösezeit des vorgeschalteten Schalters annimmt, läßt sich unter Vernachlässigung der Wärmeableitungsverluste einfach berechnen. (Der Anteil der Wärme, die durch Ableitung dem Eisen mitgeteilt wird, ist bei Hochspannungsmotoren nach 10 s sehr geringfügig; bei Niederspannungsmotoren mit dünnerer Isolation ist er bei kleinen Wicklungsquerschnitten merklich. Die Berechnung gibt in diesem Fall zu hohe Erwärmungen.) Beträgt die Erwärmungsdauer τ_a s und die Stromdichte in der Wicklung j_w A/mm^2, so ergibt sich aus der Erwärmungsbilanz in einem Leiterelement von 1 mm² Querschnitt und 1 mm Länge:

Erzeugte Wärme = aufgespeicherte Wärme

$$0{,}24 \cdot j_w^2 \cdot \varrho_{100} (1 + \alpha t) \cdot d\tau = c \cdot \gamma \cdot dt, \tag{9}$$

wobei

- α der Temperaturkoeffizient für die Widerstandszunahme,
- t die Temperatur und
- ϱ_{100} der spezifische Widerstand bei 100° C, als Ausgangspunkt vom betriebswarmen Zustand,
- c die spezifische Wärme,
- γ das spezifische Gewicht

bedeuten. Hieraus wird die Wicklungserwärmung t_w gewonnen:

$$\log(1 + \alpha t_w) = C \cdot \tau_a \cdot j_w^2 \tag{10}$$

mit

$$C = \frac{\varrho_{100} \cdot \alpha}{9{,}6 \cdot c \cdot \gamma}$$

[1] VDE 0414, 0532 und 0670 (thermischer Grenzstrom, bezogen auf 1 s; tatsächliche Belastungsdauer unter $^1/_{100}$ bis 10 s. Hieraus der thermisch zulässige Belastungsstrom zu errechnen.)

C ist eine Materialkonstante und beträgt

für Kupfer $1{,}3 \cdot 10^{-5}$ bezogen auf 100 °C
„ Aluminium $2{,}8 \cdot 10^{-5}$ Anfangstemperatur,

α ist für Kupfer 0,0043 und für Aluminium 0,0041.

Beträgt beispielsweise die Stromdichte in einer Kupferwicklung bei Nennstrom 5 A/mm^2 und bei Kurzschlußstrom $j_w = 30$ A/mm^2, und wird der festgebremste betriebswarme Motor nach $\tau_a = 8$ s abgeschaltet, so beträgt die Erwärmung gemäß (10) 56°. Unter Berücksichtigung der in 8 s wirksamen Wärmeableitungsverluste beträgt bei Niederspannungsmotoren mittlerer Größe die Erwärmung etwa 70% des errechneten Betrages, also rund 35—40°. Legt man Abb. 79 für die Lebensdauer der Wicklung zugrunde, so erkennt man, daß man eine Wicklungstemperatur des festgebremsten Motors von 130—135° C noch zulassen kann, wenn man nur selten mit diesem Vorgang zu rechnen hat.

Käfigläufermotoren der Bauart erhöhte Sicherheit sind für den Steuerbetrieb nicht geeignet, wenn wir von einigen eigens für diesen Zweck konstruierten Motoren absehen: Bremst man einen beim Anlauf im wesentlichen nur durch die Schwungmassen belasteten und hochgefahrenen Motor durch Drehfeldumkehr, dann ist die in Wärme im Läufer umgesetzte Energiemenge 3mal so groß wie beim Anlauf. Im Umkehrbetrieb — Bremsen und in entgegengesetzter Richtung Wiederhochfahren — ist die Wärmemenge 4mal größer als beim einfachen Anlauf. Beträgt z. B. die Erwärmung des Läufers eines leer anlaufenden 20 kW-Motors, $n = 1000$, entsprechend dem Beispiel S. 136 $0{,}4 \cdot 4 = 1{,}6°$, und nehmen wir an, daß der Motor eine größere Schwungmasse anzutreiben hat, z. B. nicht gleich dem einfachen, sondern gleich dem 5fachen seiner Läuferschwungmasse, so nimmt die Läufertemperatur beim Anfahren um 4,8° zu. Beim Gegenstrombremsen und Umkehren kommt eine weitere Erwärmung von 19,2° hinzu. Wiederholt man dies öfter, so ist mit wenigen Spielen die höchstzulässige Temperatur des Läufers erreicht, auch wenn man die Abkühlung der Strombahnen in kurzen Pausen berücksichtigt. Aus diesem Grunde kommen nur Schleifringläufer-Motoren der Bauart druckfeste Kapselung oder Fremdbelüftung für wiederholten Anlauf in Betracht, bei denen entweder der ganze Motor oder nur die Schleifringe in dieser Bauart geschützt sind. Der Widerstand des Läufers ist klein und der Anlaß- oder Regelwiderstand, der den größten Teil der Anlauf- und Bremswärme aufnimmt, liegt außerhalb des Motors. Er muß so bemessen werden, daß weder der Motor noch der Widerstand eine unzulässig hohe Temperatur annimmt.

4. Schaltgeräte.

a) Schaltgeräte außerhalb und innerhalb explosionsgefährdeter Räume.

Im allgemeinen erstrebt man alles, was an elektrischen Betriebsmitteln nicht in explosionsgefährdete Räume eingebaut werden muß, außerhalb der Räume unterzubringen. So z. B. verlangen die Unfallverhütungsvorschriften der Gas- und Wasserwerke, daß Lichtschalter stets außerhalb der explosionsgefährdeten Räume angebracht werden; selbst explosionsgeschützte Lichtschalter werden in gefährdeten Räumen nicht zugelassen. Zwei Gründe[1] haben zu dieser Vorschrift geführt:

[1] Strieter, H.: Die Unfallverhütungsvorschriften für Gas-Tankstellen. Gas- u. Wasserfach Bd. 81 (1938) S. 746.

Vor Betreten des explosionsgefährdeten Raumes soll das Licht eingeschaltet werden, damit der Eintretende rechtzeitig eine Unfallgefahr erkennen kann. Hat man doch die Erfahrung gemacht, daß im Dunkeln Leute mit brennendem Streichholz nach dem Lichtschalter gesucht haben. (Dies ist ein so grober Verstoß gegen die einfachsten Vorschriften, daß man nur immer wieder feststellen muß: Gründliche Unterweisung und Schulung des Betriebspersonals sind die ersten Voraussetzungen für Unfallverhütung. Die besten Sicherheitsvorrichtungen versagen, wenn der Mensch versagt.) Ein weiterer Grund ist die Erfahrung, daß Lichtschalter nicht überwacht und instand gehalten werden. Bei Paketschaltern, die der Feuchtigkeit stark ausgesetzt sind, wurden Kontaktversager festgestellt, die zu Zündungen Anlaß geben können. Nachdem nun neuerdings explosionsgeschützte Lichtschalter nur noch in Bauart druckfeste Kapselung zugelassen werden (Abb. 81), ist der Lichtschalter ein ganz sicheres Bauelement. Selbst bei schlechter Wartung kann er explosible Gemische nicht zünden.

Abb. 81. Paketschalter in Bauart druckfeste Kapselung für 15 A und 25 A.

Da Steckdosen innerhalb der explosionsgefährdeten Räume nur in Bauart druckfeste Kapselung zugelassen werden, bringt man sie vielfach außerhalb der explosionsgefährdeten Räume an. In Räumen mit Explosionsgefahr durch Wasserstoff und Azetylen und die übrigen Gemische der Explosionsklasse 3 sollten Steckdosen nur außerhalb der gefährdeten Räume eingebaut werden, da die Spaltweiten der druckfesten Kapselung nicht genügend Sicherheit gegen den Zünddurchschlag dieser Gemische bieten können: Der druckfeste Raum kann durch die Gehäuse des Steckers und der Dose oder durch jeden einzelnen Steckerstift

Abb. 82. Niederspannungs-Verteilungsgruppe mit Ölschützen im Freien außerhalb des explosionsgefährdeten Raumes.

und zugehörige Umhüllung gebildet sein. Da Stecker und Steckdose beliebig gegeneinander austauschbar sein müssen, würden für die Toleranzen der Spaltweiten, die die Explosionsklasse 3 fordert, nur sehr kleine Beträge zur Verfügung stehen. Da aber mit betrieblicher Abnutzung gerechnet werden muß, würde die Explosionssicherheit notleiden!

Abb. 82 gibt einen für die chemische Industrie typischen Einbau von Schaltgeräten außerhalb des explosionsgefährdeten Raumes wieder. Die Sammelschienen mit den Sicherungen und die darüber und darunter befindlichen Ölschütze, mit denen die im explosionsgefährdeten Raum aufgestellten Motoren geschaltet werden, sind im Freien der Einwirkung der Witterung ausgesetzt und gegen Regeneinfall durch ein Dach geschützt. Die guten Erfahrungen mit diesen gekapselten Niederspannungs-Verteilungsanlagen begünstigten die große Verbreitung dieser Einbauart.

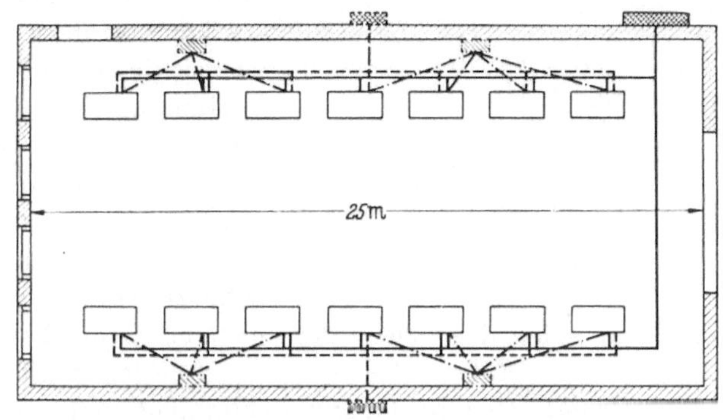

——— Verteilungsanlage im Keller, Bleibedarf für Kabel 166 kg
- - - - - Verteilungsanlagen " Freien, " " " 60 "
—·—·— " " " Innenraum, " " " 27 "

Kabel: NAKBA 3×25 mm² + $2 \times 1,5$ mm²

Abb. 83. Schema der Anordnung von Niederspannungs-Verteilungsanlagen und Kabelverbindungen zu den Motoren außerhalb und innerhalb eines explosionsgefährdeten Raumes.

Kabel und kabelähnliche Leitungen führen von der Verteilung in den Raum zu einzelnen Verbraucherstellen elektrischer Energie. Bei langen Bauten, z. B. von 100 m Länge, kann der hierdurch erforderliche Mehrbetrag an Kabeln zu einer Aufteilung der Schaltanlage oder sogar zu ihrer Verlegung ins Innere des Gebäudes führen trotz des Mehraufwandes, den die explosionsgeschützten Schaltgeräte erfordern. Der letzte Fall gilt besonders dann, wenn es aus baulichen Gründen nicht möglich ist, die Schaltanlagen außen an den Längsfronten anzubringen. So zeigt Abb. 83 eine Gegenüberstellung des Aufwandes an Kabeln für verschiedene Einbauorte der Schaltanlagen. Das Aluminiumkabel mit Bleimantel doppelter äußerer Umhüllung und Bandeisenbewehrung (Kurzzeichen NAKBA) hat einen Leitungsquerschnitt von 3×25 mm^2 und $2 \times 1,5$ mm^2. Es werden folgende Fälle für einen Raum von 25 m Länge, in dem 14 Maschinenaggregate aufgestellt sind, untersucht:

1. Die Verteilungsanlage ist in einem besonderen Raum im Keller untergebracht.
2. An den Längsseiten des Gebäudes ist je eine Verteilungsanlage errichtet.
3. Die Anlagen sind im Innern des Gebäudes in 4 Gruppen unterteilt.

Die erforderlichen Kabellängen von den Verteilungsanlagen zu den Motoren und die entsprechenden Bleigewichte verhalten sich etwa wie 6:2,2:1. Bei Anordnung der Anlagen im Freien nach Fall 3 wären die erforderlichen Kabellängen nur unwesentlich höher gewesen. Es ist nur, wie bereits erwähnt wurde, nicht immer möglich, die Anlagen im Freien an den Längsseiten unterzubringen. Bei längeren Gebäuden und bei Speisung durch zwei unabhängige Niederspannungshauptgruppen kann der Kabelaufwand so groß werden, daß ein Einbau der Schaltanlagen im Gebäudeinnern bevorzugt werden kann.

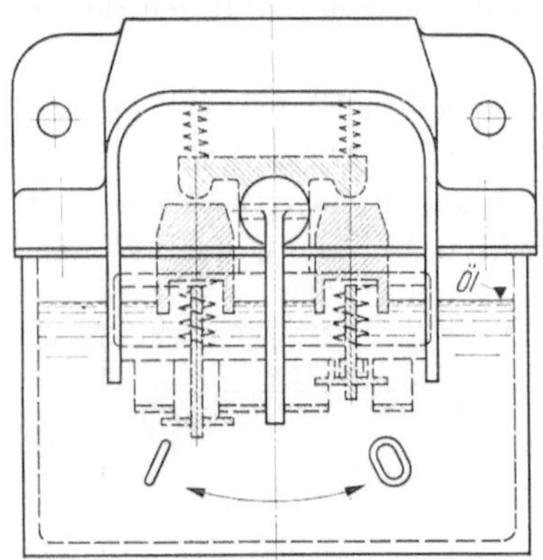

Abb. 84. Explosionsgeschützter Schwenktaster Bauart Ölkapselung.

Als Verbindungsleitungen innerhalb der explosionsgefährdeten Räume kommen im allgemeinen nur Kabel und kabelähnliche Leitungen, also Bleimantelleitungen und Anthygronrohrdrähte, sowie Gummischlauchleitungen starker Ausführung in Betracht, d. h. Leitungen, wie sie in feuchten Räumen verlegt werden. Verbindungsleitungen in Schalt- und Verteilungsanlagen sowie zwischen Anlaß- oder Steuergeräten und Widerständen können als Gummiaderleitungen verlegt werden, wenn sie gegen mechanische Beschädigungen sicher geschützt sind. Der mechanische Schutz der Leitungen spielt in vielen Betrieben eine für die Wahl der Leitungsart ausschlaggebende Rolle. In einigen explosionsgefährdeten Betrieben sind aus diesem Grund fast ausschließlich Gummiaderleitungen in Stahlpanzerrohren verlegt worden, wie dies z. B. in feuergefährdeten Betriebsstätten zulässig ist. Bei richtiger Verlegung und Abdichtung der Rohrleitungen kann diese Verlegungsart allen Ansprüchen des Explosionsschutzes genügen. Voraussetzung ist aber, daß die Monteure mit dieser Verlegungsart durchaus vertraut sind. Da man also auf die Gewissenhaftigkeit bei der Verlegung angewiesen ist, werden Gummiaderleitungen in Stahlpanzerrohren nicht überall zugelassen.

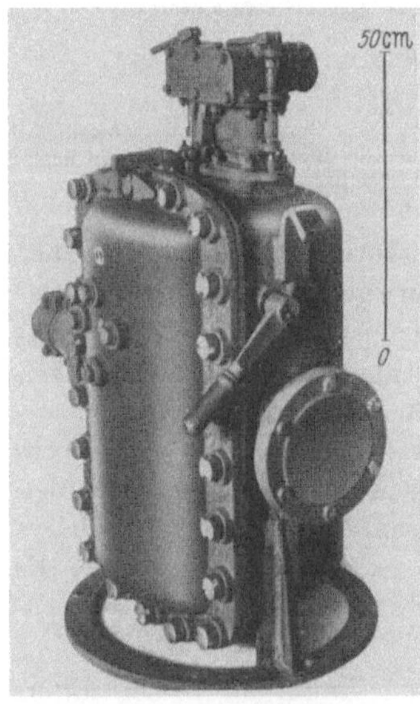

Abb. 85. Druckfeste Kapselung eines Schaltgerätes für schlagwettergefährdete Betriebe. Baujahr 1926.

Im Innern der explosionsgefährdeten Räume werden in erster Linie Ölschaltgeräte zum Schalten der Verbraucher verwendet. Mit ölgekapselten Schwenktastern (Abb. 84) wird den außerhalb der Räume eingebauten Fernschaltern Ein- und Auskommando gegeben. Explosionsgeschützte Ölschaltgeräte zum unmittelbaren Einschalten der Motoren haben sich ebenfalls bewährt. An Schaltgeräte, mit denen Motoren Bauart erhöhte Sicherheit geschaltet werden, werden besondere Anforderungen hinsichtlich des Ein- und Ausschaltvermögens gestellt, worüber im nächsten Abschnitt noch genauer berichtet wird.

In den Fällen, in denen Luftschaltgeräte und Relais innerhalb der explosionsgefährdeten Räume eingebaut werden, verwendet man Gehäuse der Bauart druckfeste Kapselung. Eine Form, wie sie für die Bedürfnisse des Untertagebetriebes in schlagwettergefährdeten Gruben um das Jahr 1926 geschaffen wurde, zeigt als

Beispiel, wie es heute nicht mehr gemacht wird, Abb. 85[1]. Der Deckel des Gehäuses ist mit 22 Schrauben verschlossen. Die Schrauben sind nicht versenkt. 21 Schrauben können z. B. mit einer Rohrzange geöffnet werden. Die 22. Schraube ist abgedeckt und nur zugänglich, wenn der Schalter ausgeschaltet ist. Bei späteren Konstruktionen wurden zwar die Schrauben versenkt und nur mit Sonderschlüsseln verschließbar gemacht, ferner die Verriegelung verbessert; aber einige grundsätzliche Nachteile blieben bestehen:

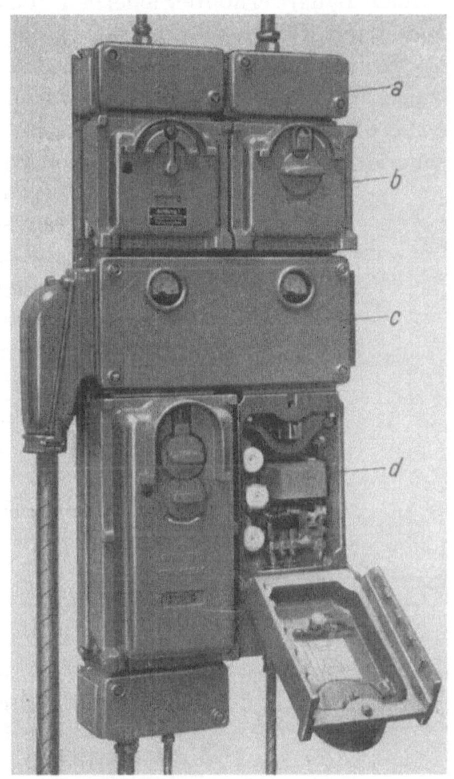

Abb. 86. Explosionsgeschützte Verteilungsanlage mit Sammelschienenkästen nach Bauart erhöhte Sicherheit und Schaltergehäusen nach Bauart druckfeste Kapselung.

a = Bauart erhöhte Sicherheit
b = Bauart druckfeste Kapselung
c = Bauart erhöhte Sicherheit
d = Bauart druckfeste Kapselung

1. Die Gestalt der Gehäuse, die als Einzelgehäuse konstruiert waren, war vielfach so unförmig, daß der Zusammenbau zu Gruppen erhebliche Schwierigkeiten bereitete.

2. Bei Deckeln, die betriebsmäßig öfter geöffnet werden müssen, bestand die Notwendigkeit, viele Schrauben zu lösen, und eine besondere Vorsicht, um bei geöffnetem Gehäuse nicht an Spannung führende Teile zu kommen.

3. Mit vielen Schrauben läßt sich zwar ein Gehäuse dicht verschießen; kommt aber etwas Schmutz — es braucht nur ein Körnchen zu sein — zwischen die Flansche, so kann trotz fest angezogener Schrauben ein unzulässiger Spalt entstehen, der den Explosionsschutz zweifelhaft machen kann.

4. Es hat sich im Betrieb häufig herausgestellt, daß Gehäuse mit vielen Schrauben nicht fest verschlossen werden. Die Mannigfaltigkeit der vielen Sonderverschlüsse führte dazu, daß im Bedarfsfall der erforderliche Schlüssel nicht zur Stelle war. Infolgedessen wurden die Schrauben mit behelfsmäßigen Werkzeugen oder gar mit dem Finger angezogen, so daß der Verschluß nicht einer im Innern des Gehäuses stattfindenden Explosion standhalten würde, insbesondere bezüglich der Spaltweite zwischen Deckel und Unterteil[2].

Diese Erfahrungen führten dann zur Durchbildung von Gehäusen mit möglichst einfachen Verschlüssen[3]: Bajonett-, Schiebedeckel-, Scharnierkeil-, Riegel- und ähnliche Verschlüsse, deren gemeinsames Kennzeichen die Abwesenheit von Verschlußschrauben ist. Eine Schraube wird zur Verriegelung benötigt, sie läßt

[1] NEUMANN, O.: Die konstruktive Entwicklung explosionsgeschützter Schaltgeräte. Siemens-Z. Bd. 19 (1939) S. 406.

[2] Siehe auch Bemerkungen auf Seite 127. [3] STORMANS: Zitiert S. 120.

sich erst betätigen, wenn das Innere des Gehäuses spannungslos gemacht ist. In der äußeren Form hat man sich mehr und mehr den üblichen Verteilungskästen angepaßt, so daß die Gehäuse als Bausteine zu einem System zusammengesetzt werden können. In dem in Abb. 86 dargestellten Verteilungssystem ist der mittlere Sammelschienenkasten mit den Meßinstrumenten, in den das Kabel eingeführt ist, nach Bauart erhöhte Sicherheit konstruiert. Die beiden darüber und darunter angesetzten Kästen sind druckfest, die weiteren Anschlußkästen oben und unten entsprechen den Vorschriften der Bauart erhöhte Sicherheit. Die Kästen nach Bauart druckfeste Kapselung, die wir in 3 Größen sehen, sind so verriegelt, daß die jeweils oben in der Mitte angebrachte Verriegelungsschraube erst zugänglich wird, wenn der Schalter sich in „Aus“-Stellung befindet. In den größeren Kästen unten, die auch auswechselbare Sicherungen enthalten, ist ein abgedeckter Trennschalter eingebaut, der jeder willkürlichen Berührung entzogen ist. Nach Öffnen der Gehäuse kann gefahrlos an allen hinter dem Trennschalter befindlichen Teilen der elektrischen Einrichtungen gearbeitet werden.

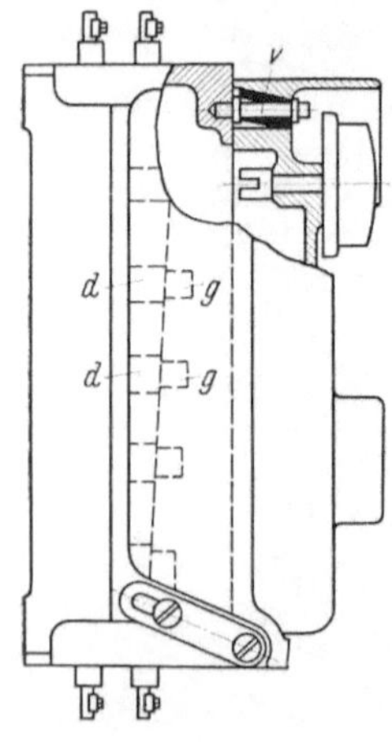

Abb. 87. Schematische Darstellung des Verschlusses eines Gehäuses druckfester Kapselung für Schalter.

Das Schema eines Verschlusses zeigt Abb. 87. Die Verriegelungsschraube *v*, die erst nach Ausschalten des Trennschalters zugänglich wird, sitzt oben im Deckel. Durch Herausdrehen dieser Schraube schiebt sich der Deckel langsam nach oben: Die schiefe Begrenzungsfläche des von der Schraube bewegten Druckstückes gestattet die Übertragung großer öffnender und schließender Kräfte. Der Deckel und das Gehäuse haben klauenartige Ansätze: Die Deckelklauen *d* greifen hinter die Gehäuseklauen *g*; sie gleiten auf einer schiefen Ebene von wenigen Grad Neigung, so daß sie fest aufeinandergepreßt werden können. Der Deckel wird durch das Druckstück so weit nach oben geschoben, bis die Klauen außer Eingriff sind und der Deckel geöffnet und umgeklappt werden kann.

Diese Art der Verschlüsse macht die Bedienung elektrischer Anlagen weitgehend sicher. Liegt zwischen Deckel und Gehäuse ein kleiner Fremdkörper, so kann das Gehäuse nicht geschlossen und unter Spannung gesetzt werden. Der Bedienende ist gezwungen, die Störungsursache zu beseitigen. Auch bei starkem Korrosionsangriff durch säurehaltige Luft hat sich der Verschluß betriebssicher bewährt.

b) Geräte zum Schalten von Motoren.

Die Bemessung der zulässigen Belastung von Niederspannungs-Motorschaltgeräten, insbesondere von fernbetätigten Schützen, kann nach mehreren Gesichtspunkten erfolgen, die eine einheitliche Beurteilung erschweren. Zur Beurteilung der Eignung eines Motorschalters können Beanspruchungen mit folgenden Belastungen herangezogen werden:

1. Strom, mit dem die Kontakte ohne unzulässige Erwärmung belastet werden können (Nennstrom),
2. Einschaltstrom, z. B. von Motoren,
3. Ausschaltstrom, z. B. Abschalten festgebremster Motoren,
4. Schaltstrom mit Rücksicht auf die Lebensdauer der Kontakte,
5. Kurzschlußstrom.

Die Bemessung nach dem Nennstrom ist vielfach von untergeordneter Bedeutung. Die Hauptforderungen, die der Betrieb an das Schaltgerät stellt, sind: einwandfreies Ein- und Ausschalten von Motoren, Widerstandsfähigkeit beim Auftreten von Kurzschlüssen. Durch diese Forderungen werden die Belange der Explosionssicherheit unmittelbar betroffen. Schaltet das Gerät z. B. nicht einwandfrei ein und schweißen die Kontakte bei dem Einschaltvorgang zusammen, dann kann der zum Schutz des Motors eingebaute Wärmeauslöser nicht richtig arbeiten: Bei Überbelastung des Motors wird zwar der Wärmeauslöser „Aus"-Kommando geben, der Schalter schaltet jedoch nicht ab, die Motoren können unzulässig heiß werden oder verbrennen. Eine weitere Störungsquelle kann mangelhafte Widerstandsfähigkeit beim Auftreten von Kurzschlüssen sein. In den vermaschten Industrienetzen treten bei Kurzschlüssen hinter den Schaltgeräten Ströme bis über 20000 A Höhe auf. Schaltgeräte mit Kurzschlußauslösern müssen den Kurzschlußstrom mit Sicherheit beherrschen (S. 111). Auch Schaltgeräte ohne Kurzschlußauslöser, in deren Stromkreisen Sicherungen den Kurzschluß abschalten, werden dynamisch durch den hohen Strom stark belastet. Bei Ölschaltgeräten kann Ausbauchen, sogar Abtreiben des Ölkessels die Folge sein. Außer der Angabe des Nennstromes und des höchstzulässigen Kurzschlußstromes ist es erforderlich, die Motorengröße zu ermitteln, die noch geschaltet werden kann. Man ist hierbei auf Versuche angewiesen und muß verschiedene Eigentümlichkeiten der Motoren und der Schaltgeräte beachten:

Der Anlaufstrom von Käfigläufermotoren ist gewöhnlich gleich dem 4—6fachen Nennstrom, gelegentlich auch höher. Der tatsächliche Anlaufstrom bei Nennspannung kann um $\pm 20\%$ vom Sollwert abweichen[1]. Bei 10% Spannungserhöhung, mit der gerechnet werden muß, erhöht sich der Anlaufstrom um 12—15%. Man muß daher bei Käfigläufermotoren mit Anlaufströmen gleich dem $6{,}0 \times 1{,}2 \times 1{,}15 = 8{,}3$fachen Nennstrom rechnen, wenn man als „Nenn"-anlaufstrom den 6fachen Motornennstrom zu Grunde legt.

Dem Anlaufstrom überlagern sich je nach dem Einschaltaugenblick Ausgleichströme, herrührend vom Magnetisierungsstrom und vom Belastungsstrom. Betrachten wir zunächst den Ausgleichsvorgang des Magnetisierungsstromes. Wird in dem Augenblick eingeschaltet, in dem die Magnetisierungs-Wechselspannung gerade ihren Scheitelwert erreicht, so kann sich der um 90° phasenverschobene magnetische Fluß natürlich aufbauen. Dem Augenblickswert der Spannung entspricht eine Zunahme des magnetischen Flusses. Der diesem entsprechende Magnetisierungsstrom fließt ohne Ausgleichsvorgang. Wird hingegen in einem Augenblick geschaltet, wo der Momentanwert der Magnetisierungsspannung gerade Null ist, dann kann eine Änderung des Flusses nicht eintreten. Im stationären Fall hätte der magnetische Fluß gerade seinen Scheitelwert erreicht. Der Fluß baut sich infolgedessen unsymmetrisch auf und erreicht nach einer Halbwelle theoretisch den doppelten Scheitelwert, der der Magnetisierungsspannung entspricht, praktisch einen etwas kleineren Wert, da die ohmschen Verluste den Ausgleichsvorgang dämpfen und dafür sorgen, daß der Fluß sich in den stationären Vorgang einschwingt. Die Höhe des bei diesem Vorgang fließenden Magnetisierungsstromes richtet sich nach dem höchsten Wert des magnetischen

[1] VDE 0530/1937 § 87.

Flusses und kann in eisengeschlossenen Stromkreisen beträchtlich sein. Der Ausgleichsvorgang des Belastungsstromes vollzieht sich ähnlich wie der des magnetischen Flusses. Entsprechend dem induktiven Widerstand der Wicklung kann der Strom im Einschaltaugenblick nicht sprunghaft einen Wert annehmen. In einem Ausgleichsvorgang kann er infolgedessen zunächst den stationären Wert überschießen und erreicht infolge der Dämpfung etwa den 1,6—1,8fachen Nennbetrag des Belastungsstromes. In praktischen Fällen überlagern sich beide Vorgänge. Es sind 3 Fälle zu unterscheiden:

1. Schalten von Käfigläufermotoren. Die Stromverhältnisse beim Anlauf des Motors entsprechen denen eines kurzschlußartig belasteten Transformators. Dem im Läuferkäfig fließenden Strom entspricht im Ständer der entgegengesetzt

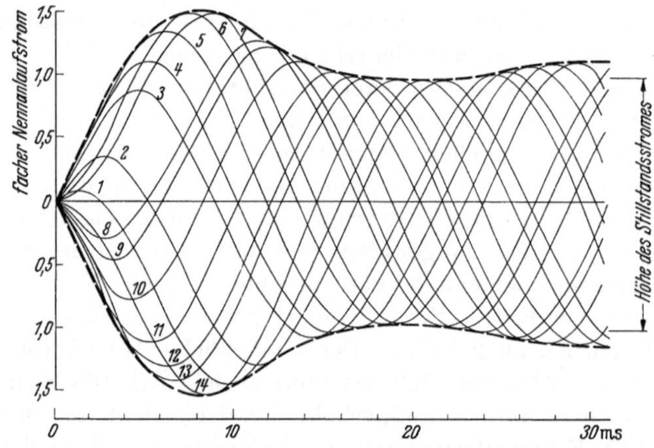

Abb. 88. Ausgleichströme beim Einschalten von Käfigläufermotoren. Die Zahlen geben den Stromverlauf für verschiedene Einschaltaugenblicke an.

fließende Anlaufstrom. Der Ausgleichsstrom klingt mit einer Zeitkonstanten entsprechend der Streuinduktion und dem Widerstand verhältnismäßig schnell ab, d. h. in etwa 1—2 Perioden.

Der magnetische Fluß, der zum Aufrechterhalten des Anlaufstromes erforderlich ist, vermindert sich gegenüber dem magnetischen Fluß bei Leerlauf des Motors entsprechend dem erhöhten Spannungsabfall des Anlaufstromes in der Wicklung. Infolgedessen tritt auch in dem beschriebenen Ausgleichsvorgang des magnetischen Flusses kein wesentlich höherer Momentanwert auf, als er dem Höchstwert des Leerlaufflusses entspricht. Der Magnetisierungsstrom verteilt sich auf Primär- und Sekundärwicklung. Der Ausgleichsvorgang des Magnetisierungsstromes hat infolgedessen gegenüber dem Ausgleichsvorgang des Anlaufstromes keine Bedeutung. Abb. 88 zeigt den zeitlichen Verlauf des Anlaufstromes eines 16 kW-Käfigläufermotors für verschiedene Einschaltaugenblicke[1]. Der Höchstwert gleich dem 1,5fachen Dauerstrom tritt 8,5 ms nach dem Einschaltaugenblick auf. Die Höchstwerte des Anlaufstromes sind je nach den Dämpfungsverhältnissen der Motoren verschieden. Im allgemeinen kann man damit rechnen, daß bei größeren Motoren Ströme bis zum 1,8fachen, bei kleineren

[1] Aufnahmen von Dipl.-Ing. W. Fickert.

bis zum 1,4—1,6fachen des Nennanlaufstromes erreicht werden. Bei Käfigläufermotoren mit einem Nennanlaufstrom gleich dem 6fachen Nennstrom muß das Schaltgerät einen Höchstwert des Anlaufstromes gleich dem $8{,}3 \times 1{,}8 = 15$fachen Nennstrom sicher beherrschen.

2. Schalten von Schleifringläufermotoren. Beim Anlauf eines Schleifringläufermotors mit etwa dem Nenndrehmoment, bei dem der Widerstand im Läuferkreis gleich dem einfachen scheinbaren Läuferwiderstand ist $\left(u/i\sqrt{3} = 1\right)$, wird der Anlaufstrom auf den Nennstrom begrenzt. Der magnetische Fluß ist nur wenig gegen den Leerlauffluß herabgesetzt. Der Ausgleichsfluß kann sich so zu dem stationären Fluß addieren, daß ein Höchstwert vom 1,5—1,7fachen des Leerlaufflusses auftritt. Die Folge ist ein sehr erhebliches Anwachsen des Magnetisierungsstromes, der entsprechend der Sättigung des Eisens ohne weiteres das 10fache des Leerlaufstromes überschreiten kann. Entsprechend dem Widerstand

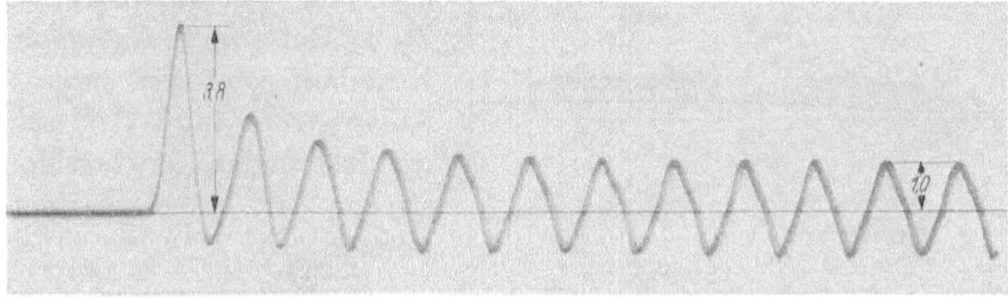

Abb. 89. Zeitlicher Verlauf des Anlaufstromes eines 15 kW-Schleifringläufermotors. Widerstand im Läuferkreis gleich 0,65fachem Läuferscheinwiderstand.

des Sekundärkreises ist der Anteil des in der Läuferwicklung fließenden Magnetisierungsstromes gegenüber dem Anteil in der Ständerwicklung verhältnismäßig klein. Der Ausgleichsmagnetisierungsstrom erscheint fast in seiner vollen Höhe in den Zuleitungen zum Ständer des Motors.

Abb. 89 zeigt den Verlauf des Einschaltvorganges bei einem Widerstand im Läuferkreis gleich dem 0,65fachen des scheinbaren Läuferwiderstandes. Die höchste Stromspitze ist gleich dem 3,8fachen Anlaufstrom, bzw. dem 5,5fachen Nennstrom; dies entspricht dem 13,5fachen Leerlaufstrom des 15 kW-Motors. Vermindert man den Widerstand im Läuferkreis, so verschwindet der Einfluß des Sättigungsstromes mehr und mehr zugunsten des Anlaufstromes wie bei Käfigläufermotoren. Vergrößert man den Widerstand im Läuferkreis, dann kann die Erniedrigung des Anlaufstromes eine leichte Zunahme des magnetischen Flusses und eine Abnahme des in der Läuferwicklung fließenden Anteils des Magnetisierungsstromes zur Folge haben. Infolgedessen nimmt der Ausgleichsstrom in der Läuferwicklung zu. Die in Abb. 90 angegebenen Ausgleichsströme in Vielfachen des Nennstromes sind in Abhängigkeit von dem Belastungswiderstand im Läuferkreis aufgenommen und zeigen das geschilderte Verhalten. Die Streuung des Motors hat auf die Höhe dieser Stromspitzen einen starken Einfluß. Je größer der Luftspalt, je höher also die Streuung ist, um so kleiner ist der Ausgleichsstrom, da der Ausgleichsfluß das Eisen nicht so hoch sättigen kann. Die Bauart der Schleifringläufermotoren hat einen größeren Einfluß auf den Höchstwert des Anlaufstromes als die der Käfigläufermotoren.

Beim Schalten von Schleifringläufermotoren mit den üblichen Widerständen im Läuferkreis muß man mit einem Höchstwert des Anlaufstromes gleich dem 6—7fachen Nennstrom rechnen.

3. Schalten von Transformatoren. Beim Schalten von Transformatoren treten grundsätzlich die gleichen Erscheinungen auf. Da jedoch die Streuung und die Dämpfung der Transformatoren wesentlich kleiner als die der Motoren sind, so sind die magnetischen Sättigungsströme sehr viel stärker ausgeprägt. Es kommt selten vor, daß in explosionsgefährdeten Betrieben Transformatoren geschaltet werden müssen. Liegt ein solcher Fall vor, dann müssen die Einschaltströme ermittelt und hiernach die Schaltgeräte ausgesucht werden.

Die sichere Beherrschung der Einschaltströme macht besonders bei Ölschaltgeräten Schwierigkeiten. Bei Angabe der Größe eines Motors, der mit einem Schaltgerät geschaltet werden darf, müssen also diese besonderen Verhältnisse berücksichtigt werden: Zum Ein- und Ausschalten von Käfigläufermotoren mit 6fachem Anlaufstrom muß das Schaltgerät mindestens den 15fachen Motornennstrom mit Sicherheit einschalten können.

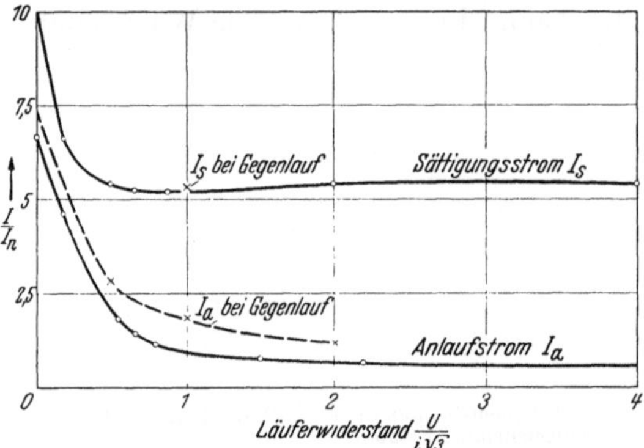

Abb. 90. Ausgleich- und Anlaufströme von Schleifringläufermotoren in Vielfachen des Nennstromes in Abhängigkeit vom Widerstand im Läuferkreis.

c) Überlastungsschutz.

Elektrische Betriebsmittel, die in ihrem Betrieb unzulässig hohe Temperaturen erhalten und dadurch den Explosionsschutz aufheben können, müssen durch einen Überlastschutz hiervon bewahrt werden. Diese Schutzmaßnahmen erstrecken sich ausschließlich auf elektrische Betriebsmittel der Bauart erhöhte Sicherheit. Maschinen erhalten Motorschutzschalter, Widerstände und Wärmegeräte werden durch Temperaturwächter überwacht, wenn sie nach Art ihrer Verwendung eine höhere als die zulässige Temperatur annehmen können. Wechselstromhubmagnete können leicht überlastet werden, wenn sie z. B. beim Anzug klemmen und der hohe Anzugsstrom durch die Spulen fließt. Sie erhalten ebenfalls einen Überlastungsschutz. Meßgeräte werden über Schutzstromwandler betrieben, damit bei Kurzschluß die Wicklungstemperatur in zulässigen Grenzen bleibt. Quecksilber- und Vakuumschalter werden durch Sicherungen so geschützt, daß schädliche Erwärmungen oder gar Zerstörungen durch Kurzschlußströme vermieden werden. Die Sicherungen müssen zu diesem Zweck sorgfältig ausgewählt werden.

Als Überlastschutz haben sich Bimetallrelais ein weites Anwendungsgebiet erobert, dank ihres einfachen konstruktiven Aufbaues, der bequemen Einstellbarkeit des Auslösestromes auf den Nennstrom der Motoren und der einfachen Möglichkeit, den Einfluß veränderlicher Raumtemperatur durch einen Ausgleichsstreifen zu kompensieren (Abb. 91). Die höchste wirksame Arbeitstemperatur normaler Bimetallstreifen, die für gewöhnliche Betriebe bestimmt sind, beträgt bei Einstellung auf den oberen Nennstrom etwa 150°. Die höchste Temperatur des Streifens, die ja nicht völlig gleichmäßig über die Streifenlänge verteilt ist, liegt oft beträchtlich höher. Die Heizwicklungen können bei Grenzstromauslösung Temperaturen von rund 200° annehmen. Bei kurzzeitiger Überlast liegen diese Temperaturen noch beträchtlich höher, weil eine gewisse Zeit für die Wärme-

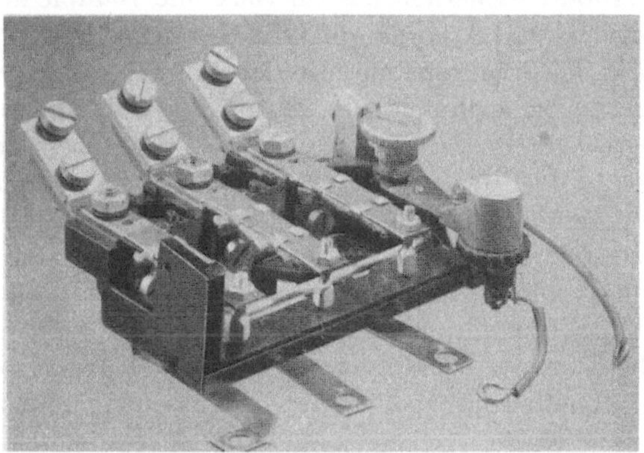

Abb. 91. Dreipoliges explosionsgeschütztes Bimetallrelais nach Bauart erhöhte Sicherheit mit druckfest gekapseltem Kontakt (vorne rechts).

übertragung von Heizwicklung zum Bimetallstreifen notwendig ist. Infolgedessen sind bei Bimetallstreifen für explosionsgefährdete Betriebe die höchsten Dauertemperaturen erheblich herabgesetzt. Man muß dann auf den sonst üblichen Einstellbereich des Relais im Verhältnis 1:2 verzichten. Die Einstellschraube ist

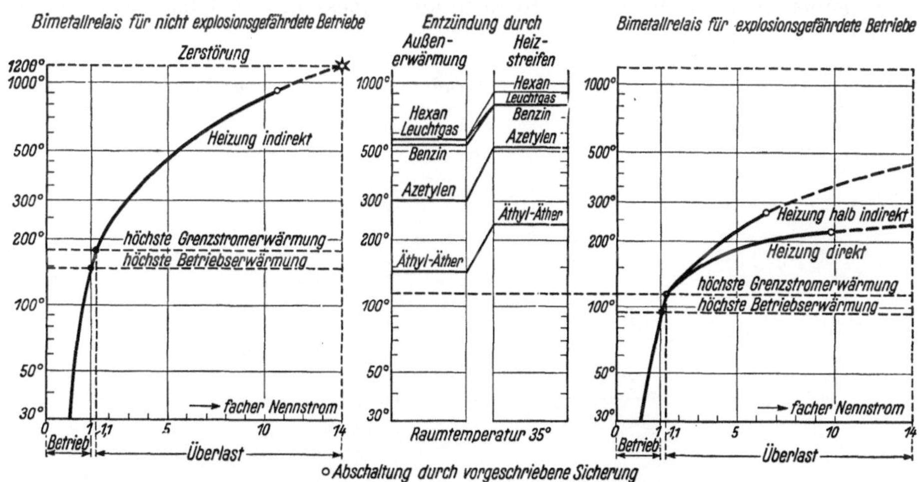

Abb. 92. Höchsterwärmung der Heizstreifen von Bimetallrelais kleiner Nennstromstärken. – Links indirekte Heizung, Relais für nicht explosionsgefährdete Räume. – Rechts halb indirekte und direkte Heizung, Relais für explosionsgefährdete Räume für Gas- und Dampf-Luft-Gemische der Zündgruppe A.

plombierbar, so daß man gegen unbefugtes Verstellen geschützt ist. Die Auslösetemperaturen bei Überlast sind durch „halb indirekte" oder „direkte" Beheizung sowie durch die Auswahl der den Bimetallstreifen vorzuschaltenden Sicherungen auf 300° begrenzt. Abb. 92 zeigt einen Vergleich der höchsten Temperaturen von

Bimetallrelais für normale Betriebe (links) und für explosionsgefährdete Betriebe (rechts). Es sind außerdem die Zündtemperaturen einiger Gas- und Dampf-Luft-Gemische angegeben, wie sie bei Erwärmung in geschlossenem Gefäß (links) und bei Erwärmung durch die Bimetallstreifen (rechts) festgestellt wurden. Da die Relais in Bauart erhöhte Sicherheit nur für Gase und Dämpfe der Zündgruppe A, nicht also für Azetylen- und Ätherdampf-Luft-Gemische, zugelassen werden, zeigt die Darstellung die Sicherheitsspanne, die der Explosionsschutz fordert.

Eine Temperaturüberwachung von Motoren durch Einbau von Thermoelementen ist, abgesehen von dem Einbau in große Maschinen, nur vereinzelt vorgenommen worden. Es ist dies an sich die beste Art, eine Überlastung einwandfrei festzustellen. Eine unmittelbare Auslösung durch solche Überwachungsglieder kommt aber für Antriebsmotoren nicht in Betracht, weil der Ausfall einer Maschine einen meist sehr unangenehmen Schaden herbeiführen kann, wenn die Maschine nicht kurze Zeit darauf wieder eingeschaltet werden kann. Die Abkühlung einer abgeschalteten Maschine geht aber so langsam vor sich, daß ein baldiges Wiedereinschalten nur möglich ist, wenn hierfür besondere Schaltungen vorgesehen sind. Die Notwendigkeit, nach einem Auslösen in kurzer Zeit wieder einschalten zu können und die Umständlichkeit, die der Einbau von Überwachungsgliedern in Motoren zur Folge hat, lassen von unmittelbarer Temperaturüberwachung der Motoren meist Abstand nehmen.

Auch in Aussetzbetrieben ist es nicht möglich, Motoren einwandfrei durch Bimetallrelais zu überwachen[1], weil die Bimetallrelais kein genaues thermisches Abbild der Motoren sind und aus obengenannten Gründen sein dürfen. Man muß infolgedessen das Arbeitsspiel der Motoren für Aussetzbetriebe bei der Planung genau kennen und die Maschinen so reichlich bemessen, daß Übererwärmungen vermieden werden.

---

[1] Gewecke, J.: Motorschutz im Aussetzbetrieb mittels thermischer Auslöser. Siemens-Z. Bd. 9 (1934) S. 317.

Anhang.

Zahlentafel 1. Selbstzündpunkt von Dämpfen und Stauben.

Ermittlung im Zündwertprüfer von JENTZSCH (S. 40). Selbstzündpunkt im Sauerstoffgemisch, oberer Zündwert im Luftgemisch. Literaturangaben s. S. 40 und 41.

1. Chemisch reine Stoffe.

Stoff	Bruttoformel	Selbstzündpunkt °C	Oberer Zündwert °C	Stoff	Bruttoformel	Selbstzündpunkt °C	Oberer Zündwert °C
Aliphate.				Naphthene.			
Pentan	C_5H_{12}	300	580	Zyklohexen	C_6H_{10}	325	520
Hexan	C_6H_{14}	296	560	Dekalin	$C_{10}H_{18}$	280	530
Heptan	C_7H_{16}	258	530	Zyklohexan	C_6H_{12}	325	520
Oktan	C_8H_{18}	250	530				
Nonan	C_9H_{20}	275[1]	510	Alkohole.			
Undekan	$C_{11}H_{24}$	240	500	Methyl-	CH_4O	500	535
Dodekan	$C_{12}H_{26}$	235	500	Glykol-	$C_2H_6O_2$	500	570
Isopren	C_5H_8	440	590	Äthyl-	C_2H_6O	375	670
Diallyl	C_6H_{10}	330	500	Propyl-	C_3H_8O	370	590
Hexylen	C_6H_{12}	325	540	Zyklohexanol	$C_6H_{12}O$	350	640
Aromate.				Oktadezyl-	$C_{18}H_{38}O$	270	580
Benzol	C_6H_6	690	720	Sauerstoffhaltige Aliphate.			
Toluol	C_7H_8	640	730	Essigsäure	$C_2H_4O_2$	570	730
Xylol	C_8H_{10}	610	740	Oxalsäure	$C_2H_2O_4$	640	680
Anthrazen	$C_{14}H_{10}$	580	770	Stearinsäure	$C_{18}H_{36}O_2$	250	660
Naphthalin	$C_{10}H_8$	630	700	Äthyläther	$C_4H_{10}O$	200	500
Hexamethylbenzol	$C_{12}H_{18}$	375	640	Zyklopentanon	C_5H_8O	540	600
Zyklopentadien	C_5H_6	510	640	Zyklohexanon	$C_6H_{10}O$	550	680
Dizyklopentadien	$C_{10}H_{12}$	510	680	Sauerstoffhaltige Aromate.			
Naphthene.				Phenol	C_6H_6O	690	690
Tetralin	$C_{10}H_{12}$	420	660	Hydrochinon	$C_6H_6O_2$	630	680
Oktahydroanthrazen	$C_{14}H_{18}$	315	560	Pyrogallol	$C_6H_6O_3$	510	700
Zyklohexadien	C_6H_8	360	460	Benzoesäure	$C_7H_6O_2$	475	700
				Chinon	$C_6H_4O_2$	575	700
				Anisol	C_7H_8O	560	710
				Xylenol	$C_8H_{10}O$	540	740

2. Technische Gemische.

Stoff	Flammpunkt °C	Selbstzündpunkt °C	Oberer Zündwert °C
Normalbenzin	−26	300	—
Motorenbenzin	−22	290	540
Leichtbenzin	—	288	—
Hydrierbenzin	—	295	—
Schwerbenzin	—	305	—
Urteer-Benzin	—	276	—

[1] Abweichend in der Reihe der aliphatischen Kohlenwasserstoffe. Wahrscheinlich verunreinigt durch Isomere, da nicht synthetisch, sondern aus Petroleum gewonnen.

Stoff	Flammpunkt °C	Selbstzündpunkt °C	Oberer Zündwert °C
Normalbenzol	—	637	—
Motorenbenzol	–15	563	—
90% Handelsbenzol	–10	560	730
B.V. Benzol	–10	540	680
Monopolin	–18	395	—
Aral	—	355	—
75% N.-Benzin + 25% N.-Benzol	—	310	—
50% ,, + 50% ,,	—	320	—
25% ,, + 75% ,,	—	482	—
Denat. Spiritus	12	400	485
Petroleum	52	290	500
Erdöl	—	270	—
Braunkohlenteer-Treiböl	74	285	—
Gasöl	64	250	—
Dieseltreiböl	66	260	—
Steinkohlen-Treiböl	—	494	—
Amerik. Heizöl	78	280	—
Persisches Heizöl	82	274	—
Braunkohlenteer-Heizöl	78	285	560
Steinkohlenteer-Heizöl	73	345	—
Kreosotöl (40% Phenole)	—	511	—
Phenolöl	21	490	—
Campheröl	45	300	—
Terpentinöl	—	240	—
Paraffinöl (Vaselinöl)	—	260	—
Turbinen-Schmieröl	186	264	—
Diesel-Schmieröl	205	270	—
Luftkompressoröl	288	284	—
Heißdampf-Zylinderöl	308	290	—

3. Staube.

Stoff	Selbstzündpunkt °C	Stoff	Selbstzündpunkt °C
Lignit	225	Kokskohle	275
Braunkohle	240	Eßkohle	280
Durit	210	Magerkohle	360
Clarit-Vitrit	250	Mooskohle	300
Vitrit	315	Schwelkoks	400
Fusit	265	Mitteltemperaturkoks	490
Gaskohle	270	Hochtemperaturkoks	rd. 600

Stoff[1]	Selbstzündpunkt °C	Oberer Zündwert °C
Aluminium, entfettet	415	570
,, mit 1,5% Vaselin	280	460
Kupfer	290	570
Eisen	255	275
Nickel	470	600
Zink	440	440

[1] Teilchengröße 1—10 μ.

Zahlentafel 2.

Die in der Zahlentafel 2 zusammengestellten brennbaren Gase und Dämpfe sind eine Auswahl von Stoffen, die zusammen mit Luft unter bestimmten Voraussetzungen explosible Gemische bilden können. Außer den in verschiedenen Industrien in größerem Umfange vorkommenden Stoffen sind unter anderem Kühlmittel und eine größere Anzahl von Lösungsmitteln aufgenommen worden. Einige der aufgeführten Dampf-Luft-Gemische sind schwach explosibel, sie galten zum Teil sogar als nichtexplosibel und sind nur schwer brennbar. Hierunter fallen als bekannteste: Ammoniak und Schwefelwasserstoff sowie Halogen-Kohlenwasserstoff-Verbindungen, wie z. B. Methyl- und Äthyl-Chlorid oder Methyl- und Äthyl-Bromid. Unter den Lösungsmitteln sind viele, die bei Raumtemperatur keine explosiblen Gemische bilden können. Stoffe, deren Flammpunkt über 35° C liegt — ein Höchstwert der Raumtemperatur, mit dem man im allgemeinen bei elektrischen Betriebsmitteln rechnet — sind hinsichtlich einer Explosionsmöglichkeit durch elektrische Betriebsmittel in den meisten Fällen nicht gefährlich. Diese Stoffe sind durch *Kursivschrift* gekennzeichnet. (Es können natürlich auch Fälle konstruiert werden, wo heiße Dämpfe mit einem Flammpunkt über 35° C durch elektrische Geräte, z. B. durch Handleuchten, entzündet werden können. Eine gewisse Vorsicht auch bezüglich elektrischer Betriebsmittel ist stets bei heißen brennbaren Dämpfen erforderlich, deren Nebel nicht mit Zündquellen in Berührung gebracht werden dürfen.) Sind brennbare Flüssigkeiten mit unbrennbaren gemischt, z. B. Alkohole oder Glykole mit Wasser oder sind den Stoffen leicht flüchtige, nicht brennbare Bestandteile beigemischt, z. B. Trichloräthylen oder Dichlorfluormethan („Frigen"), so können die Flammpunkte so weit verschoben sein, daß eine Explosionsgefahr der Dampf-Luft-Gemische nicht besteht; hierzu sind von Fall zu Fall Untersuchungen erforderlich (s. S. 15). Zu den Spalten der Zahlentafel 2 ist im einzelnen zu bemerken:

Quellenangaben: siehe Zahlentafel 10, S. 57. Ferner A. M. VAN DEVENTER: Explosiviteit van Koelmedia. Diss. Leiden 1936. Druckerei „Luctor et emergo" Leiden. Siehe auch Rec. trav. chim. Pays Bas et Belg. (Amsterd.) Bd. 57 (1938) S. 104.

Für die Angaben über Lösungsmittel, insbesondere Flammpunkt: DURRANS, TH. H.: Solvents. London: Chapman & Hall, Ltd. 1938. Lösungs- und Weichmachungsmittel: I. G. Farbenindustrie Frankfurt-Main 1930, für Lacke, Kunstleder und verwandte Gebiete 1937; Merkblätter o. J. Hiag-Verein, Frankfurt-Main für die Zelluloseester verarbeitenden Industrien 1935.

Gemische wurden in die Zahlentafel mit Ausnahme von Benzin nicht aufgenommen; nur da, wo der Stoff „rein" kaum oder nicht erhältlich ist, befinden sich auch Angaben „technisch reiner" Stoffe, kenntlich an dem in Klammern gesetzten Siedebereich.

Die Angaben über Flüchtigkeit (Verdunstungszeit) werden zum Teil auf Azeton, zum Teil auf Äthyläther bezogen. Da die Werte verschiedenen Quellen entnommen wurden, sind sie miteinander nicht immer vergleichbar.

Die Angaben über Explosionsgrenzen können sehr weit auseinander gehen, da ihre Ermittlung stark von den experimentellen Bedingungen abhängig ist. Es wurden die Werte aufgenommen, die als die niedrigsten bei Raumtemperatur und 760 mm Druck zu gelten haben. Die technisch verwendeten Stoffe können von den reinen Stoffen stark abweichende Explosionsgrenzen und Flammpunkte haben. Dies gilt besonders für Stoffe, die nur schwach explosible Luftgemische ergeben, zumal bei diesen dann auch die apparativen Einflüsse sehr groß sind. Als Beispiel nennen wir Dichloräthylen nach Untersuchungen von W. P. JORRISSEN [Rec. Trav. chim. Pays-Bas et Belg. (Amsterd.) Bd. 44 (1925) S. 812]:

Präparat	Siedebereich °C	Explosionsgrenzen %
Kahlbaum.	50,6—52,7	3,3—15,3
Wacker	48,2—50	8,5—13,5
Wacker	57,5—59,5	10,5—23,0

Beimengungen oder Verunreinigungen durch brennbare Stoffe, die leichter flüchtig als der Hauptstoff sind, setzen meist Flammpunkt und unteren Explosionspunkt herab.

Die Verbrennungswärmen sind als untere Heizwerte angegeben, die Verbrennungsprodukte: CO_2, H_2O, SO_2, HCl und HBr sind also dampfförmig angenommen.

Name	Formel	Mol.-Gewicht	Siedepunkt (Siedebereich) °C	Lfd. Nr.
Allyl-Alkohol	C_3H_5OH	58,0	+(96,7—97)	1
Allylen (Methyl-Azetylen)	$CH_3 \cdot C \cdot CH$	40,1	—23,5	2
Ameisensäure	$HCOOH$	*46,0*	*+100,7*	3
Ammoniak	NH_3	17,1	—33,4	4
Amyl-*alkohol*	$C_5H_{11}OH$	*88,1*	*+129 (128—132)*	5
-azetat	$CH_3 \cdot COO \cdot C_5H_{11}$	130	+139,5 (120—145)	6
-nitrit	$C_5H_{11}O \cdot NO$	117	+(97—98)	7
-propionat	$C_5H_{11} \cdot COO \cdot C_2H_5$	*144*	*+160 (140—170)*	8
Amylen	C_5H_{10}	70,1	+35 (32—50)	9
Anon (Zyklohexanon)	$CH_2\left\langle\begin{matrix}CH_2-CH_2\\CH_2-CH_2\end{matrix}\right\rangle CO$	*98,1*	*+156,5*	10
Anthrazen	$C_6H_4(CH)_2C_6H_4$	*178*	*+351*	11
Äthan	C_2H_6	30,0	— 84	12
Äthanol (Äthyl-Alkohol)	C_2H_5OH	46,0	+78,4	13
Äthyl-äther	$(C_2H_5)_2O$	74,1	+34,6 (34—35)	14
-azetat (Essigester)	$CH_3 \cdot COO \cdot C_2H_5$	88,1	+77 (74—77)	15
-benzol	$CH_3 \cdot CH_2 \cdot C_6H_5$	*106*	*+136,5*	16
-bromid	C_2H_5Br	109	+38,5	17
-n-butyrat	$CH_3 \cdot CH_2 \cdot CH_2 \cdot COO \cdot C_2H_5$	116	+120 (120—127)	18
-chlorid	C_2H_5Cl	64,5	+12,5	19
-formiat	$H \cdot COO \cdot C_2H_5$	74,1	+54,5 (53—76)	20
-laktat	$CH_3 \cdot CH(OH) \cdot COO \cdot C_2H_5$	*118*	*+155 (135—155)*	21
-nitrat	$C_2H_5O \cdot NO_2$	91,1	+86	22
-nitrit	$C_2H_5O \cdot NO$	75,1	+17	23
-propionat	$C_2H_5 \cdot COO \cdot C_2H_5$	102	+(92—99)	24
Äthylen	C_2H_4	28,0	—103	25
-chlorid	$CH_2Cl \cdot CH_2Cl$	99,0	+83,7 (81—87)	26
-oxyd	C_2H_4O	44,0	+12,5 (11,5—12,5)	27
Azetal (Diäthylazetal)	$CH_3 \cdot CH(OC_2H_5)_2$	118	+102 (75—85)	28
Azetaldehyd	$CH_3 \cdot CHO$	44,0	+ (20—21)	29
Azeton (Essiggeist)	$CH_3 \cdot CO \cdot CH_3$	58,0	+56,3 (55—56,5)	30
Azetylen	C_2H_2	26,0	—83,6	31
Benzin (leicht)	—	—	+(60—120)	32
(schwer, Lack-)	—	—	+(140—200)	33
Benzol	C_6H_6	78,1	+80,5 (80—81)	34
Blausäure	HCN	27,0	+25,6	35
n-Butan	C_4H_{10}	58,1	+ 0,6	36
Butanol (Butyl-Alkohol)	C_4H_9OH	74,1	+117,7 (114—118)	37
Butyl-azetat	$CH_3 \cdot COO \cdot C_4H_9$	116	+125 (110—132)	38
-formiat	$H \cdot COO \cdot C_4H_9$	102	+107 (96—110)	39
-propionat	$C_2H_5 \cdot COO \cdot C_4H_9$	*130*	*+146 (135—155)*	40
Butylen	C_4H_8	56,1	—5	41
Campher	$C_{10}H_{16}O$	*152*	*+209 (204—209)*	42
Chlor-azetol	$CH_3 \cdot CCl_2 \cdot CH_3$	113	+70,5	44
-benzol[1]	C_6H_5Cl	113	+132	44
Croton-aldehyd	C_4H_6O	70,1	+104	45
p-Cymol	$CH_3 \cdot C_6H_4 \cdot CH\left\langle\begin{matrix}CH_3\\CH_3\end{matrix}\right.$	*134*	*+177*	46
Dekan	$C_{10}H_{22}$	142	+175	47
Diallyl	C_6H_{10}	82,1	+59,5	48
Dioxan (Diäthyldioxyd)	$O\left\langle\begin{matrix}CH_2-CH_2\\CH_2-CH_2\end{matrix}\right\rangle O$	88,1	+101,3 (94—110)	49
Divinyläther	$(CH_2{:}CH)_2O$	70,1	+27,5 (28,3—39)	50

[1] Schwer brennbar.

Lfd. Nr.	Dichte für Luft = 1	Flüchtigkeit bei 20° C		Flammpunkt	Explosionsgrenzen		Stöchiom. Gemisch	Verbrennungswärme (unterer Heizwert)	
		Azeton = 1	Äthyläther = 1	° C	untere Vol.-%	obere Vol.-%	Vol.-%	bei konstantem Druck kcal/Mol	des stöchiom. Gemisches kcal/Nm³
1	2,01				2,4		4,97	411	912
2	1,38	—	—	—			4,97	431	950
3	*1,59*			*über +35*			*29,6*	*52,4*	*692*
4	0,59	—	—	—	15,5	27	21,9	75	733
5	*3,05*		*62*	*+(40—46)*	*1,19*	*3,04*	*2,72*	*730*	*886*
6	4,50	15—30	63	+(12—25)	1,10	5,0	2,16	929	895
7	4,05						3,02	755	1030
8	4,97	64	135	+(40—63)			1,87	1074	890
9	2,42			unter −30	1,6		2,72	752	913
10	3,39		40	+44			2,56	788	900
11	*6,14*	*in festem Zustand*		*über +100*			*1,26*	*1646*	*927*
12	1,04	—	—	—	3,2	12,5	5,66	340	860
13	1,59	6,7	8,3	+11	3,3	19	6,54	305	891
14	2,56	0,4	1	−40	1,2	51	3,38	607	915
15	3,05	2,7		−2	2,18	11,4	4,03	495	892
16	*3,07*			*über +35*	*1*	*6*	*1,96*	*1040*	*908*
17	3,75				6,75	11,25	6,54	307	895
18	4,01	38	73	+23			2,56	789	900
19	2,23			unter −30	4	14,8	6,54	305	890
20	2,56			unter −15	2,75	10,5	5,66	360	908
21	*4,08*	*121*		*+45*			*3,38*	*601*	*905*
22	3,15				3,8		10,7	298	1420
23	2,59			unter −30	3,01	50	8,54	308	1170
24	3,53	4,3	9	+15			3,13	638	892
25	0,97	—	—	—	2,75	34	6,54	318	931
26	3,42		4,1	+14,5[1]	6,2[1]	15,9[1]	7,75	261	903
27	1,52			unter −30	3	80	7,75	291	1006
28	4,08			+4[2]			2,41	848	914
29	1,52			unter −30	4,0	57	7,75	258	894
30	2,01	1	2,1	−17	2,55	15,3	4,97	394	880
31	0,90	—	—	—	2,3	80,5	7,75	302	1090
32	~3		~3,5	unter −30	1,2	7,0	~2,2	~900	~890
33	~5	~26		über +21	0,7	5,0	~1,35	~1500	~900
34	2,70		3	−(16—8)	1,4	7,45	2,72	751	913
35	0,94			unter −30	5,6	41	14,4	153	983
36	2,01			unter −30	1,55	8,5	3,13	634	885
37	2,56	13,4	33	+34	1,7		3,38	575	866
38	4,01	11,4		+24	1,7	4,7	2,56	785	896
39	3,53			+15			3,13	664	925
40	*4,50*	*28,5*	*60*	*+45*			*2,16*	*932*	*900*
41	1,94	—	—	—	1,7	9	3,38	609	918
42	*5,26*	*in festem Zustand*		*über +70*	*0,8*	*3*	*1,53*	*1326*	*904*
43	3,91				3,4	14,5	4,97	407	900
44	3,91			+28			2,92	725	943
45	2,42				2	15,5	4,03	511	920
46	*4,63*			*+100*			*1,53*	*1348*	*919*
47	4,91			+34	0,67	4,3	1,34	1514	907
48	2,84				1,2	5,2	2,41	846	911
49	3,05		7,3	+(5—11)	1,97	25	4,03	519	935
50	2,42		74	unter −30	1,7	27,9	4,03	572	1032

[1] Schwer brennbar. [2] Handelsübliche Mischung mit Alkohol.

Name	Formel	Mol.-Gewicht	Siedepunkt (Siedebereich) °C	Lfd. Nr.
Dizyan	C_2N_2	52,0	−21,2	51
Essigsäure	CH_3COOH	*60,0*	*+118*	52
Formaldehyd (Formalin)	$H \cdot CHO$	30,0	−21	53
Furfurol	$C_5H_4O_2$	*96,0*	*+161,7 (158—162)*	54
Glykol (Äthylenglykol)	$CH_2OH \cdot CH_2OH$	*62,0*	*+197,2 (195—202)*	55
Glyzerin	$C_3H_5(OH)_3$	*92,1*	*+290*	56
Heptan	C_7H_{16}	100	+98	57
n-Hexan	C_6H_{14}	86,1	+69	58
Hexylen	C_6H_{12}	84,1	+70 (66—71)	59
Kohlenoxyd	CO	28,0	−190	60
Kohlenoxysulfid (Carbonylsulfid)	COS	60,1	−50,2	61
Methan	CH_4	16,0	−162	62
Methanol (Methyl-Alkohol)	CH_3OH	32,0	+64,7 (64—65)	63
Methyl-äther	$(CH_3)_2O$	46,1	−23,7	64
-äthyl-äther	$CH_3 \cdot O \cdot C_2H_5$	60,1	+11	65
- „ -keton	$CH_3 \cdot CO \cdot C_2H_5$	72,1	+79,6 (64—85)	66
-azetal	$CH_3 \cdot CH \cdot (OCH_3)_2$	90,1	+61,3	67
-azetat	$CH_3 \cdot COO \cdot CH_3$	74,1	+57 (55—62)	68
-bromid	CH_3Br	94,9	+4 (4—16)	69
-butyl-keton (Hexanon 2)	$CH_3 \cdot CO \cdot C_4H_9$	100	+127	70
-chlorid	CH_3Cl	50,5	−24	71
-formiat	$H \cdot COO \cdot CH_3$	60,0	+31,5 (25—40)	72
-glykol (Glykolmonomethyläther)	$CH_3O \cdot CH_2 \cdot CH_2OH$	*76,1*	*+(118—130)*	73
- „ -azetat	$CH_3O \cdot CH_2 \cdot CH_2 \cdot COO \cdot CH_3$	*118*	*+144 (138—152)*	74
-propyl-keton	$CH_3 \cdot CO \cdot C_3H_7$	86,1	+102	75
-zyklo-hexan	$CH_3 \cdot C_6H_{11}$	98,1	+101	76
- „ -pentan	$CH_3 \cdot C_5H_9$	84,1	+(71—72,5)	77
Methylal (Dimethylformal)	$CH_2 \cdot (OCH_3)_2$	76,1	+41,8	78
Naphthalin	$C_{10}H_8$	*128*	*+218*	79
n-Nonan	C_9H_{20}	128	+149	80
n-Oktan	C_8H_{18}	114	+125	81
Pentan	C_5H_{12}	72,1	+38	82
Phenol (Phenyl-Alkohol)	C_6H_5OH	*94,1*	*+184*	83
Propan	C_3H_8	44,1	−38	84
Propanol (Propylalkohol)	C_3H_7OH	60,1	+97,15 (95—102)	85
Propyl-azetat	$CH_3 \cdot COO \cdot C_3H_7$	102	+101,5 (95—102)	86
-propionat	$C_2H_5 \cdot COO \cdot C_3H_7$	*116*	*+(118—125)*	87
Propylen	C_3H_6	42,0	−37	88
-oxyd (Propionaldehyd)	C_3H_6O	58,1	+49,5	89
Pyridin	C_5H_5N	79,1	+115,5	90
Schwefelkohlenstoff	CS_2	76,1	+46,4	91
-wasserstoff	H_2S	34,1	−74	92
Stickstoff-Wasserstoff-Säure	N_3H	43,0	+37	93
Terpen (Pinen, Terpentinöl)	$C_{10}H_{16}$	136	+(155—165)	94
Toluol	$C_6H_5CH_3$	92,1	+110,6	95
Vinylchlorid (Monochloräthylen)	$CH_2{:}CHCl$	62,5	−18 (18—13,5)	96
Wasserstoff	H_2	2,02	−253	97
Xylol	$C_6H_4(CH_3)_2$	106	+139,2 (136—140)	98
Zyklo-hexan	C_6H_{12}	84,1	+81 (80—84)	99
-hexen	C_6H_{10}	82,1	+(82—84)	100
-pentan	C_5H_{10}	70,1	+51	101
-pentadien	C_5H_6	66,0	+41	102
-propan	C_3H_6	42,0	−35	103

Lfd. Nr.	Dichte für Luft = 1	Flüchtigkeit bei 20° C		Flammpunkt	Explosionsgrenzen		Stöchiom. Gemisch	Verbrennungswärme (*unterer* Heizwert)	
		Azeton = 1	Äthyläther = 1	° C	untere Vol.-%	obere Vol.-%	Vol.-%	bei konstantem Druck kcal/Mol	des stöchiom. Gemisches kcal/Nm³
51	1,80	—	—	—	6,6	42,6	9,5	263	1115
52	*2,08*			*+40*	*4,05*		*9,5*	*188*	*797*
53	1,04	—	—	—			17,4	126	978
54	*3,32*			*+56*	*2,1*		*4,03*	*539*	*972*
55	*2,15*		*2625*	*+117*			*7,75*	*266*	*918*
56	*3,18*			*über +100*			*5,66*	*354*	*893*
57	3,46			—(22— 8)	0,95	6,0	1,87	1075	898
58	2,98			—(40—25)	1,1	8,0	2,16	928	895
59	2,91			unter —15			2,28	889	905
60	0,97	—	—	—	12,5	75	29,6	67,6	894
61	2,08	—	—	—	11,9	28,5	12,3	131	719
62	0,55	—	—	—	5,3	14,9	9,5	191	811
63	1,11	1,5	6,3	+6	5,5	36,5	12,3	149	820
64	1,59	—	—	—			6,54	312	807
65	2,08				2,0	10,1	4,45	464	922
66	2,49	3,0	6,3	—(14—7)	1,8	12	3,68	541	888
67	3,10				2,34		3,68	566	933
68	2,56	0,6	2,2	—12	3,15	15,6	5,66	358	904
69	3,28			unter —30[1]	13,5	14,5	12,3	174	952
70	3,46			+23	1,22	8,0	2,41	832	890
71	1,74	—	—	—	8,25	18,7	12,3	154	856
72	2,08			unter 30	5,05	22,7	9,5	220	933
73	*2,63*		*31,5*	*+36*			*4,97*	*410*	*908*
74	*4,08*		*35*	*+44*			*3,38*	*600*	*905*
75	2,98			+ 7	1,55	8,15	2,92	701	915
76	3,39			unter +15	1,15		1,96	1029	882
77	2,91			unter 0			2,28	882	897
78	2,63			unter 0			4,97	441	976
79	*4,43*	*in festem Zustand*		*über +70*			*1,72*	*1189*	*912*
80	4,43			+(22—28)	0,74	4,8	1,48	1368	902
81	3,93			+(14—25)	0,84	5,3	1,65	1221	900
82	2,49			unter —50	1,35	8,0	2,56	782	893
83	*3,25*	*in festem Zustand*		über +70			*2,92*	*703*	*916*
84	1,52	—	—	—	2,15	9,5	4,03	488	880
85	2,08	11,7	16	+22	2,55	9,4	4,45	440	874
86	3,53	5,7		+10	2,05	5,65	3,13	664	927
87	*4,01*	*18,6*	*39*	*+40*			*2,56*	*786*	*898*
88	1,45	—	—	—	2,0	11,1	4,45	463	920
89	2,01				2,0	22	4,97	403	895
90	2,73			+22	1,81	12,5	3,26	639	930
91	2,63		2,66	—(40—25)	0,8	52,6	6,54	259	756
92	1,18	—	—	—	4,3	46	12,3	125	688
93	1,49				hochexplosibel		(29,6)	90,4	(1190)
94	4,69		170	+32	0,8		1,48	1394	920
95	3,18		6,1	+7	1,27	7,0	2,28	892	908
96	2,16	—	—	—	4,0	21,7	7,75	276	954
97	0,07	—	—	—	4,0	75,0	29,6	57,6	760
98	3,67		13,5	+23	1,0	6,0	1,96	1040	892
99	2,91			—17	1,33	8,35	2,28	874	889
100	2,84				1,25	5,2	2,41	840	904
101	2,42			unter —30			2,72	730	885
102	2,28						3,13	669	935
103	1,45	—	—	—	2,4	10,4	4,45	475	943

[1] Schwer brennbar.

Werke allgemeinen Inhalts und zusammenfassende Berichte.

EGGERT, JOHN: Lehrbuch der physikalischen Chemie. 4. Auflage. Leipzig: S. Hirzel 1937.
MACHE, H.: Die Physik der Verbrennungs-Erscheinungen. Leipzig: Veit & Co. 1918.
BONE, W. A., u. D. T. A. TOWNEND: Flame and Combustion in Gases. London: Longmans, Green & Co. 1927.
LINDNER, W.: Entzündung und Verbrennung von Gas- und Brennstoffdampf-Gemischen. Berlin: VDI-Verlag 1931.
JOST, W.: Mechanismus von Explosionen und Verbrennungen. Z. Elektrochem. Bd. 41 (1935) S. 183.
LEWIS, B., u. G. v. ELBE: Combustion, Flames and Explosions of Gases. London: Cambridge University Press 1938.
JOST, W.: Explosions- und Verbrennungsvorgänge in Gasen. Berlin: Julius Springer 1939.
BEYERSDORFER, P.: Staubexplosionen. Dresden und Leipzig: Th. Steinkopff 1925.
WEBER, U.: Elektrische Anlagen in explosionsgefährdeten Betrieben. Verlag Chemie 1936.
LEHMANN, G.: Der Explosionsschutz elektrischer Anlagen. Glückauf Bd. 73 (1937) S. 886.
PHILIPPI, W.; Leitungen, Schaltgeräte und Beleuchtung in Bergwerken unter Tage. Verlag Dr. M. Jänike, Leipzig 1939.

Übersicht über die Zahlentafeln.

Sachverzeichnis.